ISNM

INTERNATIONAL SERIES OF NUMERICAL MATHEMATICS
INTERNATIONALE SCHRIFTENREIHE ZUR NUMERISCHEN MATHEMATIK
SÉRIE INTERNATIONALE D'ANALYSE NUMÉRIQUE

VOL. 27

Numerische Behandlung von Differentialgleichungen

Tagung
im Mathematischen Forschungsinstitut Oberwolfach
vom 9. bis 14. Juni 1974

Tagungsleiter:
R. ANSORGE, Hamburg, L. COLLATZ, Hamburg, G. HÄMMERLIN, München,
W. TÖRNIG, Darmstadt

1975
BIRKHÄUSER VERLAG BASEL
UND STUTTGART

ISBN 3-7643-0771-4

Vorwort

Auf dieser von 52 Personen aus 9 Ländern besuchten Tagung über die numerische Behandlung von Differentialgleichungen wurde wieder die Anwendungsbezogenheit des Gebietes deutlich. Im Mittelpunkt standen eine Reihe von Vorträgen über Diskretisierungsmethoden und Differenzenverfahren. Weitere Themen waren finite Elemente, Eigenwertprobleme und die numerische Behandlung von Stiff-Equations. In allen Vorträgen konnte über bemerkenswerte Fortschritte berichtet werden. Dennoch blieben viele Fragen offen. Großes Interesse fanden auch Vorträge aus verschiedenen Anwendungsbereichen der Mathematik, wie z.B. Strömungslehre, Schalentheorie, Wärmeleitungsprobleme Ökonomie, chemische Probleme u.a.

Für das Gelingen der Tagung trug zu einem guten Teil die angenehme Atmosphäre des Instituts in Oberwolfach und die wie immer aufmerksame Betreuung durch das Personal bei.

Inhaltsverzeichnis

STABILITÄTSUNGLEICHUNGEN FÜR DISKRETE ANALOGA NICHTLINEARER RANDWERTAUFGABEN

Erich Bohl

This paper presents a general method to obtain stability inequalities for diskrete analogues of boundary value problems for nonlinear ordinary or partial differential equations. Basically it is shown how monotonicity or symmetry conditions yield stability inequalities if the range of the difference quotients of the nonlinearity in the differential equation would not intersect the spectrum of the linear differential operator. Our approach contains and extends a number of known results of the literature.

Wir betrachten Randwertaufgaben der allgemeinen Form

RAWA $Lx = f(t,x)$ in $\Omega \subset \mathbb{R}^k$, $R_i x = \gamma_i$ für $i \in I$.

Dabei ist $k \in \mathbb{N}$, L ein linearer (gewöhnlicher oder partieller) Differentialoperator und $f \in S(\Omega \times \mathbb{R})$ (=Menge aller stetigen Funktionen von $\Omega \times \mathbb{R}$ nach $\mathbb{R}$). I bezeichnet eine (endliche oder unendliche) Indexmenge und R_i ($i \in I$) Randfunktionale, welche eine Teilmenge von $S(\Omega)$ in $\mathbb{R}$ abbilden.

Die numerische Behandlung von RAWA führe auf eine diskrete Randwertaufgabe der allgemeinen Gestalt

DRAWA $A_h x = F_h x$

mit einer linearen und einer (i.a. nichtlinearen) Abbildung A_h und F_h des Funktionenraumes $\mathbb{R}^{\Omega_h}$ in sich. Ω_h ist dabei eine endliche Teilmenge von Ω, deren Mächtigkeit durch den positiven Parameter h^{-1} gemessen wird. h schließlich durchläuft eine Nullfolge $\mathfrak{H} = \{h_n : n \in \mathbb{N}\}$.

Wir benutzen die Abkürzung $\eta_z = A_h z - F_h z$ für den Defekt von DRAWA bei $z \in \mathbb{R}^{\Omega_h}$ und verstehen unter einer Stabilitätsungleichung auf einer Teilmenge $N_h \subset \mathbb{R}^{\Omega_h}$ eine Beziehung der Art

STABU $\quad \|x-y\|_h \leq \varkappa \|\eta_x - \eta_y\|_h \quad$ für $x,y \in N_h, h \in \mathfrak{H}$ hinr. klein,

wobei $\varkappa \geq 0$ eine von $x,y \in N_h$ (und $h \in \mathfrak{H}$) unabhängige Zahl und $\| \ \|_h$ eine Norm in $\mathbb{R}^{\Omega_h}$ bedeuten.

In dieser Note geben wir allgemeine Bedingungen für RAWA und DRAWA an, unter denen STABU bewiesen werden kann. Da STABU zunächst eine Forderung für das Gleichungssystem DRAWA ist, behandeln wir mit dem genannten Ziel in 2. solche Gleichungssysteme. Anschließend beschreiben wir die Aufgabenklasse RAWA und die zugehörigen diskreten Probleme DRAWA, für welche wir STABU mit den Ergebnissen aus 2. herleiten können (vgl. 3. und 4.). Anwendungsbeispiele und eine Diskussion zur Reichweite der Voraussetzungen bei Zweipunkt-Randwertaufgaben zweiter Ordnung beschließen die Ausführungen.

Das Bestehen einer STABU impliziert die Existenz und Lipschitzstetigkeit der Abbildung $A_h - F_h$ von $(A_h-F_h)(N_h)$ nach N_h [14]. Dies beinhaltet insbesondere einen Eindeutigkeitssatz für DRAWA, welchen man mit Hilfe einer Konsistenzbedingung zu einem Eindeutigkeitssatz für RAWA erweitern kann [1,4]. Ferner liefert STABU bei einer konsistenten DRAWA einen Konvergenzsatz für die diskreten Näherungen einer Lösung von RAWA. Bekanntlich besagt STABU außerdem, daß Rundungsfehler bei der numerischen Auflösung von DRAWA die Konvergenz nicht stören, falls die Rundungsfehler in Grenzen gehalten werden. Schließlich setzen gewisse iterative Verfahren für DRAWA das Bestehen einer STABU voraus (vgl. [13]).

Für viele spezielle Probleme der Form RAWA sind unter Sondervoraussetzungen Stabilitätsungleichungen bewiesen worden vgl. u.a. [2,6,7,8,9,10,12]. Wir streben hier einen Zugang an, welcher möglichst viele Situationen unter sehr allgemeinen Voraussetzungen erfaßt. Dabei stellt es sich heraus, daß man unter Monotonie-oder Symmetriebedingungen für A_h Stabilitätsungleichungen beweisen kann. Wir kennzeichnen Sätze und Voraussetzungen, welche Monotonie- bzw. Symmetrieschlüsse nach sich ziehen oder beinhalten, mit dem Buchstaben M bzw. S. Die ersten Ergebnisse auf der Grundlage der Monotonie gehen wohl auf Gerschgorin [6] zurück.

1. Bezeichnungen

Mit t_i bezeichnen wir die i-te Komponente von $t \in \mathbb{R}^m$. Es ist δ jener Vektor des $\mathbb{R}^m$ mit $\delta_i = 1$, $(i = 1,\ldots,m)$. Für $t, s \in \mathbb{R}^m$ wird

$$t \leq s \text{ bzw. } t < s \Leftrightarrow t_i \leq s_i \text{ bzw. } t_i < s_i \quad (i = 1,\ldots,m)$$

gesetzt. Jedes $e > \theta$ (= Nullvektor) legt die Funktionale [1]

$$|t|_e = \mathrm{Min}\{e_i^{-1} t_i : i = 1,\ldots,m\},$$

$$\|t\|_e = \mathrm{Max}\{e_i^{-1} |t_i| : i = 1,\ldots,m\}$$

auf $\mathbb{R}^m$ fest, dabei ist $\|\ \|_e$ eine Norm.

Sei A eine (reelle) $(m \times m)$ Matrix. Ihre Elemente sind A_{ij} $(i,j = 1,\ldots,m)$. A heißt

nichtnegativ, falls $A_{ij} \geq 0$ $(i,j = 1,\ldots,m)$,

L-Matrix, falls $A_{ii} > 0$ und $A_{ij} \leq 0$ $(i \neq j)$ $i,j = 1,\ldots,m$,

M-Matrix, falls A eine L-Matrix mit nichtnegativer Inversen ist.

$L(\mathbb{R}^m)$ bzw. $L_+(\mathbb{R}^m)$ bezeichnet die Menge aller reellen $(m \times m)$ Matrizen bzw. aller reellen nichtnegativen $(m \times m)$ Matrizen. Für $A \in L(\mathbb{R}^m)$, $B \in L_+(\mathbb{R}^m)$ und $e > \theta$ sei (vgl.[1])

$$|A|_e = |Ae|_e, \quad \|B\|_e = \|Be\|_e.$$

$\|B\|_e$ ist die Matrixnorm von B bezüglich $\| \ \|_e$ [1].

<u>SATZ</u> 1 [1]: <u>Eine</u> <u>L-Matrix</u> B <u>ist</u> (<u>genau</u> <u>dann</u>) <u>eine</u> <u>M-Matrix</u>, <u>wenn</u> $e > \theta$ <u>mit</u> $Be > \theta$ <u>existiert</u>.

Neben den Normen $\| \ \|_e$ werden wir auch die Euklidische Norm $\| \ \|_2$ des $\mathbb{R}^m$ benutzen. Zu $A \in L(\mathbb{R}^m)$ ist $\|A\|_2$ dann die Spektralnorm von A.

Sei schließlich F eine stetige Abbildung (ein stetiges Feld) einer Teilmenge $N \subset \mathbb{R}^m$ in den $\mathbb{R}^m$. F_i die i-te Komponentenfunktion von F. Hängt jedes F_i nur von der i-ten Komponente der unabhänigen Variablen $x \in N$ ab, so heißt F ein Diagonalfeld.

Sei F ein Feld von $N \subset \mathbb{R}^m$ nach $\mathbb{R}^m$. Je zwei Vektoren $x,y \in N$ ordnen wir die Matrix $\Delta F(x,y) \in L(\mathbb{R}^m)$ zu gemäß

$$(\Delta F(x,y))_{ij} = \frac{F_i(y_1,\ldots,y_{j-1},x_j,\ldots,x_m) - F_i(y_1,\ldots,y_j,x_{j+1},\ldots,x_m)}{x_j - y_j}$$

$$\text{falls } x_j \neq y_j$$

$$(\Delta F(x,y))_{ij} = r \in \mathbb{R} \text{ beliebig aber fest,}$$

$$\text{falls } x_j = y_j$$

$$(i,j = 1,\ldots,m).$$

Sei $\Omega \subset \mathbb{R}^k$. $S(\Omega)$ bezeichnet die Menge aller reellwertigen und stetigen Funktionen auf Ω. Insbesondere sei $\delta \in S(\Omega)$

durch $\delta(t) = 1$ für alle $t \in \Omega$ festgelegt.

Sei $\Omega_h \subset \Omega$ eine endliche Menge. Die Einschränkung einer Funktion $x \in S(\Omega)$ auf Ω_h erhält das Symbol x_h. So ist δ_h der Vektor in $\mathbb{R}^{\Omega_h}$, dessen Komponenten aus lauter Einsen besteht.

2. Stabilitätsungleichungen bei allgemeinen Gleichungssystemen

Vorgelegt sei ein allgemeines Gleichungssystem der Form

G: $\qquad Ax = Fx$

mit $A \in L(\mathbb{R}^m)$, und mit einem stetigen Feld F, welches den $\mathbb{R}^m$ in sich abbildet ($m \in \mathbb{N}$). Für $x,y \in \mathbb{R}^m$ gelten dann mit der Matrix $\Delta F(x,y)$ aus 1. die Gleichungen

$$Ax-Ay = Fx-Fy + \eta_x-\eta_y = \Delta F(x,y)\,(x-y) + \eta_x-\eta_y$$

(1) $\qquad (A-\Delta F(x,y))\,(x-y) = \eta_x-\eta_y.$

Ist $A-\Delta F(x,y)$ invertierbar und ist $\|(A-\Delta F(x,y))^{-1}\|$ gleichmäßig beschränkt für x,y einer Teilmenge $N \subset \mathbb{R}^m$, so gilt STABU für jede Zahl $\varkappa \geq 0$ mit

(2) $\qquad \|(A-\Delta F(x,y))^{-1}\| \leq \varkappa$ für alle $x,y \in N$.

Hierbei bezeichnet $\|\ \|$ irgendeine Norm des $\mathbb{R}^m$.

Zu dem Problem der „gleichmäßigen Invertierbarkeit" von $A-\Delta F(x,y)$ geben wir nun zwei Sätze an, von denen der erste mit Monotoniebedingungen und der zweite mit Symmetriebedingungen arbeitet. Als Vorbereitung betrachten wir eine Schar $G(x,y)$ von $(m \times m)$ L-Matrizen für $x,y \in N$. Es seien unabhängig von $x,y \in N$ ein Vektor $e > \theta$ und eine Zahl $\varkappa > 0$ vorhanden mit

(3) $\qquad G(x,y)e \geq \varkappa^{-1}e \qquad$ für $x,y \in N$.

Nach Satz 1 ist dann $G(x,y)$ eine M-Matrix, $G(x,y)$ besitzt also eine nichtnegative Inverse, und es gilt

$$G(x,y)^{-1}e \leq \varkappa\, e \qquad \text{für } x,y \in N$$

nach (3). Wegen $G(x,y)^{-1} \in L_+(\mathbb{R}^m)$ besagt die letzte Ungleichung

(4) $\quad \|G(x,y)^{-1}\|_e \leq \varkappa \qquad$ für $x,y \in N$.

Dieser einfache Sachverhalt liefert den

SATZ M: $A-\Delta F(x,y)$ sei für je zwei Vektoren $x,y \in N$ eine L-Matrix. Ferner existiere $B \in L(\mathbb{R}^m)$ mit

(Mi) $\quad (A-B)e > \theta$ für ein $e > \theta$;

(Mii) $\quad B-\Delta F(x,y) \in L_+(\mathbb{R}^m)$ für je zwei Vektoren $x,y \in N$.

Dann ist $A-\Delta F(x,y)$ eine M-Matrix, und es gilt

$$\|(A-\Delta F(x,y))^{-1}\|_e \leq |A-B|_e^{-1} \qquad \text{für alle } x,y \in N.$$

Beweis: Für $G(x,y) = A-\Delta F(x,y)$ erhält man

$$G(x,y)e = (A-B)e + (B-\Delta F(x,y))e \geq (A-B)e \geq |A-B|_e e$$

nach (Mi) und (Mii). Daher besteht (3) mit $\varkappa = |A-B|_e^{-1} > 0$, also auch (4).

SATZ S: Es sei $A \in L(\mathbb{R}^m)$ symmetrisch und invertierbar. Es seien zwei Zahlen $\mu_1, \mu_2 \in \mathbb{R}$ $(\mu_1 \leq \mu_2)$ vorhanden mit

(Si) $\quad$ das Intervall $[\mu_1, \mu_2]$ enthält keinen Eigenwert von A;

(Sii) $\quad$ für je zwei Vektoren $x,y \in N$ sei $\Delta F(x,y) \in L(\mathbb{R}^m)$ symmetrisch und

$$\mu_1 \|z\|_2^2 \leq (\Delta F(x,y)z,z) \leq \mu_2 \|z\|_2^2 \quad \text{für alle } z \in \mathbb{R}^m.$$

Dann ist $A-\Delta F(x,y)$ invertierbar, es ist $0.5(\mu_2-\mu_1) < d = \mathrm{Min}\{|\lambda - 0.5(\mu_1+\mu_2)| : \lambda$ ist Eigenwert von $A\}$, und für jedes $\tau \in (0.5(\mu_2-\mu_1), d]$ gilt

$$\|(A-\Delta F(x,y))^{-1}\|_2 \leq \frac{2\tau + |\mu_1 + \mu_2|}{2\tau + \mu_1 - \mu_2} \|A^{-1}\|_2 \quad \text{für alle } x,y \in N.$$

Beweis: 1. (vgl.[3, S.406, Beweis von Satz 1]): Wegen (Si) ist $0.5\ (\mu_2 - \mu_1) < d$, und die Symmetrie von A liefert für jedes $\tau \in (0.5(\mu_2 - \mu_1), d]$ die Ungleichungen

$$\tau\ \|A^{-1}v\|_2 \leq \|(I-0.5(\mu_1+\mu_2)A^{-1})v\|_2 \quad \text{für alle } v \in \mathbb{R}^m.$$

Ferner gilt nach (Sii) weiter

$$\|\Delta F(x,y)-0.5(\mu_1+\mu_2)I\|_2 \leq 0.5(\mu_2-\mu_1).$$

2. Sei $z \in \mathbb{R}^m$ und $v = \Delta F(x,y)z$, so folgert man mit der Dreiecksungleichung und beiden Ungleichungen aus 1. die Relationen

$$\tau(\|z\|_2-\|(I-A^{-1}\Delta F(x,y))z\|_2)\leq\tau\|A^{-1}\Delta F(x,y)z\|_2$$

$$\leq \|(I-0.5(\mu_1+\mu_2)A^{-1})\Delta F(x,y)z\|_2$$

$$\leq\|(\Delta F(x,y)-0.5(\mu_1+\mu_2)I)z\|_2 + 0.5|\mu_1+\mu_2|\ \|(I-A^{-1}\Delta F(x,y))z\|_2$$

$$\leq 0.5(\mu_2-\mu_1)\|z\|_2 + 0.5|\mu_1+\mu_2|\,\|(I-A^{-1}\Delta F(x,y))z\|_2.$$

Das aber bedeutet

$$\frac{2\tau-\mu_2+\mu_1}{2\tau+|\mu_1+\mu_2|}\|z\|_2 \leq \|(I-A^{-1}\Delta F(x,y))z\|_2 \quad \text{für alle } z \in \mathbb{R}^m.$$

Daher ist $I-A^{-1}\Delta F(x,y)$ invertierbar, und es gilt

$$\|(I-A^{-1}\Delta F(x,y))^{-1}\|_2 \leq \frac{2\tau + |\mu_1 + \mu_2|}{2\tau - \mu_2 + \mu_1} \quad \text{für } x,y \in N.$$

Das zeigt die Behauptung von Satz S.

<u>BEMERKUNG</u>: Zum SATZ S vgl.[3], wo die Existenz einer Zahl $k > 0$ unabhängig von $x,y \in N$ mit

$$\|(I-A^{-1}\Delta F(x,y))^{-1}\|_2 \leq k \quad \text{für alle } x,y \in N$$

bewiesen wird. Die Angabe einer solchen Konstanten k in Abhängigkeit allein von der Lage der Eigenwerte von A ermöglicht die Diskussion der Stabilität von Differenzenverfahren, welche unser Ziel ist.

Ist $\Delta F(x,y)$ eine Schar von Diagonalmatrizen, so vereinfacht sich der Satz M, und wir erhalten die

FOLGERUNG M: *Es sei A eine* $(m \times m)$ *L-Matrix und* $\Delta F(x,y) = \mathrm{diag}(\Delta F(x,y))_{ii}) \in L(\mathbb{R}^m)$ *für* $x,y \in \mathbb{R}^m$. *Ferner gelten:*

G1: $Ae > \theta$ *für ein* $e > \theta$,

G2: $(\Delta F(x,y))_{ii} \leq \mu$ $(x,y \in N,\ i=1,\dots,m)$ *für ein reelles* $\mu < |A|_e$ *mit dem Vektor* e *aus* G1.

Dann ist $A-\Delta F(x,y)$ *eine M-Matrix, und es gilt*

$$\|(A-\Delta F(x,y))^{-1}\|_e \leq (|A|_e-\mu)^{-1} \quad \text{für alle } x,y \in N.$$

Beweis: Verwende Satz M mit $B = \mu I$.

Für den Satz S vereinfacht sich im Falle einer Schar $\Delta F(x,y) = \mathrm{diag}((\Delta F(x,y))_{ii})$ von Diagonalmatrizen nur die Voraussetzung (Sii). Diese verlangt dann entsprechend G2 eine Beschränkung der Diagnonalelemente von $\Delta F(x,y)$ gemäß

(5) $\mu_1 \leq (\Delta F(x,y))_{ii} \leq \mu_2$ für $x,y \in N$ und $i=1,\dots,m$.

Wir kehren noch einmal zur Folgerung M zurück. Da A die L-Eigenschaft besitzt, ist der kleinste Eigenwert $\lambda(A)$ von A wegen G1 positiv, und es gilt (vgl.[1]) $|A|_e \leq \lambda(A)$ für jedes $e > \theta$. Ist A überdies nicht zerfallend, so gibt es sogar ein $e > \theta$ mit $Ae = \lambda(A)e > \theta$, also $|A|_e = \lambda(A)$ (vgl.[1]). So liefert die Folgerung M eine Stabilitätsungleichung, falls die Diagnonalelemente von $\Delta F(x,y)$ nur Werte unterhalb des kleinsten Eigenwertes von A besitzen. Andererseits impliziert der Satz S nach (5) eine Stabilitätsungleichung, falls die Werte der $(\Delta F(x,y))_{ii}$ sämtlich zwischen zwei aufeinanderfolgende Eigenwerte von A fallen.

3. Der STABILITÄTSSATZ M

Wir betrachten nun eine Aufgabe der Form

RAWA $\quad Lx = f(t,x)$ in $\Omega \subset \mathbb{R}^k$, $R_i x = \gamma_i$ für $i \in I$

wie sie in der Einleitung beschrieben wird. Es bezeichne $\mathfrak{G}$ eine gewisse Menge von reellen Funktionen, welche auf Ω definiert sind und welche durch L in $S(\Omega)$ abgebildet werden. Wir machen folgende Voraussetzungen:

RAWA 1: Es gibt ein $e \in \mathfrak{G}$ und Zahlen $\lambda > 0$, $\varkappa_1 > 0$, $\varkappa_2 > 0$ mit

$Le(t) \geq \lambda e(t)$, $\varkappa_1 \leq e(t) \leq \varkappa_2$ für $t \in \Omega$, $R_i e \geq 0$ für $i \in I$,

RAWAM: $f \in S(\Omega \times \mathbb{R}^m)$, und es gibt eine nichtnegative Zahl $\mu < \lambda$ mit

$$\frac{f(t,v) - f(t,w)}{v-w} \leq \mu \quad \text{für } t \in \Omega, v,w \in \omega \subset \mathbb{R},\ v \neq w.$$

Zur numerischen Behandlung von RAWA betrachten wir eine Folge von endlichen Teilmengen $\Omega_h \subset \Omega$, wobei h eine Nullfolge $\mathfrak{H}$ positiver Zahlen durchläuft, und lösen in dem endlichdimensionalen Funktionenraum $\mathbb{R}^{\Omega_h}$ das diskrete Problem

DRAWA $\quad A_h x = F_h x$

für jedes h der Nullfolge. Dabei unterstellen wir eine beliebige, aber feste Durchzählung der Punkte von Ω_h und machen folgende Voraussetzungen:

DRAWAM 1: A_h ist eine L-Matrix für jedes $h \in \mathfrak{H}$;

DRAWAM 2: $F_h x$ $(x \in \mathbb{R}^{\Omega_h})$ hat die Gestalt

$$F_h x(t) = f(t,x(t)) + r_h(t,L,\gamma) \text{ für } t \in \Omega_h;$$

dabei sind $r_h(t,L,\gamma)$ reelle Zahlen, welche von h,t, den Werten der Koeffizientenfunktionen von L an gewissen Stellen aus Ω sowie von allen Zahlen γ_i $(i \in I)$ der Randbedingungen von RAWA abhängen. Wir verlangen

$r_h(t,L,\gamma) \geq 0$ für alle $h \in \mathfrak{H}$ und alle $t \in \Omega_h$, falls nur $\gamma_i \geq 0$ $(i \in I)$ ist.

Über DRAWAM i (i = 1,2) hinaus fordern wir schließlich

KONSISTENZ: Für jedes $x \in \mathfrak{G}$ gelte
$$K(h,x) = \mathrm{Max}\{|A_h x_h(t) - Lx(t) - r_h(t,L,R_i x)| : t \in \Omega_h\} \longrightarrow 0,$$
falls h die Nullfolge $\mathfrak{H}$ durchläuft.

LEMMA 1: In der soweit beschriebenen Situation gilt
$$A_h e_h \geq (\lambda - \varkappa_1^{-1} K(h,e))e_h,$$
wobei $\lambda > 0$ und $\varkappa_1 > 0$ der Bedingung RAWAM 1 entnommen sind.

Beweis: Es ist
$$A_h e_h(t) = Le(t) + r_h(t,L,R_i e) + (A_h e_h(t) - Le(t) - r_h(t,L,R_i e))$$
$$\geq \lambda\, e_h(t) + r_h(t,L,R_i e) - K(h,e)$$
für alle $t \in \Omega_h$. Wegen RAWA 1 ist $R_i e \geq 0$ $(i \in I)$ also $r_h(t,L,R_i e) \geq 0$ nach DRAWAM 2. Ferner ist $-K(h,e) \geq -\varkappa_1^{-1} K(h,e)e_h(t)$ $(t \in \Omega_h)$ nach RAWA 1. Damit ist das LEMMA 1 bewiesen.

LEMMA 2: Es sei die oben beschriebene Situation angenommen, und es sei $\sigma \in (0,1)$. Dann besteht für jedes $h \in \mathfrak{H}$ mit $K(h,e) \leq (1-\sigma)\lambda\varkappa_1$ die Ungleichung $A_h e_h \geq \sigma\lambda e_h$. Für jedes $\sigma \in (0,1)$ und hinreichend kleines h gilt also die Bedingung Gl mit $e = e_h \in \mathbb{R}^{\Omega_h}$ und $|A_h|_{e_h} \geq \sigma\lambda$.

Beweis: Wegen $K(h,e) \longrightarrow 0$ für $h \longrightarrow 0$ tritt die Ungleichung $K(h,e) \leq (1-\sigma)\lambda\varkappa_1$ für alle hinreichend kleinen h ein. Dann aber ist

$$\lambda-\varkappa_1^{-1}\,K(h,e) = \sigma\lambda + \varkappa_1^{-1}((1-\sigma)\lambda\,\varkappa_1 - K(h,e)) \geq \sigma\lambda,$$

und das LEMMA 1 zeigt die Behauptung.

STABILITÄTSSATZ M: Unter den Voraussetzungen RAWA 1, RAWAM gilt für jede konsistente DRAWA mit DRAWAM 1, DRAWAM 2 eine Stabilitätsungleichung der Form

STABU $\|x-y\|_{\delta_h} \leq \varkappa_2\,\varkappa_1^{-1}(\sigma\lambda-\mu)^{-1}\,\|\eta_x-\eta_y\|_{\delta_h}$ $(x,y \in N_h)$

für jedes $\sigma \in (0,1)$ mit $\mu < \sigma\lambda$ und alle $h \in \mathfrak{H}$ mit $K(h,e) \leq (1-\sigma)\lambda\,\varkappa_1$, dabei ist $N_h = \{x \in \mathbb{R}^{\Omega_h} : x(t) \in \omega$ für $t \in \Omega_h\}$.

Beweis: Wegen DRAWAM 2 ist $\Delta F_h(x,y)$ eine Diagonalmatrix, und RAWAM impliziert weiter $(\Delta F_h(x,y))_{ii} \leq \mu$ für $x,y \in N_h$. Wegen LEMMA 2 ist auch $|A_h|_{e_h} \geq \sigma\lambda > \mu$ für alle $\sigma \in (0,1)$mit $\sigma\lambda > \mu$ und hinreichend kleine h, dabei gibt es solche Zahlen σ, weil RAWAM die Ungleichung $\lambda > \mu$ verlangt. Unter Beachtung von LEMMA 2 ist somit die FOLGERUNG M anwendbar, welche besagt, daß $A_h-\Delta F_h(x,y)$ eine M-Matrix und

$$\|(A_h-\Delta F_h(x,y))^{-1}\|_{e_h} \leq (|A_h|_{e_h}-\mu)^{-1} \leq (\sigma\lambda-\mu)^{-1}$$

für die im Satz angegebenen Werte von σ und h ist. Wegen (1) und (2) ergibt sich

$$\|x-y\|_{e_h} \leq (\sigma\lambda-\mu)^{-1}\,\|\eta_x-\eta_y\|_{e_h} \quad (x,y \in N_h).$$

Hieraus ergibt sich STABU wegen $0 < \varkappa_1\delta_h \leq e_h \leq \varkappa_2\delta_h$ nach RAWA 1.

4. Der STABILITÄTSSATZ S.

Wie in 3. betrachten wir RAWA unter der Voraussetzung RAWA 1. Allerdings ersetzen wir RAWAM durch

RAWAS: $f \in S(\Omega \times \mathbb{R})$, und es gibt Zahlen $\mu_1, \mu_2 \in \mathbb{R}$ mit

$$\mu_1 \leq \frac{f(t,v) - f(t,w)}{v-w} \leq \mu_2 \text{ für } t \in \Omega,\ v,w \in \omega,\ v \neq w.$$

Die numerische Behandlung geschieht nun mittels einer Folge diskreter Randwertaufgaben der Form DRAWA mit den Voraussetzungen:

DRAWAS 1: A_h ist eine symmetrische L-Matrix für jedes $h \in \mathfrak{H}$, es gibt ein $\varepsilon > 0$, so daß für hinreichend kleine $h \in \mathfrak{H}$ kein Eigenwert von A_h in $[\mu_1 - \varepsilon, \mu_2 + \varepsilon]$ liegt.

DRAWAS 2: $F_h x$ $(x \in \mathbb{R}^{\Omega_h})$ hat die Gestalt

$$F_h x(t) = f(t,x(t)) + r_h(t,L,\gamma) \quad \text{für } t \in \Omega_h.$$

Ferner verlangen wir die Konsistenzbedingung aus 3..

Mit $e \in \mathfrak{S}$ aus RAWA 1 gilt nach dem Lemma 2 die Ungleichung

$$A_h e_h \geq \sigma\lambda e_h$$

für jedes $\sigma \in (0,1)$, für die Konstante λ aus RAWA 1 und für hinreichend kleine $h \in \mathfrak{H}$. Der Satz M zeigt dann ($\Delta F(x,y) = B =$ Nullmatrix), daß A_h eine nichtnegative Inverse besitzt mit

$$\|A_h^{-1}\|_{e_h} \leq |A_h|_{e_h}^{-1} \leq (\sigma\lambda)^{-1}$$

bei festem $\sigma \in (0,1)$ für hinreichend kleine $h \in \mathfrak{H}$. Symmetrie und Nichtnegativität von A_h^{-1} liefern (vgl. etwa [1])

$$\|A_h^{-1}\|_2 = \sigma(A_h^{-1}) \leq \|A_h^{-1}\|_{e_h} \leq (\sigma\lambda)^{-1}$$

für den Spektralradius $\sigma(A_h^{-1})$ von A_h^{-1}. In der oben beschriebenen Situation sind damit alle Voraussetzungen des

Satzes S erfüllt, welcher

$$(6)\quad \|(A_h-\Delta F_h(x,y))^{-1}\|_2 \leq \frac{2\tau + |\mu_1+\mu_2|}{2\tau + \mu_1-\mu_2}(\sigma\lambda)^{-1}$$

für alle $x,y \in N_h$

liefert, falls

$0.5(\mu_2-\mu_1)<\tau\leq d_h = \mathrm{Min}\{|\lambda-0.5(\mu_1+\mu_2)|: \lambda$ ist Eigenwert von $A_h\}$.
Nach DRAWAS 1 ist aber $d_h \geq 0.5(\mu_2-\mu_1) + \varepsilon$. Daher ist $\tau=0.5(\mu_2-\mu_1) + \varepsilon$ in (6) zulässig, so daß wir

$$\|(A_h-\Delta F_h(x,y))^{-1}\|_2 \leq (\mu_2-\mu_1+|\mu_1+\mu_2|+2\varepsilon)(2\varepsilon\sigma\lambda)^{-1}$$

erhalten. Wegen (1) und (2) ergibt sich mit $\sigma = 0.5$ der

STABILITÄTSSATZ S: Unter den Voraussetzungen RAWA 1, RAWAS gilt für jede konsistente DRAWA mit DRAWAS 1, DRAWAS 2 eine Stabilitätsungleichung der Form

STABU $\|x-y\|_2 \leq \varkappa \|\eta_x-\eta_y\|_2 \quad (x,y \in N_h)$

für hinreichend kleine $h \in \mathfrak{H}$, dabei kann $\varkappa = (\mu_2-\mu_1+|\mu_2+\mu_1|+2\varepsilon)(\varepsilon\lambda)^{-1}$ unabhängig von h gesetzt werden.

5. Anwendungen

Mit $Lx = -(p(t)x')'$ sei

RAWA $Lx = f(t,x)$ in $[a,b]$, $R_a x = a_o x(a)-a_1 x'(a) = \gamma_1$

$$R_b x = b_o x(b)+b_1 x'(b) = \gamma_2$$

gegeben. Wir setzen grundsätzlich voraus, daß p in $[\bar{a},\bar{b}]$ stetig differenzierbar und positiv ist mit $\bar{a} < a < b < \bar{b}$ und daß für die reellen Zahlen a_i, b_i $(i=0,1)$ die Ungleichung

$$a_i \geq 0,\ b_i \geq 0 (i=0,1),\ a_o+a_1 > 0,\ b_o+b_1 > 0,\ a_o+b_o > 0$$

gültig sind.

Es gibt dann abzählbar unendlich viele Eigenwerte $\lambda_i (i \in \mathbb{N})$ zu $(L; R_a, R_b)$, welche sämtlich positiv sind und der Größe nach angeordnet sein mögen: $0 < \lambda_1 < \lambda_2 < \dots$. Wir setzen $\Omega_1 = \{a\}$, falls $a_1=0, b_1 > 0$, jedoch $\Omega_1 = \{b\}$, falls $a_1>0$, $b_1=0$, aber $\Omega_1 = \{a,b\}$, falls $a_1=b_1=0$ und $\Omega_1 = \emptyset$, falls $a_1 b_1 > 0$. In jedem Fall sei $\Omega_2 = [a,b] \setminus \Omega_1$. Für die Greensche Funktion $G(t,s)$ zu $(L; R_a, R_b)$ gelten die Ungleichungen

$$G(t,s) > 0 \text{ in } \Omega_2^2; \; G(t,s) = 0, \; \frac{\partial}{\partial t} G(t,s) \neq 0 \text{ in } \Omega_1 \times \Omega_2,$$

welche man unmittelbar bestätigt. Weil $G(t,s)$ außerdem stetig ist in $[a,b]^2$ existiert nach [1,VII,5.6] zu λ_1 eine in $[a,b]$ zweimal stetig differenzierbare Eigenfunktion e von $(L; R_a, R_b)$ mit

(7) $$\gamma (t-a)^k (b-t)^\ell \leq e(t) \quad (t \in [a,b])$$

für ein $\gamma > 0$ mit $k = 0$ ($\ell=0$) oder $k = 1$ ($\ell=1$), falls $a_1 > 0$ ($b_1 > 0$) oder $a_1=0$ ($b_1 = 0$).

Im Falle $a_1 b_1 > 0$ gilt $k = \ell = 0$, so daß wir

$$Le(t) = \lambda_1 e(t), \; 0<e(t) \text{ für } t \in [a,b], R_1 e = R_2 e = 0$$

erhalten. Daher ist RAWA 1 mit $\lambda = \lambda_1$ erfüllt.

Sei nun $a_1 b_1 = 0$. Wir nehmen etwa $a_1=0$, $b_1>0$ an. Nun wählen wir $\alpha \in (\bar{a}, a)$. Dann existiert $\lambda_{1\alpha} > 0$ und $e_\alpha(t)$ mit

$$Le_\alpha(t) = \lambda_{1\alpha} e_\alpha(t), \; 0<e_\alpha(t) \text{ für } t \in (\alpha,b], R_\alpha e = R_b e = 0.$$

Daher ist RAWA 1 für $\lambda = \lambda_{1\alpha}$ bei beliebigem $\alpha \in (\bar{a}, a)$ erfüllt. Wir bemerken schließlich, daß $0 < \lambda_{1\alpha} \leq \lambda_1$

($\alpha \in (\bar{a},a)$) ist und daß $\lambda_{1\alpha_n}$ gegen λ_1 strebt für eine Folge $\alpha_n \longrightarrow a$ aus $(\bar{a},a)$.

Im Falle $a_1>0$, $b_1=0$ verfahren wir analog unter Verwendung der Randbedingungen R_a und R_β für $\beta \in (b,\bar{b})$.

Ist schließlich $a_1 = b_1 = 0$, so benutzen wir die Randbedingungen R_α, R_β für $\alpha \in (\bar{a},a)$, $\beta \in (b,\bar{b})$.

Damit gilt folgendes

LEMMA 3: Zu jedem $n \in \mathbb{N}$ existiert eine in $[a,b]$ zweimal stetig differenzierbare Funktion e_n mit

$Le_n(t) \geq (\lambda_1 - n^{-1})e_n(t)$, $0 < e_n(t)$ für

$t \in [a,b]$, $R_i e_n \geq 0$ $(i \in I)$, wobei $I = \{a,b\}$ ist.

Der Stabilitätssatz M liefert somit den

SATZ 2: Für die anfangs beschriebene RAWA gelte $f \in S([a,b] \times \mathbb{R})$ sowie

$$(8) \quad \frac{f(t,v)-f(t,w)}{v-w} \leq \mu < \lambda_1 \quad (t \in [a,b], v,w \in \omega, v \neq w)$$

mit einem reellen $\mu \geq 0$. Dann gilt für jede DRAWA, welche DRAWAM 1, DRAWAM 2 und die Konsistenzbedingung mit $\mathfrak{G} = \{x \in S[a,b] : x$ ist zweimal stetig differenzierbar in $[a,b]\}$ erfüllt, eine Stabilitätsungleichung im Sinne des Stabilitätssatzes M.

Beweis: Wähle $n \in \mathbb{N}$ so groß, daß $\mu < \lambda_1 - n^{-1}$ wird und konstruiere dazu die Funktion e_n nach Lemma 3. Dann sind RAWA 1 und RAWAM mit $\lambda = \lambda_1 - n^{-1}$ und $e = e_n$ erfüllt.

Wir betrachten die oben angeführte RAWA nunmehr unter der gegenüber (8) veränderten Bedingung

$$(9) \quad \lambda_i < \mu_1 \leq \frac{f(t,v) - f(t,w)}{v - w} \leq \mu_2 < \lambda_{i+1}$$

$(t \in [a,b], v,w \in \omega\ ,\ v \neq w)$.

Dann ist die Voraussetzung RAWAS erfüllt, gleichzeitig gilt wegen Lemma 3 auch RAWA 1. Somit können wir den Stabilitätssatz S anwenden und erhalten den

SATZ 3: Für die anfangs beschriebene RAWA gelten $f \in \mathfrak{S}([a,b] \times \mathbb{R})$ sowie (9) mit zwei Zahlen $\mu_1, \mu_2 \in \mathbb{R}$ und zwei aufeinanderfolgenden Eigenwerten λ_i, λ_{i+1} von $(L;\ R_a, R_b)$. Dann gilt für jede DRAWA, welche DRAWAS 1, DRAWAS 2 und die Konsistenzbedingung mit $\mathfrak{S} = \{x \in S\,[a,b] : x$ ist zweimal stetig differenzierbar in $[a,b]\}$ erfüllt, eine Stabilitätsungleichung im Sinne des Stabilitätssatzes S.

Die Voraussetzung DRAWAS 1 kann dabei in Gestalt der folgenden Forderung realisiert werden: A_h ist eine symmetrische L-Matrix für jedes $h \in \mathfrak{H}$, und zu jedem kompakten Intervall $[\sigma_1, \sigma_2] \subset \mathbb{R}$ mit $\lambda_i \notin [\sigma_1, \sigma_2]$ $(i \in \mathbb{N})$ existiert ein $h_o > 0$, so daß auch kein Eigenwert von A_h zu $[\sigma_1, \sigma_2]$ gehört für alle $h \in \mathfrak{H}$ mit $0 < h < h_o$. In [15] werden hinreichende Bedingungen für DRAWA genannt, damit die soeben beschriebene Forderung erfüllt ist.

Als einfaches Beispiel nennen wir den Fall

$p \equiv 1$, $a_1 = b_1 = 0$, DRAWA = gewöhnliches Differenzenverfahren,

für den die Sätze 1 und 2 anwendbar sind.

In besonders gelagerten Situationen kann man eine zweimal stetig differenzierbare Funktion $e(t)$ und Zahlen $\lambda > 0$, $\varkappa_1 > 0$, $\varkappa_2 > 0$, so daß RAWA 1 erfüllt ist, direkt angeben. Sei dazu etwa $a_1 = b_1 = 0$. Man setze dann

(10) $e(t) = \sin(\pi q(\beta)^{-1} q(t)), q(t) = \int_\alpha^t p(s)^{-1} ds \quad (t \in [a,b])$

und rechnet leicht

(11) $Le(t) = \pi^2 q(\beta)^{-2}\, p(t)^{-1}\, e(t),\ 0 < e(t)$ in $[a,b]$

nach. Daher besteht RAWA 1 mit

(12) $\lambda = \pi^2 q(\beta)^{-2}\, \|p\|_\delta^{-1},\ \varkappa_1 = |e|_\delta, \varkappa_2 = \|e\|_\delta,$

wenn $|x|_\delta = \mathrm{Min}\{x(t) : t \in [a,b]\}$, $\|x\|_\delta = \mathrm{Max}\{|x(t)| : t \in [a,b]\}$ für $x \in S[a,b]$ mit $x(t) \geq 0$ in $[a,b]$ gesetzt wird. In (10),(11) und (12) können $\alpha \in (\bar{a},a)$ und $\beta \in (\bar{b},b)$ gewählt werden. Die in (12) anfallenden Konstanten $\lambda = \lambda(\alpha,\beta)$ sind sämtlich untere Schranken für λ_1 (vgl.den Quotientensatz in [1]).

Der eben vorgeführte direkte Weg, die Bedingung RAWA 1 sicherzustellen, läßt sich sofort auf das Dirichletproblem bei partiellen Differentialgleichungen ausdehnen. Abschließend betrachten wir daher die

RAWA $Lx = -\sum_{j=1}^{2} D_j\, (p_j(t_j) D_j x) = f(t_1,t_2,x)$ in Ω,

$R_t x = x(t) = \gamma(t)$ für $t \in \partial\, \Omega$

dabei setzen wir stets folgendes voraus: Ω ist eine kompakte Menge im $\mathbb{R}^2$ mit dem Rand $\partial\Omega$, es sei etwa Ω enthalten im Inneren des Quaders $[a_1,b_1]\times[a_2,b_2]$, p_j sei eine Funktion von einer Variablen und als solche stetig differenzierbar und positiv in $[a_j,b_j]$ $(j=1,2)$, $\gamma(t_1,t_2)$ seien stetige Randdaten auf $\partial\Omega$. Es bezeichnet $D_j x$ die partielle Ableitung von x nach t_j ($j=1,2$).

Analog zu (10) konstruieren wir die Funktionen

$e_j(s) = \sin(\pi q_j(b_j)^{-1} q_j(s)), q_j(s) = \int_{a_j}^{s} p_j(t)^{-1} dt \quad (s \in [a_j,b_j])$

für j=1,2 und rechnen für $e(t_1,t_2) = e_1(t_1)e_2(t_2)$ sofort

$$Le(t_1,t_2)=\{\pi^2 \sum_{j=1}^{2} q_j(b_j)^{-2} p_j(t_j)^{-1}\} e(t_1,t_2),\quad 0<e(t_1,t_2) \text{ in } \Omega$$

nach. Daher gilt RAWA 1 mit

$$(13)\qquad \lambda = \pi^2 \sum_{j=1}^{2} q_j(b_j)^{-2} \|p_j\|_\delta^{-1},\ \varkappa_1 = |e|_\delta,\ \varkappa_2 = \|e\|_\delta,$$

wenn $|x|_\delta$ bzw. $\|x\|_\delta$ das Minimum bzw. Maximum einer nichtnegativen Funktion $x \in S(\Omega)$ auf Ω bezeichnen. Der Stabilitätssatz M liefert somit den

SATZ 4: Für das zuletzt beschriebene Dirichletproblem gelte $f \in S(\Omega\times\mathbb{R})$ sowie

$$\frac{f(t_1,t_2,v)-f(t_1,t_2,w)}{v-w} \leq \mu < \lambda \quad ((t_1,t_2)\in \Omega, v,w \in \omega,\ v \neq w)$$

mit einem reellen $\mu \geq 0$ und der in (13) genannten Zahl $\lambda > 0$. Dann gilt für jede DRAWA, welche DRAWAM 1, DRAWAM 2 und die Konsistenzbedingung mit $\mathfrak{S} = \{x\in S(\Omega)$: x ist zweimal stetig differenzierbar im Inneren von Ω, alle partiellen Ableitungen der Ordnungen 1 und 2 sind stetig auf Ω fortsetzbar$\}$ erfüllt, eine Stabilitätsungleichung im Sinne des Stabilitätssatzes M.

6. Schlußbemerkung

Für die Abschätzung (4) der Norm der Inversen einer Schar von Matrizen $G(x,y)$ $(x,y\in N)$ haben wir in 2. die L-Eigenschaft von $G(x,y)$ sowie eine Ungleichung (3) gefordert. Dabei stellt die L-Eigenschaft in Verbindung mit (3) sicher, daß $G(x,y)$ eine nichtnegative Inverse besitzt. Diese letzte Bedingung ist aber unter der Voraussetzung von (3) allgemeiner als die L-Eigenschaft. Tatsächlich folgt (4) aus (3), falls man von jeder Matrix $G(x,y)$ $(x,y\in N)$ nur verlangt, daß diese eine nichtnegative Inverse besitzt. Das zeigt sofort die kurze Schlußkette aus 2., welche (4) liefert. Damit bleibt der Satz M richtig, falls anstelle der

L-Eigenschaft der Matrizen $A-\Delta F(x,y)$ die Existenz einer nichtnegativen Inversen gefordert wird. Entsprechend kann man DRAWAM 1 und DRAWAS 1 abschwächen, wodurch Differenzenverfahren höherer Ordnung erfaßt werden. Eine andere Verallgemeinerung ergibt sich, wenn man in DRAWAM 2, DRAWAS 2 eine allgemeinere Gestalt für F_h zuläßt, welche über die Diagonalfelder hinausgeht. Auf den eben umrissenen Themenkreis gehen wir an einer anderen Stelle näher ein.

Literaturverzeichnis

[1] Bohl, Erich: Monotonie: Lösbarkeit und Numerik bei Operatorgleichungen. Berlin-Heidelberg-New York, Springer Tracts in Natural Philosophy Band 25 1974.

[2] Collatz, Lothar: The Numerical Treatment of Differential Equations. Berlin-Göttingen-Heidelberg, Springer-Verlag 1959

[3] Ehrmann, H.: Nichtlineare Integralgleichungen vom Hammersteinschen Typ. Math. Zeitschr. 82 (1963), 403-412.

[4] Filippow, A.F., Rjabenki, V.S.: Über die Stabilität von Differenzengleichungen. Berlin, V.E.B. Deutscher Verlag der Wissenschaften 1960.

[5] Forsythe, G.E., Wasow, W.R.: Finite difference methods for partial differential equations. New York, J. Wiley and Sons, 1960.

[6] Gerschgorin, S.: Fehlerabschätzung für das Differenzenverfahren zur Lösung partieller Differentialgleichungen. ZAMM 10 (1930), 373-382.

[7] Gorenflo, Rudolf: Über S. Gerschgorins Methode der Fehlerabschätzung bei Differenzenverfahren. Berlin-Heidelberg-New York, Lecture Notes in Mathematics 333, 128-143, Springer-Verlag 1973.

[8] Greenspan, Donald: Introductory Numerical Analysis of Elliptic Boundary Value Problems, New York-Evanston-London, Harper and Row Publishers 1965.

[9] Henrici, Peter: Discrete Variable Methods in Ordinary Differential Equations. New York-London-Sidney, John Wiley and Sons, Inc. 1962.

[10] Isaacson, E., Keller, H.B.: Analysis of numerical methods. New York, John Wiley and Sons 1966.

[11] Ortega, J.M., Rheinboldt W.C.: Iterative solution of nonlinear equations in several variables. New York-London, Academic Press 1970.

[12] Parter, S.V.: Mildly Nonlinear Elliptic Partial Differential Equations and their Numerical Solution I. Num. Math. 7 (1965), 113-128.

[13] Petry, W.: Eine Verallgemeinerung des Newtonschen Iterationsverfahrens. Comp. 7 (1971), 25-45.

[14] Stetter, Hans, J.: Analysis of Discretization Methods for Ordinary Differential Equations. Berlin-Heidelberg-New York, Springer Tracts in Natural Philosophy, Vol. 23, Springer-Verlag 1973.

[15] Stummel, F.: Diskrete Konvergenz linearer Operatoren II. Math.Z. 120 (1971), 231-264.

Prof.Dr.Erich Bohl
Institut für Numerische und instrumentelle Mathematik
der Universität Münster

4400 Münster
Roxeler Str. 62

THE SOLUTION OF SYSTEMS OF STIFF NONLINEAR DIFFERENTIAL EQUATIONS BY RECURSIVE COLLOCATION USING EXPONENTIAL FUNCTIONS

Hermann Brunner

A system of stiff nonlinear (homogeneous) ordinary differential equations, $Y' = F(x,Y)$, $x \varepsilon I: = [a,b]$, with $Y(a) = Y_0$ ($Y \varepsilon R^n$, $n > 1$; $F(x,0) = 0$, $x \varepsilon I$) is solved numerically by approximating the solution $Y(x)$ on each subinterval of a given partition π_N: $a = t_0 < t_1 < \ldots < t_N = b$ by a function of the form $U_k(x) = \sum_{j=1}^{m} C_{k.j} \exp(\lambda_{k.j}(x-t_k))$ ($C_{k.j} \varepsilon R^n$), where $m = m(k) \geq 1$. The quantities $\{\lambda_{k.j}\}$ are given: they are the eigenvalues (assumed to be real) of the (approximate) Jacobian of the system at $x = t_k$. The function $U(x)$ defined by the collection of the functions $\{U_k(x)\}$ is to be continuous on I. The vectors $\{C_{k.j}\}$ are determined recursively by collocation on a finite subset of I and by observing the continuity requirements at $x = t_k$, $k = 1,\ldots,N-1$. In the linear case, $f(x,Y) = AY$ (where A is a constant matrix) the method is equivalent with the method of projecting the exact solution into the subspace spanned by certain of the eigenvectors of A. It is shown that the method of recursive collocation is easily modified for the cases where some of the eigenvalues $\{\lambda_{k.j}\}$ are complex, or where the system under consideration is inhomogeneous.

1. INTRODUCTION

We shall describe the main idea on which the method of recursive collocation developed in this paper is based by considering first a system of linear differential equations with constant coefficients,

(1.1a) $$Y'(x) = A\,Y(x) \quad , \quad x \varepsilon I: = [a,b] \quad ,$$

with

(1.1b) $$Y(a) = Y_0 \quad .$$

Here, A is a real matrix, $Y \varepsilon R^n$, $n > 1$ (we shall briefly discuss the case $n = 1$ in Section 4).

Let the eigenvalues of A satisfy

(1.2) $$\lambda_n < \lambda_{n-1} < \ldots < \lambda_{m+1} \ll \lambda_m < \ldots < \lambda_1 \ (\leq)\ 0 \quad ,$$

and let $\{X_j\}$ denote a set of corresponding eigenvectors. The exact solution $Y(x)$ of (1.1) may then be written in the form

(1.3) $$Y(x) = \sum_{j=1}^{n} C_j \exp(\lambda_j(x-a)) \quad , \quad x \varepsilon I \quad ,$$

where the vectors $\{C_j\}$ are suitably normalized eigenvectors satisfying $\sum_{j=1}^{n} C_j = Y_{\hat{o}}$. One way to construct an approximate solution $U(x)$ is to project $Y(x)$ into the subspace spanned the eigenvectors $\{X_j: j = 1,\ldots,m\}$, i.e.

(1.4) $$U(x) := (P_m Y)(x) = \sum_{j=1}^{m} C_j \exp(\lambda_j(x-a)) \quad .$$

In general we have

(1.5) $$\hat{Y}_o := \sum_{j=1}^{m} C_j \neq Y_o \quad .$$

If the solution (1.3) is "smooth" (in the sense of [3], pp. 19-21) then $\hat{Y}_o \neq 0$.

It is clear that the above projection method to generate an approximate solution for (1.1) will not be suitable if A depends on x (or if the system under consideration is nonlinear), since then the eigenvalues of A (or of the Jacobian of the system, respectively) and hence the corresponding eigenvectors will vary with x . This observation yields the motivation of the following alternate approach for the construction of an approximation to $Y(x)$ which, in Section 2, will be extended to nonlinear systems. For the linear case just considered it will be shown to be equivalent with the above projection method.

Let the approximate solution for (1.1) have the form

(1.6) $$U(x) := \sum_{j=1}^{m} \hat{C}_j \exp(\lambda_j(x-a)) \quad ,$$

where the vectors $\{\hat{C}_j \varepsilon R^n: j=1,\ldots,m\}$ are to be determined from the following requirement on U:

(1.7b) (i) $$U(a) = \hat{Y}_o = \sum_{j=1}^{m} C_j \quad ,$$

and

(ii) on $Z := \{\xi_\nu: a < \xi_1 < \ldots < \xi_{m-1} \leqq b\}$,

$U(x)$ shall satisfy (1.1a), i.e.

(1.7a) $U'(x) = A\,U(x) \quad , \quad x \in Z \quad \text{(collocation)} \quad .$

The last relation constitutes a system of linear equations for the unknown vectors $\{\hat{C}_j : j=1,\ldots,m-1\}$, while, by (1.7b), $\hat{C}_m$ may be expressed in terms of $\hat{Y}_o$ and the previous vectors. This system possesses the form

(1.8) $J\,C = P \quad ,$

$$\text{with } C := (\hat{C}_1^T,\ldots,\hat{C}_{m-1}^T)^T \in R^{n(m-1)} \quad ,$$

$$P := ([(A-\lambda_m I)\hat{Y}_o]^T \exp(\lambda_m h_1),\ldots,[(A-\lambda_m I)\hat{Y}_o]^T \exp(\lambda_m h_{m-1}))^T \in R^{n(m-1)}$$

(1.9) $$J := \begin{pmatrix} J_{1.1} & \cdots & J_{1.m-1} \\ \vdots & & \\ J_{m-1.1} & \cdots & J_{m-1.m-1} \end{pmatrix} ,$$

where

(1.10) $J_{\nu.j} := \gamma_{\nu.j}(A - \omega_{\nu.j} I) \quad , \quad \nu, j=1,\ldots,m-1 \quad .$

Here we have set

$$\gamma_{\nu.j} := \exp(\lambda_m h_\nu) - \exp(\lambda_j h_\nu) \quad , \quad h_\nu := \xi_\nu - a$$

$$\omega_{\nu.j} := (\lambda_m \exp(\lambda_m h_\nu) - \lambda_j \exp(\lambda_j h_\nu))/\gamma_{\nu.j} \quad , \quad \nu,j=1,\ldots,m-1 \quad .$$

Since in practical applications (especially for large n ; note that the dimension of the system (1.8) is $n(m-1)$) the case $m = 2$ will play an important rôle, we briefly consider it in some detail.

Suppose that the eigenvalues of A satisfy the condition

$$\lambda_n \leqq \cdots \leqq \lambda_3 < \lambda_2 < \lambda_1 \leqq 0 \quad .$$

<u>LEMMA 1</u>: Under the above assumption on the eigenvalues of A , the matrix $(A - \omega_{1.1} I)^{-1}$ exists for all $h_1 > 0$.

PROOF: Suppose that, for some value of j, $\lambda_j = \omega_{1.1}$, i.e.

(1.11) $\lambda_j(\exp(\lambda_2 h_1) - \exp(\lambda_1 h_1)) = \lambda_2 \exp(\lambda_2 h_1) - \lambda_1 \exp(\lambda_1 h_1)$.

If $j = 1$, or $j = 2$, then, from $\lambda_2 < \lambda_1$, (1.11) cannot hold. If $j > 2$, then it follows from (1.11) that

$$\lambda_j(\exp(\lambda_2 h_1) - \exp(\lambda_1 h_1)) < \lambda_1(\exp(\lambda_2 h_1) - \exp(\lambda_1 h_1)),$$

where $\gamma_{1.1} = \exp(\lambda_2 h_1) - \exp(\lambda_1 h_1) < 0$.

Hence $\lambda_j > \lambda_1$, which contradicts the assumption of Lemma 1.

LEMMA 2: Assume: (i) The eigenvalues of A satisfy the condition of Lemma 1.

(ii) The vectors $\{\hat{C}_j\}$ in (1.6) (m=2) are determined from (1.7), with $\hat{Y}_o = \sum_{j=1}^{m} C_j$.

Then the vectors $\hat{C}_1$, $\hat{C}_2$ are independent of the choice of the collocation point $\xi_1 \varepsilon (a,b]$, and we have $\hat{C}_j = C_j$, $j=1,2$.

The above results therefore states that, for a suitable choice of $\hat{Y}_o$, the collocation method is equivalent with the method of projecting $Y(x)$ into the subspace spanned by X_1 and X_2.

PROOF: If $\hat{Y}_o = \sum_{j=1}^{2} C_j$ (where C_1 and C_2 are eigenvectors of A belonging to the eigenvalues λ_1 and λ_2, respectively), then (1.8) becomes

(1.12) $\gamma_{1.1}(A - \omega_{1.1} I)\hat{C}_1 = \exp(\lambda_2 h_1) \cdot (A - \lambda_2 I) C_1$.

It is easily seen that $\hat{C}_1 = C_1$ is a solution of (1.12). Hence, by Lemma 1, it is the only solution which therefore is independent of the choice of the point $\xi_1 \varepsilon (a,b]$.

Returning to the general case $(m \geq 2)$ it is easily verified that the result stated in Lemma 2 remains valid under appropriate assumptions on the eigenvalues of A. We omit the corresponding proof.

<u>LEMMA 3</u>: Assume: (i) The eigenvalues of A satisfy the condition

$$\lambda_n \leqq \dots \leqq \lambda_{m+1} < \lambda_m < \dots < \lambda_1 \underset{(=)}{<} 0 .$$

(ii) The vectors $\{\hat{C}_j\}$ in (1.6) are determined from (1.7), with $\hat{Y}_o = \sum_{j=1}^{m} C_j$.

Then the vectors $\{\hat{C}_j : j=1,\dots,m\}$ are independent of the choice of the collocation points Z , and we have $\hat{C}_j = C_j$, $j=1,\dots,m$.

It is obvious from the preceding discussion that the situation will be significantly different in the case of a system of nonlinear differential equations; in particular, the method of projecting the solution of a corresponding (locally) linearized system into a prescribed linear space will no longer be equivalent to the collocation method. We shall study the extension of the collocation procedure to nonlinear systems in the following section.

2. NONLINEAR SYSTEMS

Consider the system of nonlinear ordinary differential equations,

(2.1a) $\quad Y'(x) = F(x,Y(x)),\ x\varepsilon I \quad (Y\varepsilon R^n,\ n > 1)$,

with

(2.1b) $\quad Y(a) = Y_o$.

For the following discussion we assume that:

(i) the system is homogeneous (in the sense that $F(x,0) = 0$, $x\varepsilon I$);

(ii) the Jacobian $G(x,Y)$ of the system is real-valued and continuous on $I\times R^n$;

(iii) the eigenvalues of $G(x,Y)$ along the exact solution of (2.1) satisfy $\lambda_n(x) \leqq \dots \leqq \lambda_{m+1}(x) \leqq \lambda_m(x) < \dots < \lambda_1(x) \underset{(=)}{<} 0$, $x\varepsilon I$;

(iv) the corresponding linear problem

(2.2a) $V'(x) = G(a,Y_o)V(x) \quad , x\epsilon I \quad ,$

with

(2.2b) $V(a) = Y_o \quad ,$

possesses a solution $V(x)$ whose projection into the subspace spanned by the eigenvectors $\{X_j: j=1,\dots,m\}$ (corresponding to the eigenvalues $\{\lambda_1(0),\dots,\lambda_m(0)\}$ of $G(a,Y_o)$) is nonzero, i.e. $(P_mV)(x): = \sum_{j=1}^{m} C_j \exp(\lambda_j(0)(x-a))$ is such that

(2.3) $\hat{Y}_o := \sum_{j=1}^{m} C_j \neq 0 \quad .$

(In the terminology of [3] we assume the existence of a smooth solution of the variational problem (2.2) at $x = a$.)

In Section 4 it will be shown that the method of recursive collocation to be introduced in the present section can be extended in a fairly obvious manner to systems not satisfying the above conditions.

In analogy to the linear case described in the preceding section, we now construct an approximate solution $U(x)$ for (2.1) in the following way. Let

$$\pi_N: a = t_o < t_1 < \dots < t_N = b \quad (N \geqq 1) \quad ,$$

and set $\sigma_k: = [t_k,t_{k+1}] \quad , \quad k = 0, 1,\dots,N-1 \quad .$

For $x\epsilon\sigma_k$, the approximate solution $U(x)$ shall be represented by

(2.4) $U_k(x): = \sum_{j=1}^{m} C_{k.j}\exp(\lambda_{k.j}(x - t_k)) \quad , C_{k.j}\epsilon R^n \quad .$

Here, the values $\{\lambda_{k.j}\}$ denote the (approximate) eigenvalues of the Jacobian $G(x,Y)$ of (2.1) at the point $(t_k,U_k(t_k))$; we assume for the moment that they satisfy

$$\lambda_{k.n} \leqq \dots \leqq \lambda_{k.m+1} < \dots < \lambda_{k.1} \overset{<}{(=)} 0 \quad .$$

(We note that m may change with $k: m = m(k) \geqq 1$.)

The unknown vectors $\{C_{k.j}\}$ are determined from two sets of conditions we impose on $U(x)$. First, $U(x)$ (defined by the collection of functions $\{U_k(x)\}$) is to be continuous on I. This implies that

(2.5a) $$U_k(t_k) = U_{k-1}(t_k) \quad , \quad k = 0,1,\ldots,N-1 \quad ,$$

where we have chosen the value

(2.5b) $$U_{-1}(t_o) = \hat{Y}_o \quad \text{(defined in (2.3))} \; .$$

For a fixed value of k we thus have the relation

(2.6) $$C_{k.m} = \hat{Y}_o - \sum_{j=1}^{m-1} C_{k.j} \quad .$$

The remaining vectors $\{C_{k.j}: j=1,\ldots,m-1\}$ are found by collocation: for $Z_k: = \{\xi_{k.\nu}: t_k < \xi_{k.1} < \ldots < \xi_{k.m-1} \leqq t_{k+1}\}$ we require that

(2.7) $$U_k(x) = F(x,U_k(x)) \; , \; x \varepsilon Z_k \subset \sigma_k \quad .$$

The last relation represents a system of nonlinear algebraic equations for $\{C_{k.j}: j=1,\ldots,m-1\}$; its dimension is $n(m-1)$. It is clear that the amount of work needed for solving (2.7) numerically increases very rapidly with increasing values of m; again, as indicated in the linear case, this fact will often dictate the choice $m = 2$, especially if the dimension n is large. For this case the amount of work is comparable to the one required when solving a system of stiff differential equations by an implicit method (using Newton's method). For these reasons we briefly consider the case $m = 2$. Let

$$\Phi_{k.1}: = F(\xi_{k.1},U_k(\xi_{k.1})) - U_k'(\xi_{k.1}) \quad .$$

If Newton's method is used to solve (2.7) we obtain the interative procedure

(2.8) $$\gamma_{1.1}^{(k)}[G(\xi_{k.1},U_k^{[\mu]}(\xi_{k.1})) - \omega_{1.1}^{(k)}I](C_{k.1}^{[\mu+1]} - C_{k.1}^{[\mu]} = -\Phi_{k.1}^{[u]}$$

$(\mu = 0,1,\ldots r \; ; \; r \geqq 0)$,

where the superscript μ in U_k and $\Phi_{k.1}$ indicates that these functions are taken with $C_{k.1}$ replaced by the value $C_{k.1}^{[\mu]}$. The quantities $\gamma_{1.1}^{(k)}$ and $\omega_{1.1}^{(k)}$ are defined as in Section 1, except that they now depend on the interval σ_k :

$$\gamma_{1.1}^{(k)}: = \exp(\lambda_{k.2}h_{k.1}) - \exp(\lambda_{k.1}h_{k.1}) \text{ (with } h_{k.1}:=\xi_{k.1}-t_k),$$

$$\omega_{1.1}^{(k)}: = (\lambda_{k.2}\exp(\lambda_{k.2}h_{k.1}) - \lambda_{k.1}\exp(\lambda_{k.1}h_{k.1}))/\gamma_{1.1}^{(k)} .$$

As a direct consequence of Lemma 1 we have

<u>LEMMA 4</u>: For each value of k let

$$\lambda_{k.n} \leqq \cdots \leqq \lambda_{k.3} < \lambda_{k.2} < \lambda_{k.1} \ (\leqq) \ 0 .$$

Then, for any $h_{k.1} > 0$, each step in the Newton iteration (2.8) is well-defined.

It is clear that the choice $\xi_{k.1} = t_{k+1}$ will be advantageous for the following reason: for this choice the last iteration step in Newton's method (to convergence: $C_{k.1}^{[r+1]} =: C_{k.1}$) will yield, as a byproduct, the Jacobian $G(t_{k+1},U_k(t_{k+1}))$, which in turn will be needed for the computation of $U(x)$ on the next subinterval σ_{k+1} . Also, the value of r will often be fixed in advance (except perhaps for $k = 0$); the choice $r = 0$ (one iteration step in (2.8)) will frequently be made. Compare also [6] where a similar technique is discussed for the case where (2.1) is solved numerically by implicit methods.

The above remarks on Newton's method for solving (2.8) obviously apply also to the general case $m \geqq 2$; here a suitable choice for the last collocation point in Z_k is $\xi_{k.m-1} = t_{k+1}$. Newton's method takes the form

$$\text{(2.9)} \quad J_k^{[\mu]}\cdot(C_k^{[\mu+1]} - C_k^{[\mu]}) = - \Phi_k^{[\mu]} \quad (\mu = 0,\dots,r) ,$$

where $C_k: = (C_{k.1}^T,\dots,C_{k,m-1}^T)^T \in R^{n(m-1)}$,

$$\Phi_k: = (\Phi_{k.1}^T,\dots,\Phi_{k.m-1}^T)^T \in R^{n(m-1)} ,$$

where $\Phi_{k.\nu}: = F(\xi_{k.\nu},U_k(\xi_{k.\nu})) - U_k'(\xi_{k.\nu})$, $\nu = 1,\dots,m-1$.

The iteration matrix J_k has a structure similar to the one defined in (1.9); it is given by

$$J_k := \begin{pmatrix} J_{1.1}^{(k)} & \cdots & J_{1.m-1}^{(k)} \\ \vdots & & \\ J_{m-1.1}^{(k)} & \cdots & J_{m-1.m-1}^{(k)} \end{pmatrix} ,$$

with

$$J_{\nu.j}^{(k)} := \gamma_{\nu.j}^{(k)}[G(\xi_{k.\nu},U_k(\xi_{k.\nu})) - \omega_{\nu.j}I] ,$$

$$\gamma_{\nu.j} := \exp(\lambda_{k.m}h_{k.\nu}) - \exp(\lambda_{k.j}h_{k.\nu}) ,$$

$$\omega_{\nu.j} := (\lambda_{k.m}\exp(\lambda_{k.m}h_{k.\nu}) - \lambda_{k.j}\exp(\lambda_{k.j}h_{k.\nu}))/\gamma_{\nu.j}^{(k)} ,$$

and

$$h_{k.\nu} := \xi_{k.\nu} - t_k \quad (\nu,\ j = 1,\dots,m-1) .$$

To summarize, the method of recursive collocation described above may be regarded as a "semi-linearization" of the given system (2.1) on each interval σ_k : one first considers the linearized problem (variational problem)

$$V_k'(x) = G(t_k,U_{k-1}(t_k))V_k(x) , \ x\varepsilon\sigma_k ,$$

with the initial condition $V_k(t_k) = U_{k-1}(t_k)$. Here, only the "significant" eigenvalues of $G(t_k,U_{k-1}(t_k))$ are computed (but not the corresponding eigenvectors). The unknown function $U_k(x)$ is then not computed by using a projection method (as described in the linear case) but is found by solving a nonlinear system (2.7), obtained from the requirement that $U_k(x)$ satisfy the given system at certain points in σ_k . This approach (contrary to the projection method) will take into account the variation of the eigenvectors of $G(x,Y)$ on σ_k .

In the next section we give two examples (both from chemical kinetics) to illustrate the numerical method just described. Section 4 contains a number of remarks regarding the modification of the method of recursive collocation for inhomogeneous systems and for systems where some of the eigenvalues of the Jacobian $G(x,Y)$ are complex.

3. NUMERICAL EXAMPLES

The following examples are taken from [4] (example 1) and from [7], p. 180 (example 2). (Compare also [5], pp. 268-270.)

Example 1.

$$y_1' = -0.013y_2 - 1000y_1y_2 - 2500y_1y_3$$
$$y_2' = -0.013y_2 - 1000y_1y_2$$
$$y_3' = -2500y_1y_3 \qquad (0 \leq x \leq 50) \quad ,$$

with $y_1(0) = 0$, $y_2(0) = y_3(0) = 1$.
Eigenvalues of Jacobian (along exact solution):

$$x = 0. \; : \lambda_1 = 0. , \quad \lambda_2 = -0.0093 \quad , \quad \lambda_3 = -3500.0$$
$$x = 1. \; : \lambda_1 = 0. , \quad \lambda_2 = -0.0041 \quad , \quad \lambda_3 = -3513.9$$
$$x = 50. \; : \lambda_1 = 0. , \quad \lambda_2 = -0.0088 \quad , \quad \lambda_3 = -4103.5$$

Exact solution at $x = 50$:

$$Y(50) = (-1.893\cdot 10^{-6} , 0.5976547, 1.4023434)^T \quad .$$

Recursive collocation: $m = 2$, $h: = t_{k+1} - t_k$ (all k) .

$$x\varepsilon\sigma_k : U_k(x) = C_{k.1} + C_{k.2} \exp(\lambda_{k.2}(x-t_k))$$

$$(k = 0.1,\ldots,N-1 \; ; \; C_{k.j} \in R^3) \quad .$$

x	E(x) = Y(x) - U(x) for: h = 0.1, xε[0,1] h = 1., xε[1,50]	h = 1., xε[0,50]	h = 5., xε[0,50]
1.0	$1.2\cdot 10^{-11}$ +0.0000002 -0.0000003	$-1.19\cdot 10^{-9}$ +0.0000241 -0.0000242	$-2.96.10^{-6}$ +0.0002044 -0.0002074
10.0	$-1.6\cdot 10^{-11}$ -0.0000032 +0.0000032	$-9.7\cdot 10^{-11}$ +0.0000197 -0.0000197	$-3.01\cdot 10^{-9}$ +0.0005506 -0.0005506
50.	$-3.9\cdot 10^{-1}$ -0.0000102 +0.0000102	$-2.7\cdot 10^{-11}$ +0.0000070 -0.0000070	$-7.1\cdot 10^{-10}$ +0.0001797 -0.0001797

The iterations in Newton's method were terminated when $||C_{k.1}^{[\mu+1]} - C_{k.1}^{[\mu]}||_\infty < 10^{-10}$. For $k > 2$, one iteration step was sufficient to achieve this accuracy.

For the starting value $\hat{Y}_o$ (see (2.3)) we chose instead the given initial value Y_o . For comparison we list the exact solution of the corresponding linear problem (2.2). We have

$$V(x) = \sum_{j=1}^{3} C_j \exp(\lambda_j(0)(x-a)) ,$$

where

$$C_1 = (0., 0., 1.9999963)^T,$$

$$C_2 = (-3.7143.10^{-6}, .9999989, -.9999989)^T,$$

$$C_3 = (3.7143.10^{-6}, 1.0612.10^{-6}, 2.6531.10^{-6})^T ,$$

and thus $\hat{Y}_o \doteq Y_o$.

Example 2.

$$y_1' = -0.04y_1 + 10^4 y_2 y_3$$

$$y_2' = 0.04y_1 - 10^4 y_2 y_3 - 3.10^7 y_2^2$$

$$y_3' = 3.10^7 y_2^2 \qquad (0 \le x \le 40) ,$$

with $y_1(0) = 1, y_2(0) = y_3(0) = 0$.

Eigenvalues of Jacobian (along exact solution):

$$x = 0. : \lambda_1 = 0. , \lambda_2 = -0.04 , \lambda_3 = 0.$$

$$x = 1. : \lambda_1 = 0. , \lambda_2 = -0.29408, \lambda_3 = -2179.6$$

$$x = 40.: \lambda_1 = 0. , \lambda_2 = -0.02142, \lambda_3 = -3392.3$$

$$x \to \infty \quad \lambda_1 = 0. , \lambda_2 \to -0. \quad \lambda_3 \to -10^4 .$$

Exact solution at $x = 40$:

$$Y(40) = (0.7158271, 9.186.10^{-6}, 0.2841637)^T .$$

Recursive collocation: $m = 2$, $h: = t_{k+1} - t_k$ (all k) .

$$x\varepsilon\sigma_k: U_k(x) = C_{k.1} + C_{k.2}\cdot\exp(\lambda_{k.2}(x-t_k))$$

$$(k = 0,.,...,N-1 : C_{k.j} \in R^3) .$$

x	E(x) = Y(x) - U(x) for h = 0.1, $x\varepsilon[0,40]$	h = 1., $x\varepsilon[0,40]$	h = 10., $x\varepsilon[0,40]$
1.	-0.0000399 $-6.38\cdot10^{-9}$ +0.0000395	-0.0035278 $-5.51\cdot10^{-7}$ +0.0035283	-0.0183436 $+2.85\cdot10^{-5}$ +0.0183151
10.	-0.0000054 $-4.29\cdot10^{-10}$ +0.0000054	-0.0003834 $-3.04\cdot10^{-8}$ +0.0003834	-0.0308577 $-2.53\cdot10^{-6}$ +0.0308603
40.	-0.0000013 $-4.91\cdot10^{-11}$ +0.0000013	-0.0000756 $-2.94\cdot10^{-9}$ +0.0000756	-0.0036718 $-1.45\cdot10^{-7}$ +0.0036719

Constant Jacobian over entire interval [0,40] :

$x\varepsilon\sigma_k$: $U_k(x) = C_{k.1} + C_{k.2}\cdot\exp(-0.04(x-t_k))$

$(k = 0,1,...,N-1)$.

x	E(x) = Y(x) - U(x) for h = 0.1, $x\varepsilon[0,1]$; h = 0.5, $x\varepsilon[1,40]$
1.0	-0.0004214 $-6.72\cdot10^{-8}$ +0.0004215
10.0	-0.0018748 $-1.49\cdot10^{-7}$ +0.0018749
40.	-0.0005626 $-2.19\cdot10^{-8}$ +0.0005626

As in Example 1, we chose $\hat{Y}_o = Y_o$ which in this case, as may be easily verified, is exactly satisfied by the solution of the corresponding problem (2.3).

4. SOME ADDITIONAL REMARKS

The discussion contained in the preceding sections has shown that the collocation method is based on ideas well-known in the theory of linear differential equations with constant coefficients. It seems therefore obvious to modify the approach for the cases of complex eigenvalues and if inhomogeneous systems in analogy to the corresponding results for linear systems. We summarize these ideas in the following paragraphs, together with some additional remarks.

I. Complex eigenvalues:

Suppose that, for some value $j < m$, there occurs a pair of complex conjugate eigenvalues, $\lambda_{k.j}$ and $\lambda_{k.j+1}$, of $G(t_k, U_k(t))$, i.e. $\bar{\lambda}_{k.j+1} = \lambda_{k.j}$, with

$\lambda_{k.j} = u_{k.j} + i.v_{k.j}$ $(u_{k.j}, v_{k.j} \varepsilon \mathbb{R}$, $u_{k.j} \leqq 0$, $V_{k.j} \neq 0)$.

(Note that the Jacobian $G(x,Y)$ was assumed to be real-valued on $I\times R^n$.)

Corresponding to these eigenvalues we shall set up the approximate solution $U_k(x)$, $x\varepsilon\sigma_k$, such that it will include a term of the form

$$(4.1)\quad (C_{k.j}\cos(v_{k.j}(x-t_k)) + C_{k.j+1}\sin(v_{k.j}(x-t_k))) \cdot \exp(u_{k.j}(x-t_k)) .$$

II. Inhomogeneous systems:

If the given system (2.1) is inhomogeneous ($F(x,0) \neq 0$ for some $x\varepsilon I$), then the local behavior of the exact solution will in general no longer be described by the solution of the corresponding variational problem. In the expression for the approximate solution $U_k(x)$, $x\varepsilon\sigma_k$, one will therefore include a term of the form

$$D_k = D_k(x) := (d_{k.1}\cdot\rho_{k.1}(x),\ldots,d_{k.n}\cdot\rho_{k.n}(x))^T \varepsilon R^n ,$$

which reflects the structure of the inhomogeneous term in (2.1). In many cases, however, particularly when the inhomogeneous term (a forcing function, for example) consists of slowly changing functions, the approach designed for the solution of homogeneous systems will prove to be completely adequate; furthermore, by doing so, the number of unknowns will not be increased.

III. Computation of the eigenvalues $\{\lambda_{k.j}\}$:

In the expression (2.4) for $U_k(x)$, only the eigenvalues $\{\lambda_{k.j}\}$ of $G(t_k, U_k(t_k))$ which are closest to the origin will be needed. For the numerical computation of these values it is therefore suggestive to use the power method (inverse iteration). The rate of convergence (to a particular eigenvalue $\lambda_{k.j}$) will then be an indication of how well separated $\lambda_{k.j}$ and $\lambda_{k.j+1}$ are. In addition, these eigenvalues need not be computed to a great accuracy since inaccuracies in some of the eigenvalues $\{\lambda_{k.j}\}$ will be offset (in contrast to the projection method) by the subsequent collocation procedure and the resulting vectors $\{C_{k.j}\}$. Furthermore, since the power method will simultaneously yield a set of eigenvectors corresponding to the eigenvalues $\{\lambda_{k.j}\}$, these may often be used (especially when the Jacobian of the system changes slowly) as initial approximations in the Newton method for the solution of (2.7).

IV. Scalar differential equations:

The description of the method of recursive collocation has made it clear that the method will, in general, not be suitable for the approximate solution of a single (stiff) differential equation,

(4.2) $y'(x) = f(x, y(x)),\ x \in I\ ,\ y(a) = y_o$.

To show this, we follow the approach outlined in Section 2: on σ_k , let $u(x)$ be represented by the function

$$u_k(x) := \gamma_k \cdot \exp(\lambda_k (x - t_k)) \quad ,$$

where λ_k denotes the value of $f_y(x,y)$ at the point $(t_k,\ u_{k-1}(t_k))$ and where γ_k is to be found. If the condition $u \in C(I)$ is to be satisfied, then the collocation condition is empty, and one finds

(4.3) $$u_k(x) = y_o \cdot \prod_{j=0}^{k-1} \exp(\lambda_j h_j) \cdot \exp(\lambda_k (x - t_k)) \ , \ x \in \sigma_k \ ,$$

where $h_j := t_{j+1} - t_j, \ j = 0,1,\ldots,N-1$.

If (4.2) is linear, i.e. $f(x,y) = g(x)y$ (with $g \in C(I)$) , then (4.3) may be written as

$$u_k(x) = y_o \cdot \exp(\sum_{j=0}^{k-1} g(t_j)h_j) \cdot \exp(g(t_k)(x - t_k)) \ .$$

Since the exact solution of (4.2) is given by

(4.4) $$y(x) = y_o \cdot \exp(\int_a^x g(t)dt) \ ,$$

we obtain (4.3) from (4.4) by approximating the integral term in (4.4) by the (explicit) Euler method (with variable stepsizes $\{h_j\}$). This implies that the method is exact for the case $g(x) = \lambda =$ constant. On the other hand, the method will be very inaccurate if $g(x)$ (or, in the non-linear case, $f_y(x,y(x))$) is a rapidly varying function.

V. An approximation problem:

The following approximation problem arises naturally from the foregoing discussion. Instead of computing the function $U_k(x)$ on σ_k by using collocation on a finite subset $Z_k \subset \sigma_k$ (where some of the eigenvalues of the Jacobian $G(t_k,U_k(t_k))$ have to be computed), one might try to compute the vectors $\{C_{k.j}\}$ <u>and</u> the corresponding $\{\lambda_{k.j}\}$ in (2.4) by requiring that, for some suitable norm $||\cdot||$, the expression

$$||F(x,U_k(x)) - U_k'(x)||$$

be minimized, subject to the condition (continuity for $U(x)$ on I) that the value $U_k(t_k) = U_{k-1}(t_k)$ is prescribed.

This clearly is a nonlinear (vector-) approximation problem, the study of whose theoretical and numerical aspects might be worthwhile, particularly in the light of the foregoing discussion. At the present time, very little seems to be known about nonlinear approximation of vector-valued functions; for the linear case we cite [8] as a reference.

5. ACKNOWLEDGEMENT

This research was supported by the National Research Council of Canada under Grant A-4805.

REFERENCES

1. Bjurel, G. et al.: Survey of Stiff Ordinary Differential Equations. Report NA 70.11, Department of Information Processing, Royal Institute of Technology, Stockholm, 1970.
2. Brunner, H.: Recursive collocation for the numerical solution of stiff ordinary differential equations. Math. Comp. 28 (1974), 475-481.
3. Dahlquist, G. and B. Lindberg: On some implicit one-step methods for stiff differential equations. Report TRITA-NA-7302, Department of Information Processing, Royal Institute of Technology, Stockholm, 1973.
4. Gear, C.W.: The automatic integration of stiff ordinary differential equations. Information Processing 68 (A.J.H. Morrell, ed.). North-Holland, Amsterdam, 1969, pp. 187-193.
5. Lapidus, L. and J.H. Seinfeld: Numerical Solution of Ordinary Differential Equations. Academic Press, New York, 1971.
6. Liniger, W.: A stopping criterion for the Newton-Raphson method in implicit multistep integration algorithms for nonlinear systems of ordinary differential equations. Comm. Assoc. Comput. Mach. 14 (1971), 600-601.
7. Robertson, H.H.: The solution of a set of reaction rate equations, in: Numerical Analysis: An Introduction (J. Walsh, ed.). Academic Press, London 1966, pp. 178-182.
8. Krein, M.G. and S.I. Zuhovickii: A remark concerning a possible generalization of the Theorem of A.N. Kolmogoroff and A. Haar. Uspekhi Math. Nauk 5 (1950), 217-229.

H. Brunner
Department of Mathematics
Dalhousie University
Halifax, Nova Scotia
Canada

ISNM 27 Birkhäuser Verlag, Basel und Stuttgart, 1975 45

SCHÄTZUNGEN DES GLOBALEN DISKRETISIERUNGSFEHLERS BEI RUNGE-KUTTA-METHODEN

Reinhard Frank

Zadunaisky has given a method for estimating the global discretization error by R-K-methods in earlier papers. We will present a mathematical analysis of his treatment.

1

In früheren Arbeiten hat Zadunaisky [5] von einer Methode zur Schätzung des globalen Diskretisierungsfehlers bei Runge-Kutta-Methoden (R-K-Meth.) berichtet. Da Zadunaisky seine Methode nur grob heuristisch begründet hat, war es naheliegend, eine genauere mathematische Analyse zu versuchen, zumal die numerischen Resultate bei den gerechneten Testbeispielen sehr gut waren.

Zunächst sei die Zadunaisky'sche Methode kurz skizziert: gegeben sei das Anfangswertproblem (AWP):

$$(1)\quad \begin{matrix} y' = f(t,y) \\ y(0) = y_0 \end{matrix} \qquad t\in[0,T] \quad y\in\mathbb{R}^s \quad f: \mathbb{R}^{s+1} \to \mathbb{R}^s$$

mit der exakten Lösung $z(t)\in\mathbb{R}^s$. Dieses AWP werde mit einer R-K-Meth. numerisch gelöst mit der Schrittweite $h = \frac{T}{n}$ $(n\in\mathbb{N})$. Dies ergibt die numerische Lösung $\eta_n\in E_n$ [1] mit $\eta_n = \{\eta_{no}, \eta_{n1}, \dots, \eta_{n\nu}, \dots, \eta_{nn}\}$, wobei $\eta_{n\nu}\in\mathbb{R}^s$ eine Näherung für $z(t_\nu)$ ist. $(t_\nu = \nu h, \nu = 0,1,\dots,n)$. Nachfolgend wird statt η_n bisweilen auch die Bezeichnung η_h verwendet und statt $\eta_{n\nu}$ bzw. $\eta_{h\nu}$ auch kurz η_ν. Gesucht ist eine Schätzung für den globalen Diskretisierungsfehler, also eine Schätzung für die Größen $\eta_\nu - z(t_\nu)$.

Um diese Schätzung zu erhalten, geht Zadunaisky folgendermaßen vor: die η_ν-Werte werden stückweise mit Polynomen interpoliert, d.h. verwendet man Polynome vom Grad m, so wird durch die Punkte $\eta_o,\dots,\eta_m$ das Polynom [2] $P_1(t)$ gelegt, durch die Punkte $\eta_{m+1}, \eta_{m+2}, \dots, \eta_{2m+1}$ das Pol. [2] $P_2(t)$ u.s.w.

---

1) Da in dieser Arbeit viele Ergebnisse aus der Theorie der "Asymptotischen Entwicklungen" bei AWP'en verwendet werden und sich eine umfassende Darstellung dieser Theorie in [3] findet, werden die Bezeichnungen aus [3] verwendet. Zur Def. von η_n bzw. E_n siehe [3]: S 1 - 5, bzw. 63 - 69.

2) Da $\eta_\nu\in\mathbb{R}^s$ ist, gilt: $P_i(t)\in\mathbb{R}^s$; wobei die einzelnen Komponenten von $P_i(t)$ die durch die entsprechenden Komponenten von η_ν bestimmten Interpolationspolynome sind.

Sei

$$(2)\quad P(t):=P_i(t)\begin{cases} t\in[0,mh]=I_{h1}, & i=1 \\ t\in[((i-1)m+i-2)h,(im+i-1)h]=I_{hi}, & i=2,3,\ldots,l_h \ ^{3)}. \end{cases}$$

Wir betrachten nun das neue AWP:

$$(3)\quad \begin{aligned} & y'=f(t,y)+P'(t)-f(t,P(t))=f(t,y)+d_h^{\,4)}(t)=f_h(t,y) \\ & y(0)=y_o \end{aligned}$$

mit "analytisch stückweise definierter rechter Seite". (vgl. (2)). P(t) ist offensichtlich die exakte Lösung dieses AWP's. (P'(t) hat an den Stellen (im+i-1)h Sprungstellen!)

Löst man dieses "Nachbarproblem" (3) mit derselben R-K-Meth. und Schrittweite h wie (1), so erhält man an den Gitterpunkten t_ν Näherungswerte $\bar{\eta}_\nu$ für $P(t_\nu)$. Man kennt somit den Verlauf des globalen Diskretisierungsfehlers $\bar{\eta}_\nu - P(t_\nu) = \bar{\eta}_\nu - \eta_\nu$ von (3) und nimmt nun diesen als Schätzung für den Fehlerverlauf von (1). Heuristisch läßt sich diese Vorgangsweise etwa so begründen: mit den beiden ähnlichen mathem. Problemen (1) und (3) wird "numerisch genau dasselbe getan", was einen ähnlichen Fehlerverlauf erwarten läßt.

---

3) Der Index h deutet an, daß die Anzahl der Teilintervalle von h abhängt. Bei Halbierung der Schrittweiten und gleichem Grad m verdoppelt sich l_h natürlich. Falls n+1 kein ganzzahliges Vielfaches von m+1 ist, kann man z.B. $I_{hl_h} = [((l_h-1)m+l_h-2)h,T]$ setzen und in I_{hl_h} entsprechend höheren Polynomgrad verwenden.

4) Der Index h deutet an, daß die Funktion P(t) und damit die Störung $d_h(t) = P'(t) - f(t,P(t))$ von der Schrittweite h abhängt.

Bezüglich der Qualität dieser Fehlerschätzung läßt sich nun folgende Aussage zeigen: verwendet man eine R-K-Methode der Konsistenzordnung p und Polynome vom Grad m mit $p+1 \leq m \leq 2p$, so gilt

(4) $\| (\eta_\nu - z(t_\nu)) - (\overline{\eta}_\nu - P(t_\nu)) \|_{\mathbb{R}^s} \leq Ch^m$

mit einer von h unabhängigen Konstanten C. Für $m > 2p$ bleibt die Fehlerschätzung von der Ordnung 2p. Die Aussage (4) wird in dieser Arbeit bewiesen.

Zieht man die bei Fehlerschätzung erhaltenen Werte $\overline{\eta}_\nu - P(t_\nu)$ von den η_ν - Werten ab, so sind die so erhaltenen Größen $\eta_\nu^z := \eta_\nu - (\overline{\eta}_\nu - P(t_\nu))$ entsprechend bessere Näherungswerte für $z(t_\nu)$, d.h. die Zadunaisky'sche Methode zur Fehlerschätzung läßt sich auch als Algorithmus zur Lösung von AWP'en interpretieren. Falls $m = 2p$, so ist die Konvergenzordnung (vgl. [3], Def.1.1.9, S 8) dieser Methode 2p (wegen : $\eta_\nu^z - z(t_\nu) =$ $= \eta_\nu - (\overline{\eta}_\nu - P(t_\nu)) - z(t_\nu) = (\eta_\nu - z(t_\nu)) - (\overline{\eta}_\nu - P(t_\nu))$, vgl. (4)), die Zadunaisky'sche Methode entspricht also einer Methode der Konsistenzordnung 2p. Für $p \geq 3$ kommt man mit weniger Funktionsauswertungen aus als bei einer R-K-Meth. der Konsistenzordnung 2p nötig sind. Ferner sind zu (4) analoge Ergebnisse auch bei anderen numerischen Algorithmen zu erwarten (sofern eine asymptotische Entwicklung des globalen Diskretisierungsfehlers vorliegt [vgl. Abschnitt 2]) und in diesem Sinne haben die Überlegungen dieser Arbeit Modellcharakter. Entsprechende Arbeiten bezügl. linearer

Mehrschrittmethoden, Schrittweitensteuerung und iteriertem Einsatz der Zadunaisky'schen Methode bei Zweipunkt-Randwertaufgaben [5] sind in Vorbereitung.

Schließlich sei noch erwähnt, daß die Anregung zu dieser Arbeit von H.J. Stetter stammt. In [2] findet sich die Vermutung, daß die Qualität der Fehlerschätzung bei entsprechend hohem Polynomgrad von der Ordnung 2p ist, ebenso der Hinweis auf die Parallele zur Difference-Correction und damit die Anregung, die Zadunaisky'sche Methode auf Zweipunkt-Randwertaufgaben anzuwenden und schließlich eine (11) (vgl. Abschnitt 2) entsprechende Bedingung, wobei es sich in diesem letzten Punkt um eine unabhängige Parallelentwicklung handelt.

2

Der globale Diskretisierungsfehler bei R-K-Methoden besitzt bekanntlich eine asymptotische Entwicklung (vgl. [3] Abschnitt 1.3.1, 1.3.2 und 3.4.2.). Um die in [3] entwickelte Theorie unmittelbar anwenden zu können, nehmen wir an, daß unser gegebenes AWP autonom ist, d.h. (1) und (3) werden durch die übliche Transformation autonom gemacht, sind also Systeme der Dimension $\bar{s} = s+1$. Auch falls (1) selbst schon autonom

---

5) Dabei liegt eine starke Parallele zur Difference-Correction von Fox und Pereyra vor.

ist, ist natürlich (3) nicht autonom, muß also in ein System der Dimension $\bar{s}$ transformiert werden. Damit das gestörte Nachbarproblem dieselbe Dimension hat wie das ursprüngliche Problem, wollen wir auch in diesem Fall (1) transformieren.

Es liegt somit vor:

a) Das AWP:

$$(5) \qquad \begin{aligned} y' &= f(y) \\ y(0) &= y_o \end{aligned} \qquad y \in \mathbb{R}^{\bar{s}}$$

mit der exakten Lösung $z(t) \in \mathbb{R}^{\bar{s}}$, $t \in [0,T]$. Die mit der zugrundegelegten R-K-Meth. (Konsistenzordnung p) erhaltene numerische Lösung ist wieder: $\eta_h = \eta_n = \{\eta_{no}, \ldots, \eta_{n\nu}, \ldots, \eta_{nn}\}$ mit $h = \frac{T}{n}$, $n \in \mathbb{N}$, $\eta_{n\nu} = \eta_{h\nu} = \eta_\nu \in \mathbb{R}^{\bar{s}}$.

b) Jeder möglichen Schrittweite h entspricht zunächst eine Einteilung des Integrationsintervalls in Teilintervalle I_{hi} $(i = 1,2,\ldots,l_h)$ mit $I_{hi} = [t_{i-1}, t_i]$, $t_o = 0$, $t_{l_h} = T$ ($t_i = \nu_i h$ sind Punkte des h-Gitters). Jedem Teilintervall I_{hi} ordnen wir jetzt eine Störfunktion $d_{hi}(y)$ zu, die also von h und i abhängt. Im Sinne einer größeren Allgemeinheit lassen wir $d_{hi}(y)$ von allen $\bar{s}$ Komponenten $y_1 \ldots y_{\bar{s}}$ abhängen. Im Spezialfall der durch Polynominterpolation definierten Störfunktion hängt die Störung natürlich nur von y_1 ab:

$$(6) \qquad d_{hi}(y_1) = P_i'(y_1) - f(P_i(y_1)) \text{ [6]}.$$

---

6) Der Integrationsvariablen t aus Abschnitt 1 entspricht nun in autonomer Schreibweise y_1

Auf I_{hi} betrachten wir dann:

(7) $y' = f(y) + d_{hi}(y) = \bar{f}_{hi}(y)$

mit der Lösung $z_{hi}(t) \in \mathbb{R}^{\bar{s}}$. Als Startwert nehmen wir $y(t_{i-1}) = z_{h,i-1}(t_{i-1})$, auf dem ersten Intervall I_{h1} den Startwert y_o von (5). Nachfolgend schreiben wir für das gestörte Problem auch kurz:

$$(8) \quad \begin{aligned} & y' = f(y) + d_h(y) = f_h(y) \\ & y(0) = y_o \qquad \text{Lösung}: z_h(t) \in \mathbb{R}^{\bar{s}},\ t \in [0,T], \end{aligned}$$

wobei $z_h(t)$ aus $z_{hi}(t)$, $d_h(y)$ aus $d_{hi}(y)$, $f_h(y)$ aus $f_{hi}(y)$ analog zu (2) "zusammengesetzt" ist. $z_h'(t)$ hat natürlich Sprungstellen bei t_i. Wir denken uns nun (7) bzw. (8) mit derselben R-K-Meth. wie (5) gelöst mit der Schrittweite h_1 [7] $= \frac{T}{n_1}$ $(n_1 \in \mathbb{N})$ und erhalten die numerische Lösung $\eta_{hh_1} = \eta_{nn_1} = \{\eta_{hh_1 o}, \ldots, \eta_{hh_1 \nu}, \ldots, \eta_{hh_1 n_1}\}$. Wir nehmen nun an, daß die (p+q)-te Ableitung von $f(y)$ und von $d_{hi}(y)$ noch L-stetig ist. Dann existieren asymptotische Entwicklungen des globalen Diskretisierungsfehlers (vgl. [3]) d.h. es gilt:

$$(9a) \quad \eta_{h\nu} - z(t_\nu) = \sum_{j=p}^{p+q} h^j \bar{e}_j(t_\nu) + R_\nu$$

mit $\|R_\nu\|_{\mathbb{R}^{\bar{s}}} \leq D h^{p+q+1}$, D unabhängig von h und ν, $\nu = 0,1,\ldots,n$, $t_\nu = \nu h$.

$$(9b) \quad \eta_{hh_1\nu} - z_h(t_\nu) = \sum_{j=p}^{p+q} h_1^j e_{hj}(t_\nu) + R_{h\nu}$$

---

7) Da h ein für (7) bzw. (8) problembestimmender Parameter ist, nennen wir die Schrittweite nun h_1!

mit $\|R_{h\nu}\|_{\mathbb{R}^{\bar{s}}} \leq D_h h_1^{p+q+1}$, D_h unabhängig von h_1 und ν, $\nu = 0,1,\ldots,n_1$, $t_\nu = \nu h_1$.

Da (7) bzw. (8) ein AWP mit "stückweise definierter rechter Seite" ist, folgt (9b) nicht unmittelbar aus den Überlegungen von [3]. Eine Beweisskizze von (9b) findet sich in Abschnitt 3, wobei sich herausstellt, daß $e'_{hj}(t)$ in den Punkten t_i Sprungstellen hat. Nun gilt folgender

SATZ: $f^{(p+q)}(y)$ und $d_{hi}^{(p+q)}(y)$ sei L-stetig in $B_R(z)$[8] für alle i und $h = \frac{T}{n}$ so daß (9a) und (9b) gilt.

Ferner gelte:

$$
(10) \quad \begin{aligned}
&\|d_{hi}^{(j)}(y)\| \leq h^q N_j \qquad j = 0,1,\ldots,p \\
&\|d_{hi}^{(j)}(y)\| \leq h^{p+q-j} N_j \qquad j = p+1,\ldots,p+q
\end{aligned} \qquad y \in B_R(z)
$$

$$1 \leq q \leq p$$

mit von h und i unabhängigen Konstanten N_j.

Dann gilt:

$$
(11) \quad \begin{aligned}
&\max_{t\in[0,T]} \|e_{hp}(t) - e_p(t)\|_{\mathbb{R}^{\bar{s}}} \leq C_p h^q \\
&\max_{t\in[0,T]} \|e_{h,p+1}(t) - e_{p+1}(t)\|_{\mathbb{R}^{\bar{s}}} \leq C_{p+1} h^{q-1} \\
&\qquad \vdots \\
&\max_{t\in[0,T]} \|e_{h,p+q}(t) - e_{p+q}(t)\|_{\mathbb{R}^{\bar{s}}} \leq C_{p+q}
\end{aligned}
$$

mit von h unabhängigen Konstanten $C_p,\ldots,C_{p+q}$.

---

8) Siehe [3] S 64. (2.1.6)

Der Beweis des Satzes findet sich in Abschnitt 3.

Bemerkungen:

a) Die in (10) auftretenden Normen sind selbstverständlich Operatornormen.

b) Im Falle der durch Polynominterpolation bestimmten Störfunktion (vgl. (6)) sind die Voraussetzungen (10) erfüllt, falls der Polynomgrad $m = p + q$ $(1 \leq q \leq p)$ gewählt wird. (Beweis: siehe Abschnitt 4). Die Voraussetzungen (10) bleiben auch für $q > p$ gültig, jedoch ergeben sich dann rechts in (10) dieselben h-Potenzen wie im Fall $q = p$.

<u>DEFINITION</u>: <u>Jedem</u> $h = \frac{T}{n}$ $(n \in \mathbb{N})$ <u>entspreche ein Nachbarproblem vom Typ</u> (7) bzw. (8). <u>Diese Folge von Nachbarproblemen ist vom Typ</u> (A), <u>falls eine Konstante</u> E <u>existiert, so daß</u> $D_h \leq E$ (vgl.(9b)) <u>gilt für alle</u> h (wobei für alle h natürlich dieselbe, auch (9a) zugrundeliegende R-K-Meth. verwendet wird).

In Abschnitt 4 wird gezeigt, daß im Fall der Polynominterpolation die Folge der Nachbarprobleme vom Typ (A) ist.

Nun folgt leicht Aussage (4): sei $m = p+q$ $(1 \leq q \leq p)$ der Polynomgrad. Nun werde das Nachbarproblem (7) mit derselben Schrittweite h gelöst wie das ursprüngliche Problem (5), d.h. (9b) lautet nun:

$$(12)\quad \eta_{hh\nu} - z_h(t_\nu) = \sum_{j=p}^{p+q} h^j e_{hj}(t_\nu) + R_{h\nu}.$$

Zieht man (12) von (9a) ab, ergibt sich:

$$(13)\quad \begin{aligned} &(\eta_{h\nu} - z(t_\nu)) - (\eta_{hh\nu} - z_h(t_\nu)) = \\ &= \sum_{j=p}^{p+q} (e_j(t_\nu) - e_{hj}(t_\nu))h^j + O(h^{p+q+1}). \end{aligned}$$

Da die Folge von Nachbarproblemen vom Typ (A) ist, kann man in (13) das Landau'sche Symbol verwenden. Aus (11) folgt nun:

$$(14)\quad \begin{aligned} &\|(\eta_{h\nu}-z(t_\nu))-(\eta_{hh\nu}-z_h(t_\nu))\|_{\mathbb{R}^{\bar{s}}} \leqslant C_p h^q h^p + \\ &+C_{p+1}h^{q-1}h^{p+1}+\ldots+C_{p+q}h^{p+q}+O(h^{p+q+1}) \end{aligned}$$

und daraus (4) mit $m = p + q$.

Es ist klar, daß bei jedem Konstruktionsverfahren von Nachbarproblemen vom Typ (7) eine zu (4) analoge Aussage gilt, wenn nur die Größen $d_{hi}(y)$ die Voraussetzungen (10) erfüllen und die Folge vom Typ (A) ist.

3

In diesem Abschnitt wird der Satz von Abschnitt 2 bewiesen.

a) Zunächst nehmen wir an, daß $d_h(y)$ auf $[0,T]$ einheitlich definiert ist. In Abschnitt b) des Beweises wollen wir den Fall der stückweise definierten Störfunktion betrachten.

Die Funktionen $e_j(t)$ bzw. $e_{hj}(t)$ sind Lösungen von folgenden AWPen (vgl.[3], S 25 ff, S 153 ff):

$$y'(t)=f'(z(t))y(t)-[(\lambda_j z)(t)+\sum_{k=1}^{j-p}(\lambda_k'(z)e_{j-k})(t)] \tag{14}$$

$y(0)=0 \qquad j=p,p+1,\ldots,p+q \qquad (q\leq p-1)$

Lösung: $e_j(t)\in\overline{\mathbb{R}^s}$.

Um das AWP (14) für e_j aufstellen zu können, benötigt man die Lösungen $e_{j-1},e_{j-2},\ldots,e_p$. (Rekursive Bestimmung der e_j!). Dabei gilt: 9)

$$(\lambda_j z)(t)=\frac{1}{j!}[\frac{z^{(j+1)}(t)}{(j+1)}-\sum_{\lambda=1}^{n_{j+1}}\beta_\lambda^{(j+1)}\hat{\phi}_\lambda^{(j+1)}(\psi)F_\lambda^{(j+1)}z(t))]$$

(15)

$$(\lambda_k'(z)e_{j-k})(t)=\frac{1}{k!}[\frac{e_{j-k}^{(k+1)}(t)}{k+1}-$$
$$-\sum_{\lambda=1}^{n_{k+1}}\beta_\lambda^{(k+1)}\hat{\phi}_\lambda^{(k+1)}(\psi)(F_\lambda^{(k+1)})'(z(t))e_{j-k}(t)]$$

(14) bleibt auch gültig falls $q=p$ und $j<2p$. Nur im Fall $q=p$ und $j=2p$ geht (14) über in:

$$y'(t)=f'(z(t))y(t)-[(\lambda_{2p}z)(t)+\sum_{k=1}^{p}(\lambda_k'(z)e_{2p-k})(t)]-$$
$$-f''(z(t))(e_p(t),e_p(t)) \tag{16}$$

$y(0)=0 \qquad$ Lösung: $e_{2p}(t)\in\overline{\mathbb{R}^s}$

Analogen DGLen genügen auch die den Nachbarproblemen (8) entsprechenden $e_{hj}(t)$:

---

9) Definition von $\beta_\lambda^{(j)},\hat{\phi}_\lambda^{(j)},F_\lambda^{(j)}$ siehe [3],3.1.

$$y'(t)=f_h'(z_h(t))y(t) -$$

$$(17)\quad -[(\lambda_{hj}z_h)(t)+\sum_{k=1}^{j-p}(\lambda_{hk}'(z_h)e_{h,j-k})(t)]$$

$$y(0)=0 \qquad \text{Lösung: } e_{hj}(t)\in \mathbb{R}^{\bar{s}}$$

mit

$$(18)\quad \begin{aligned}(\lambda_{hj}z_h)(t)&=\frac{1}{j!}\Big[\frac{z_h^{(j+1)}(t)}{(j+1)} - \sum_{\lambda=1}^{n_{j+1}}\beta_\lambda^{(j+1)}\hat{\phi}_\lambda^{(j+1)}(\psi)F_{h\lambda}^{(j+1)}(z_h(t))\Big]\\ (\lambda_{hk}'(z_h)e_{h,j-k})(t)&=\frac{1}{k!}\Big[\frac{e_{h,j-k}^{(k+1)}(t)}{k+1} - \sum_{\lambda=1}^{n_{k+1}}\beta_\lambda^{(k+1)}\hat{\phi}_\lambda^{(k+1)}(\psi)(F_{h\lambda}^{(k+1)})'(z_h(t))e_{h,j-k}(t)\Big]\end{aligned}$$

bzw. für $q = p$, $j = 2p$:

$$(19)\quad \begin{aligned}y'&=f_h'(z_h(t))y(t) -\\ &-[(\lambda_{h,2p}z_h)(t)+\sum_{k=1}^{p}(\lambda_{hk}'(z_h)e_{h,2p-k})(t)] -\\ &- f_h''(z_h(t))(e_{hp}(t),e_{hp}(t))\end{aligned}$$

$$y(0)=0 \qquad \text{Lösung } e_{h,2p}(t)\in \mathbb{R}^{\bar{s}}$$

Um eine Aussage über $\max_t \|e_{h,j}(t)-e_j(t)\|_{\mathbb{R}^{\bar{s}}}$ zu erhalten, benützen wir folgende Tatsache ([4], S 12 - 16):

In einem Gebiet G des $\mathbb{R}^{n+1}$ sei $f(t,y)\in\mathbb{R}^n$ und $g(t,y)\in\mathbb{R}^n$ definiert; sei $v(t)\in\mathbb{R}^n$ und $w(t)\in\mathbb{R}^n$

stetig auf $[0,T]$; $(t,v(t)),(t,w(t))\in G$ für $t\in[0,T]$

wobei $v(t)$ Lösung von $\begin{cases} y'(t) = f(t,y) \\ y(0) = v_o \end{cases}$

und $w(t)$ Lösung von $\begin{cases} y'(t) = g(t,y) \\ y(0) = w_o \end{cases}$ ist.

(Integrationsintervall = $[0,T]$.)

Ferner gelte: $f(t,y), g(t,y)\in C^0(G)$, $f(t,y)$ beschränkt,

$$\| f(t,y^*) - f(t,y)\|_{\mathbb{R}^n} \leq L\| y^*-y\|_{\mathbb{R}^n},$$
$$\| f(t,y) - g(t,y)\|_{\mathbb{R}^n} \leq \delta, \text{ für } (t,y)\in G$$

Dann gilt:

$$\| v(t) - w(t)\|_{\mathbb{R}^n} \leq$$
$$\leq \{\| v_o-w_o\|_{\mathbb{R}^n} e^{Lt} + \frac{\delta}{L}(e^{Lt}-1)\}$$
für $t\in[0,T]$.

Da die $(p+q)$-te Abl. von $f(y)$ (rechte Seite von (5)) noch L-stetig ist, ist natürlich auch $f^{(i)}(y)$ $(i\leq p+q)$ L-stetig, d.h. es gibt Konstanten L_i mit

(21) $\| f^{(i)}(y_1) - f^{(i)}(y_2)\|$[10] $\leq L_i\cdot\| y_1-y_2\|_{\mathbb{R}^{\bar{s}}}$
$y_1, y_2\in B_R(z)$, $\quad i = 0,1,\dots,p+q$,

(22) $\| f^{(i)}(y)\|$[10] $\leq M_i \quad i = 0,\dots,p+q; y\in B_R(z)$

Aus (20) können wir zunächst folgen:

$\max\limits_{t\in[0,T]} \| z_h(t) - z(t)\|_{\mathbb{R}^{\bar{s}}} \leq \text{const}h^q$ mit von h unabhängigem const.

---

10) Diese Normen sind selbstverständlich Operatornorm des entsprechenden multilinearen Operators.

Bew.: wir zeigen zunächst: $z_h(t) \in B_R(z)$ für hinreichend kleines h. Dazu wählen wir h so klein, daß gilt:

$$(23) \quad \frac{N_o h^q}{L_o} (e^{L_o T} - 1) < R \text{ (vgl. (10),(21)).}$$

Angenommen, es existieren Punkte t_α mit $z_h(t_\alpha) \notin B_R(z)$; sei $t_o = \inf_\alpha t_\alpha$. Da $z_h(t)$ stetig ist und $z_h(0) = z(0) = y_o$ gilt ist $t_o > 0$. Also gilt: $z_h(t) \in B_R(z)$ für $t < t_o$. Es sind somit für $t < t_o$ die Voraussetzungen für (20) mit $L = L_o$ und $\delta = N_o h^q$ erfüllt [11] (vgl. (10),(21)), d.h. in $[0,t_o)$ verläuft $z_h(t)$ sogar im "$\frac{N_o h^q}{L_o} (e^{L_o T} -1)$-Schlauch um z(t)". Da $z_h(t)$ stetig ist und wegen (23) der "$\frac{N_o h^q}{L_o}(e^{L_o T} -1)$-Schlauch" ganz im Inneren von $[0,t_o) \times B_R(z)$ liegt, kann nicht $z_h(t_o) \notin B_R(z)$ sein. (Widerspruch!)

Also ist $z_h(t) \in B_R(z)$ für hinreichend kleines h und alle $t \in [0,T]$. Es läßt sich somit ein dem Gebiet G aus den Vor. von (20) entsprechendes Gebiet angeben, in dem wieder alle Vor. von (20) mit $L = L_o, \delta = N_o h^q$ erfüllt sind (jetzt aber für alle $t \in [0,T]$), also gilt:

$$(24) \quad \| z_h(t) - z(t) \|_{\bar{\mathbb{R}}^s} \leq \frac{N_o h^q}{L_o} (e^{L_o T} -1) = \text{const } h^q$$

für alle $t \in [0,T]$.

---

11) Da z(t) und $z_h(t)$ aus $B_R(z)$ für $t < t_o$ gilt, existiert auch ein Gebiet, welches dem Gebiet G aus den Vor. von (20) entspricht.

Der Beweis wird nun rekursiv geführt. D.h. um

$$(25)\qquad \max_{t\in[0,T]} \| e_{hj}(t) - e_j(t) \|_{\mathbb{R}^{\bar{s}}} \leq C_j h^{p+q-j}$$

zu zeigen nimmt man die Gültigkeit von (25) für $e_p,\ldots,e_{j-1}$ an. Der Hauptteil des Beweises besteht nun darin

$$\max_{t\in[0,T]} \| (\lambda_j z)(t) + \sum_{k=1}^{j-p} (\lambda_k'(z)e_{j-k})(t) -$$

$$(26)\qquad -((\lambda_{hj}z_h)(t) + \sum_{k=1}^{j-p} (\lambda_{hk}'(z_h)\, e_{h,j-k})(t)) \|_{\mathbb{R}^{\bar{s}}} \leq$$

$$\leq const_j h^{p+q-j}$$

zu zeigen.

Mit Hilfe von (26) läßt sich (25) in der Tat leicht zeigen: sei $\bar{G}\subset\mathbb{R}^{\bar{s}}$ mit $\bar{G} = \{y : y\in\mathbb{R}^{\bar{s}}$ und $\|y\|_{\mathbb{R}^{\bar{s}}} < S\}$ wobei S so groß ist, daß $e_j(t)\in\bar{G}$ für $t\in[0,T]$ gilt $(j = p,\ldots,p+q)$.
Für $y\in\bar{G}, t\in[0,T]$ gilt dann:

$$\| f'(z(t))y - [(\lambda_j z)(t) + \sum_{k=1}^{j-p} (\lambda_k'(z)e_{j-k})(t)] -$$

$$-[f_h'(z_h(t))y - [(\lambda_{hj}z_h)(t) +$$

$$+ \sum_{k=1}^{j-p} (\lambda_{hk}'(z_h)e_{h,j-k})(t)]] \|_{\mathbb{R}^{\bar{s}}} = \| f'(z(t))y -$$

$$-f'(z_h(t))y + f'(z_h(t))y - f_h'(z_h(t))y -$$

$$-[(\lambda_j z(t) + \ldots] + [(\lambda_{hj}z_h)(t) + \ldots] \|_{\mathbb{R}^{\bar{s}}} \leq$$

$$\leq L_1 \frac{N_o h^q}{L_o}(e^{L_o T} - 1)S + h^q N_1 S + const_j h^{p+q-j} \leq A_j h^{p+q-j}$$

(vgl. (10),(21),(24),(26)).

Nun kann man ganz analog wie beim Beweis von (24) schließen. Der Größe L aus (20) entspricht nun M_1 aus (22). Für hinreichend kleines h liegt daher der "$\frac{A_j h^{p+q-j}}{M_1}(e^{M_1 T}-1)$-Schlauch" um $e_j(t)$ ganz in $[0,T]\times\overline{G}\subset\mathbb{R}^{\overline{s}+1}$. Man schließt daher wie bei (24) zunächst daß $e_{hj}(t)\in\overline{G}$ für alle $t\in[0,T]$ und damit die Voraussetzungen von (20) für ein geeignetes Gebiet erfüllt sind, woraus man durch neuerliche Anwendung von (20) die Aussage (25) erhält.

Um (26) zu zeigen beweisen wir zunächst das folgende <u>LEMMA</u>:

$$\| F_\lambda^{(j)}(z(t)) - F_{h\lambda}^{(j)}(z_h(t))\|_{\mathbb{R}^{\overline{s}}} \leq$$

$$\text{(27)} \quad \leq \begin{cases} C_{\lambda j} h^q \\ j = 1,2,\ldots,p+1 \\ \\ C_{\lambda j} h^{p+q+1-j} \\ j = p+2,\ldots,p+q+1 \end{cases}$$

<u>wobei die Konstanten</u> $C_{\lambda j}$ <u>unabhängig von</u> h <u>und</u> t <u>sind.</u>

Bew.: Aus (10) und (22) kann zunächst induktiv geschlossen werden, daß $F_{h\lambda}^{(j)}(y)$ auf $B_R(z)$ beschränkt ist mit von h unabhängiger Schranke. Wir führen den Beweis nun induktiv:

$j=1: F_1^{(1)}(z(t))=f(z(t)), F_{h1}^{(1)}(z_h(t))=f_h(z_h(t))$

$$\| f(z(t))-f(z_h(t))+f(z_h(t))-f_h(z_h(t)) \|_{\mathbb{R}^{\bar{s}}} \leq$$

$$\leq h^q (N_o + \frac{L_o N_o}{L_o}(e^{L_o T}-1)) = N_o e^{L_o T} h^q.$$

Indůktionsvoraussetzung: das Lemma gilt für Elementary Differentials der Ordnung $\bar{j} < j$.

Nun gilt:

$$F_{h\lambda}^{(j)}(z_h(t)) = f_h^{(a)}(z_h(t)) F_{h\lambda_1}^{(j_1)}(z_h(t)) \ldots F_{h\lambda_a}^{(j_a)}(z_h(t)) =$$

$$= f^{(a)}(z_h(t)) F_{h\lambda_1}^{(j_1)}(z_h(t)) \ldots F_{h\lambda_a}^{(j_a)}(z_h(t)) +$$

$$+ d_h^{(a)}(z_h(t)) F_{h\lambda_1}^{(j_1)}(z_h(t)) \ldots F_{h\lambda_a}^{(j_a)}(z_h(t)) =$$

$$= f^{(a)}(z(t)) F_{\lambda_1}^{(j_1)}(z(t)) \ldots F_{\lambda_a}^{(j_a)}(z(t)) +$$

$$+ f^{(a)}(z(t)) F_{h\lambda_1}^{(j_1)}(z_h(t)) \ldots F_{h\lambda_a}^{(j_a)}(z_h(t)) -$$

$$-f^{(a)}(z(t)) F_{\lambda_1}^{(j_1)}(z(t)) F_{h\lambda_2}^{(j_2)}(z_h(t)) \ldots F_{h\lambda_a}^{(j_a)}(z_h(t)) +$$

$$+ f^{(a)}(z(t)) F_{\lambda_1}^{(j_1)}(z(t) F_{h\lambda_2}^{(j_2)}(z_h(t)) \ldots F_{h\lambda_a}^{(j_a)}(z_h(t)) -$$

$$-f^{(a)}(z(t)) F_{\lambda_1}^{(j_1)}(z(t)) F_{\lambda_2}^{(j_2)}(z(t)) F_{h\lambda_3}^{(j_3)}(z_h(t)) \ldots F_{h\lambda_a}^{(j_a)}(z_h(t)) +$$

$$+f^{(a)}(z(t)) F_{\lambda_1}^{(j_1)}(z(t)) F_{\lambda_2}^{(j_2)}(z(t)) F_{h\lambda_3}^{(j_3)}(z_h(t)) \ldots F_{h\lambda_a}^{(j_a)}(z_h(t)) -$$

$$- + \ldots$$

$$- f^{(a)}(z(t)) F_{\lambda_1}^{(j_1)}(z(t)) \ldots F_{\lambda_a}^{(j_a)}(z(t)) +$$

$$+ f^{(a)}(z_h(t))F_{h\lambda_1}^{(j_1)}(z_h(t))\dots F_{h\lambda_a}^{(j_a)}(z_h(t)) -$$

$$- f^{(a)}(z(t))F_{h\lambda_1}^{(j_1)}(z_h(t))\dots F_{h\lambda_a}^{(j_a)}(z_h(t))+$$

$$+ d_h^{(a)}(z_h(t))F_{h\lambda_1}^{(j_1)}(z_h(t))\dots F_{h\lambda_a}^{(j_a)}(z_h(t)).$$

Aus der von h unabhängigen Beschränktheit der $F_{h\lambda}^{(j)}(y)$, aus $a<j$, aus der Induktionsvor. und aus (10),(21),(22) und (24) folgt schließlich das Lemma. w.z.b.w.

Nun gilt (vgl. [3] S 115 - S 120):

$$z^{(j+1)}(t) = (j+1)\left.\frac{\partial^j \Psi_\infty(h,z(t))}{\partial h^j}\right|_{h=0} =$$

$$= (j+1) \sum_{\lambda=1}^{n_{j+1}} \beta_\lambda^{(j+1)} \hat{\phi}_\lambda^{(j+1)}(A_\infty) F_\lambda^{(j+1)}(z(t))$$

Daraus, aus dem Lemma und aus (15) und (18) folgt

(28) $\quad \| (\lambda_j z)(t) - (\lambda_{hj} z_h)(t) \|_{\overline{\mathbb{R}^s}} \leq \text{const}\, h^{p+q-j}$

wobei die Konstante von h und t unabhängig ist. In ähnlicher Weise zeigt man:

$$\left\| \sum_{k=1}^{j-p} (\lambda_k'(z)e_{j-k})(t) - \sum_{k=1}^{j-p} (\lambda_{hk}'(z_h)e_{h,j-k})(t) \right\|_{\overline{\mathbb{R}^s}} \leq$$

$$\leq \text{const}\, h^{p+q-j}$$

wobei (11) für e_{j-k} und $e_{h,j-k}$ rekursiv schon vorausgesetzt wird. Die technischen Details seien platzsparenderweise weggelassen. Somit ist (26) gezeigt.

b) Sei $[0,T]$ unterteilt in $I_{h1} = [0,t_1]$, $I_{h2} = [t_1,t_2],\ldots,I_{hl_h} = [t_{l_h-1},T]$, wobei die Größen t_i Gitterpunkte des h-Gitters sind. Jedem Teilintervall I_{hi} entspricht nun eine andere Störfunktion $d_{hi}(y)$. Wir denken uns nun (7) mit unserer R-K-Meth. gelöst, wobei wir nur solche Schrittweiten h_1 zulassen, daß sämtliche Größen t_i auch Gitterpunkte des h_1-Gitters sind. Sei nun $e_{hji}(t)$ Lösung des AWP's

$$y'(t)=f_h'(z_h(t))y(t)-[(\lambda_{hj}z_h)(t)+\sum_{k=1}^{j-p}(\lambda_{hk}'(z_h)e_{h,j-k})(t)]$$

(29)

$$y(t_{i-1})=e_{h,j,i-1}(t_{i-1}) \text{ (Integrationsintervall } I_{hi})$$

wobei den Größen $f_h', \lambda_{hj}, \lambda_{hk}'$ die Störung d_{hi} zugrunde liegt und der Startwert sich rekursiv aus dem (29) entsprechenden AWP auf $I_{h,i-1}$ ergibt ($e_{hj1}(0)=0$). Für die Funktionen $e_{hj}(t)$ aus (9b) gilt dann:

(30) $\quad e_{hj}(t) = e_{hji}(t) \quad$ für $t \in I_{hi}$.

Der Beweis von (30) sei kurz skizziert: man geht induktiv vor und nimmt an, daß (30) für die Teilintervalle $I_{ho},\ldots,I_{h,i-1}$ schon bewiesen ist. Nun kann man die Überlegungen von [3](S 25,S 26 Theorem 1.3.1 und S 153 - 155) nahezu wörtlich übernehmen, um die Behauptung (30) für $I_{hi} = [t_{i-1},t_i] = [\nu_{i-1}h_1,\nu_i h_1]$ zu beweisen. Der Unterschied zu den Überlegungen in [3] ist nur folgender: auf dem Teilintervall I_{hi} wird das AWP

$$(31)\quad \begin{aligned} y' &= f(y) + d_{hi}(y) \\ y(t_{i-1}) &= z_h(t_{i-1}) \end{aligned}$$

mit der zugrundeliegenden R-K-Meth. (Schrittweite h_1) gelöst, aber nicht mit dem exakten Startwert $z_h(t_{i-1})$ (wie bei gewöhnlichen R-K-Methoden und wie nat. in den Überlegungen von [3] angenommen wird), sondern mit dem sich aus den vorigen Intervallen ergebenden Startwert $\eta_{\nu_{i-1}}$, für den wir ja induktiv voraussetzen:

$$\eta_{\nu_{i-1}} = z_h(t_{i-1}) + \sum_{j=p}^{p+q} h_1^{\,j} e_{hj}(t_{i-1}) + O(h_1^{\,p+q+1}).$$

In allen Intervallen I_{hi} gilt (10) mit von der Intervallnummer unabhängigem N_j. Daher kann man, wie aus Teil a) des Beweises hervorgeht, in jedem Teilintervall die Abschätzung (20) mit demselben $\delta = A_j h^{p+q-j}$ und $L = M_1$ anwenden. Wir nehmen nun induktiv an:

$$(32)\quad \begin{aligned} &\| e_j(t_{i-1}) - e_{h,j,i-1}(t_{i-1}) \|_{\mathbb{R}^{\bar{s}}} \leq \\ &\leq \frac{A_j h^{p+q-j}}{M_1} (e^{M_1 t_{i-1}} - 1). \end{aligned}$$

Wir betrachten nun I_{hi} und nehmen die rechte Seite von (32) als Schranke für $\| v_o - w_o \|$ in (20). Aus (20) folgt daher für $t \in I_{hi}$:

$$\| e_j(t) - e_{h,j,i}(t) \|_{\mathbb{R}^{\bar{s}}} \leq$$

$$(33) \quad \leq \frac{A_j h^{p+q-j}}{M_1} \left(e^{M_1 t_{i-1}} - 1\right) e^{M_1 (t - t_{i-1})} +$$

$$+ \frac{A_j h^{p+q-j}}{M_1} \left(e^{M_1 (t - t_{i-1})} - 1\right) = \frac{A_j h^{p+q-j}}{M_1} \left(e^{M_1 t} - 1\right).$$

Aus (33) ist es ersichtlich, daß eine (32) entsprechende Startabschätzung auch für das nächste Intervall gilt, daß man also induktiv fortsetzen kann und daß es auf die Einteilung von $[0,T]$ in Intervalle I_{hi} nicht ankommt, d.h. daß sich dieselben Abschätzungen ergeben wie im Fall der auf $[0,T]$ einheitlich definierten Störfunktion $d_h(y)$.

4

Um (4) zu zeigen, muß man sich überzeugen, daß
a) die Voraussetzungen (10) im Fall der durch (6) definierten Störfunktion erfüllt sind und
b) daß in diesem Fall die Folge der Nachbarprobleme vom Typ (A) ist. Der Grad der (6) zugrundeliegenden Interpolationspolynome ist dabei $m = p+q$.

Beweis von Punkt a: wir führen zunächst eine (von h abhängige) Hilfsfunktion $r_h(t) \in \mathbb{R}^{\bar{s}}$ ein, die (vgl. (2)) stückweise auf $[0,T]$ definiert ist. Dazu definieren wir auf I_{hi} zunächst $\pi_{hi}(t) \in \mathbb{R}^{\bar{s}}$ wie folgt: die k-te Komponente $\pi_{hik}(t)$ $(k = 1,2,\dots,\bar{s})$ von $\pi_{hi}(t)$ sei das Interpolationspolynom durch die Punkte $(t_\nu, R_{k\nu})$

($R_{k\nu}$: k-te Komp. von $R_\nu \in \mathbb{R}^{\bar{s}}$ (vgl. (9a)),
$\nu = ((i-1)m+i-2)(1)(im+i-1)$ (vgl. (2))). Sei nun
$\pi_h(t) = \pi_{hi}(t)$ für $t \in I_{hi}$ und:

$$(34) \quad r_h(t) = \sum_{j=p}^{p+q} h^j e_j(t) + \pi_h(t) + z(t)$$

Aus $R_\nu = O(h^{p+q+1})$ kann man leicht folgern: es gibt ein von h unabhängiges Ω mit:

$$(35) \quad \| \pi_h^{(j)}(t) \|_{\mathbb{R}^{\bar{s}}} \leq \Omega h^{p+q+1-j} \quad j=0,1,\dots,p+q+1$$

Aus (34) und (35) folgt: es existiert ein von h unabh. Σ_1 mit

$$(36) \quad \begin{aligned} &\| z^{(j)}(t) - r_h^{(j)}(t) \|_{\mathbb{R}^{\bar{s}}} \leq \Sigma_1 h^p \quad j=0,1,\dots,q+1 \\ &\| z^{(j)}(t) - r_h^{(j)}(t) \|_{\mathbb{R}^{\bar{s}}} \leq \Sigma_1 h^{p+q+1-j} \\ &\qquad\qquad j = q+2,\dots,p+q+1. \end{aligned}$$

Damit die (p+q+1)-te Ableitung von $r_h^{(j)}(t)$ noch existiert, muß auch (vgl. (34)) die (p+q+1)-te Abl. von $e_{p+q}(t)$ existieren, d.h. es muß vorausgesetzt werden, daß $f^{(2(p+q))}(y)$ (vgl. (5)) noch L-stetig ist (siehe [3], S 154, Def. der $D_{J,K}$).
Aus (34) folgt: $r_h(t_\nu) = \eta_\nu = P(t_\nu)$, d.h. auf I_{hi} ist $P_i(t)$ Interpolationspolynom von $r_h(t)$. Wie man aus der Theorie der Interpolation mit Polynomen folgern kann, existiert daher eine von h unabhängige Konstante Σ_2, so daß gilt:

(37) $\| r_h^{(j)}(t)-P^{(j)}(t)\|_{\mathbb{R}^{\bar{s}}} \leq \Sigma_2 h^{p+q+1-j}$
$j = 0,1,\dots,p+q+1$

(vgl.z.B. [1], S 67,(3.3.15) wobei man allerdings voraussetzen muß, daß $f^{(3(p+q)+1)}(y)$ (vgl.(5)) noch L-stetig ist.).

Daraus folgt nun:

$$\| z^{(j)}(t)-P^{(j)}(t)\|_{\mathbb{R}^{\bar{s}}} \leq \Sigma_3 h^p \qquad j = 0,1,\dots,q+1$$

(38)

$$\| z^{(j)}(t)-P^{(j)}(t)\|_{\mathbb{R}^{\bar{s}}} \leq \Sigma_3 h^{p+q+1-j} \qquad j = q+2,\dots,p+q+1.$$

Somit gilt: $\| d_h(y_1) \| = \| P'(y_1)-f(P(y_1)) -$

$- z'(y_1) + f(z(y_1))\| \leq \|P'(y_1) - z'(y_1)\| +$

$+ \| f(z(y_1)) - f(P(y_1))\| \leq \Sigma_3 h^p + L_o \Sigma_3 h^p =$

$=$ const $h^p \leq$ const h^q (da $q \leq p$ gilt).

Aus

$d_h'(y_1) = P''(y_1) - f'(P(y_1))P'(y_1)$,

(39) $d_h''(y_1) = P'''(y_1)-f''(P(y_1))(P'(y_1),P'(y_1))$
$-f'(P(y_1))P''(y_1)$

usw.

und

$z''(t) - f'(z(t))z'(t) \equiv 0$,

(40) $z'''(t)-f''(z(t))(z'(t),z'(t)) -$
$-f'(z(t))z''(t) \equiv 0$ usw.

kann man nun induktiv mit Hilfe von (38) schließen (vgl. (21)):

$$(41)\qquad \begin{aligned} &\| d_h^{(i)}(y_1)\| \leq N_i h^p \qquad i = 0,1,\ldots,q. \\ &\| d_h^{(i)}(y_1)\| \leq N_i h^{p+q-i} \qquad i = q+1,\ldots,p+q. \end{aligned}$$

Daraus folgt für hinreichend kleines h natürlich die schwächere Aussage (10) ($q \leq p$!)

b) Um (4) zu beweisen, ist noch zu zeigen, daß die Folge von Nachbarproblemen (8) vom Typ (A) ist. Dazu definieren wir das Element $\eta_{hh_1o}^{(1)} = \{\eta_{hh_1o}^{(1)},\ldots,\eta_{hh_1\nu}^{(1)},\ldots,\eta_{hh_1n_1}^{(1)}\} \in E_{n_1}$ wie folgt

$$(42)\qquad \eta_{hh_1\nu}^{(1)} := z_h(t_\nu) + \sum_{j=p}^{p+q} h_1^j e_{hj}(t_\nu).$$

Dann gilt (vgl.(9b)):

$$(43)\qquad \eta_{hh_1\nu} - \eta_{hh_1\nu}^{(1)} = R_{h\nu} \in \mathbb{R}^{\bar{s}}$$

Sei nun $\{E_{n_1}, E_{n_1}^o, F_{hn_1}\}$[12] die Diskretisierung, der die verwendete R-K-Meth. angewendet auf (8) zugrunde liegt und S_h die Stabilitätsschranke dieser Diskretisierung (vgl.[3],S 9,Def.1.1.10) Dann folgt aus (9b), (42) und (43)

$$(44)\qquad \begin{aligned} &\| R_h \|_{E_{n_1}}{}^{13)} = \| \eta_{hh_1} - \eta_{hh_1}^{(1)} \|_{E_{n_1}} \leq \\ &\leq S_h \| F_{hn_1} \Delta_{n_1} (z_h + \sum_{j=p}^{p+q} h_1^j e_{hj}) \|_{E_{n_1}^o} \end{aligned}$$

---

12) vgl.[3] S.2 Def.1.1.3, S 135 ff.Def.3.3.1

13) $R_h = \{R_{ho},\ldots,R_{h\nu},\ldots,R_{hn_1}\} \in E_{n_1}$ (vgl.(9b)); Def. von Δ_n = siehe [3] S.2.Def.1.1.2,Def.von $\|\cdot\|_{E_n}$ siehe [3], S 75, (2.2.2).

Um zu zeigen, daß die Folge von Problemen (8) vom Typ (A) ist, ist daher zu zeigen:

(i) : S_h ist unabhängig von h

(ii) : $\| F_{hn_1} \Delta_{n_1} (z_h + \sum_{j=p}^{p+q} h_1^j e_{hj}) \|_{E_{n_1}^o} \leq$

$\leq$ const h_1^{p+q+1} mit von h unabhängigem const.

Die technischen Details des Beweises von (ii) sind lang und müssen aus Platzmangel daher entfallen. Der Beweis von (i) sei kurz skizziert.

Bei der durch Polynominterpolation bestimmten Störfunktion $d_{hi}(y_1)$ läßt sich leicht zeigen, daß $f_{hi}(y)$ L-stetig ist mit von h unabhängiger Lipschitzkonstante, woraus folgt (vgl. [3], S 110, S 111) daß auch die L-Konstante von $\Psi_h(h_1,y)$ (vgl. [3], S 110, Def. 3.1.4) von h unabhängig ist. (Der Index h deutet an, daß $\Psi_h(h_1,y)$ vom Problem (8), also von h abhängt.) Aus [3] (Theorem 3.3.1 S 136) folgt daher (i).

Literatur

[1] Hildebrand, F.B. Introduction to Numerical Analysis, New York, Mc Graw-Hill 1956.

[2] Stetter, H.J. Analysis of Zadunaisky's method for estimating the global discretizazion error, Unveröffentliches Manuskript.

[3] Stetter, H.J. Analysis of Discretization Methods for Ordinary Differential Equations, Berlin-Heidelberg-New York, Springer 1973.

[4] Sauer, R. Szabó, I. Mathematische Hilfsmittel des Ingenieurs, Teil II, Berlin-Heidelberg-New York, Springer 1969.

[5] Zadunaisky, P.E. On the estimation of errors propagated in the numerical solution of ordinary differential equations, Proceedings of the IAU Symposium No. 25, Thessaloniki, Greece, 1966.

Reinhard Frank
Institut für Numerische Mathematik
Technische Hochschule Wien
1040 Wien, Gußhausstraße 27-29
Österreich

ISNM 27 Birkhäuser Verlag, Basel und Stuttgart, 1975 71

A REGULARIZATION METHOD FOR THE IDENTIFICATION OF ENVIRONMENTAL SYSTEMS

Ilio Galligani

In this paper a theoretical and numerical analysis of the regularization problem to minimize $\|Tu\|^2$ subject to the constraint $\|AX(u)-f\|^2 \leq \varepsilon$, where $T \in \mathcal{L}(U,V)$, $A \in \mathcal{L}(R^n,R^n)$, $X \in \mathcal{L}(U,R^n)$, $u \in U$, $f \in R^n$, (U,V Hilbert spaces and R^n Euclidean space), has been developed. These results have been applied to identify a flood wave propagation linear model and to study multicompartiment models for populations dynamics in ecosystems.

Sometimes the difficulties - owing both to the scarce knowledge of the dynamics of the system and to the unavoidable operations of "lumping" the system when not all the parameters that influence the phenomenon are available - of setting up detailed mathematical models in hydrological applications impose to simulate the physical system with a global linear model, which can be identified by a black-box analysis.

Therefore some authors [5] , for instance, in order to study the phenomenon of the propagation of a flood wave along a river, have suggested to set up a linear black-box identification model, rather than to construct the mathematical model described by the Saint Venant equations (which determine the variation of the shape and height of the wave in its motion towards the sea).

As it is known, a linear model of a physical system will be identified whenever the impulse response, called Instant Unit Hydrograph (I.U.H.) in hydrological applications, will be determined. Thus we have to solve the Volterra integral equation:

$$\tilde{q}(t) = \int_0^t \tilde{i}(t-\tau).\tilde{u}(\tau)d\tau \qquad 0 \leq t \leq t^* \tag{1}$$

where $\tilde{i}(t)$ and $\tilde{q}(t)$ are the input-upstream hydrograph-and the output-downstream hydrograph - of the system, respectively and t^* is the finite memory of the system. Furthermore the following conditions must be satisfied to comply with the main characteristics of the system:

$$\int_0^{t^*} \tilde{u}(\tau)\, d\tau = \gamma \tag{2}$$

being γ the ratio between the volumes of the inflow and outflow waves,

$$\tilde{u}(t) \geq 0 \qquad 0 \leq t \leq t^* \tag{3}$$

By discretizing (1) and (2) and taking into account the relation (3), we have to determine a non negative vector u which satisfies a linear algebraic system of the form:

(4) $$q = Hu$$

where H is a $m \times n$ $(m \geq n)$ matrix of rank n.

This problem is not well posed and to try to solve it without taking into account "auxiliary information" (+) on the function $\tilde{u}(t)$ very often leads to find solutions deprived of any physical meaning, above all for values of t near to zero.

Thus the solution of (4) must be obtained by a method of regularization.

Therefore the above problem may be formulated in the following abstract form.

Let U and V be two real Hilbert spaces. Let $T \in \mathcal{L}(U,V)$ be a continuous linear operator on U into V, and let n bounded linear functionals in U be given which, according to the Riesz theorem, may be represented by inner products with n elements $k_1, k_2, \ldots k_n$ of U. We suppose that these elements are linearly independent and span a closed subspace K. Let $K^{\perp}$ be the closed orthogonal complement of K. We denote $f = (f_1, f_2, \ldots f_n) \in R^n$ (Euclidean spa

---

(+) For example, it may be conjectured that the function $\tilde{u}(t)$ is not highly oscillatory or it may be known an estimate of the asympto - tic behaviour, etc.

ce of dimension n) and for $u \in U$ we define $X \in \mathcal{L}(U, R^n)$ by

$$X(u) = \{(k_1, u) \quad (k_2, u) \quad \ldots (k_n, u)\}$$

Let $A \equiv \{\alpha_{ij}\}$ be a given non singular n x n matrix and let λ and ε be two assigned positive numbers.

Thus, it is required to minimize $J(u)$ subject to the constraint

$$(5) \qquad \| A X(u) - f \|^2_{R^n} \leq \varepsilon$$

where

$$(6) \qquad J(u) = \| Tu \|^2_V \qquad \forall u \in U.$$

In the problem under study, the functionals k_i are defined by

$$(k_i, u) = u(t_i) \equiv u_i \qquad i = 1, 2, \ldots n$$

where $t_i \in [0, t^*]$, $u(t) \in U$, and the matrix A and the vector f are defined by:

$A = H^T H$, $f = H^T q$ (H^T is the traspose of H)

In order to solve this "regularization problem" it is useful to make the following remark.

Let:

$$J_\lambda(u) = \| Tu \|^2_V + \lambda \| AX(u) - f \|^2_{R^n}$$

If u_λ is the unique element of U such that

$$J_\lambda(u_\lambda) \leq J_\lambda(u) \qquad \forall u \in U$$

and if there exists a unique value $\bar{\lambda}$ of λ for which $\| A X(u_{\tilde\lambda}) - f \|_{R^n} = \sqrt{\varepsilon}$, then it is easy to prove that $u_{\tilde\lambda}$ is the solution of the "regularization problem", i.e. $u_{\tilde\lambda}$ minimizes (6) under the constraint (5).

Therefore we have to find the condition for which there exists a unique value $\tilde\lambda$ and a unique element $u_{\tilde\lambda} \in U$ such that

$$J'_{\tilde\lambda}(u_{\tilde\lambda}) = \min \|Tu\|^2_V \; \tilde\lambda \, \|AX(u)-f\|^2_{R^n}$$

and

$$\| AX(u_{\tilde\lambda})-f \|_{R^n} = \sqrt{\varepsilon}$$

In this respect the following generalization of the results obtained in [1] and [2] is fundamental. (See [3]).

<u>THEOREM</u>. Let $R(T)$ and $N(T)$ denote the range and the null space of T, respectively. If $R(T)$ is closed and $N(T) \cap K^{\perp} = \{0\}_U$ (0_U is the origin of U) with $\dim N(T) = r$, and if A is a non singular $n \times n$ matrix, then there exists for any $\lambda > 0$ a unique element $u_\lambda \in U$ such that $J_\lambda(u_\lambda) = \min J_\lambda(u)$. Besides, if $F(0) > \sqrt{\varepsilon}$, where $F(\lambda) = \|AX(u\ )-f\|_{R^n}$, then there exists a unique value $\tilde\lambda$ such that $F(\tilde\lambda) = \sqrt{\varepsilon}$.

In [2] an efficient algorithm has been developed for solving the "regularization problem" when $J(u)$ is the Schoenberg's or the Whittaker's functional.

This algorithm has been used to solve the problem (4) with a "regularization" functional

J(u) of the form (6) in which T is a linear difference operator. The order and the coefficients of this operator are determined with a heuristic technique similar to that described in [2],pg.373.

In fig. 1 the typical shape of a I.U.H. relevant to a reach of a river is plotted. For the considered reach the different I.U.H.; referring to several flood events, are mainly the same. In fig. 2 a comparison between flood waves computed with the Saint-Venant equations (the dotted line) and with the linear black-box identification model (4) (the full line) is presented; it can be noticed how the simple model (1) - (3) in realistic cases may give results close enough to those obtained by integrating the Saint-Venant equations.

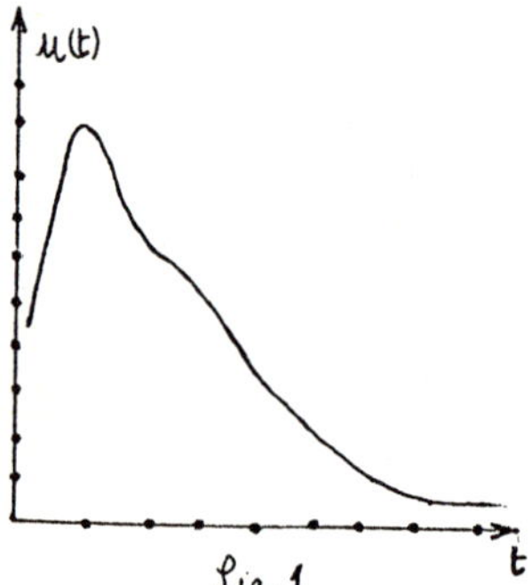

fig. 1

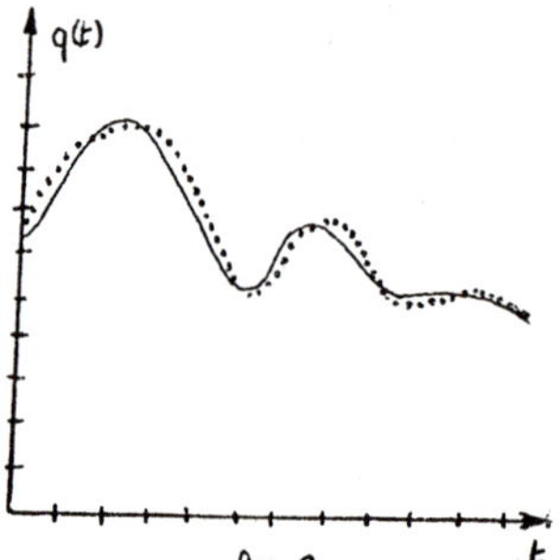

fig. 2

This regularization method has been applied also to study mathematical models, described by non linear ordinary differential equations, for populations dynamics in aquatic ecosystems within a compartmental representation. These models, which are various elaborations of the Lotka-Volterra model, can be described in a general way as follows.

Given a set of observations $q(t_j)$ at discrete times t_j, we have to determine the m-dimensional vector of parameters k which extremizes the functional $\sum_j \| H\,u(t_j)-q(t_j)\|^2$ along a trajectory $u(t)$ of the non linear set of equations:

$$\begin{cases} \dot{u}(t) = f(t,u(t),k) & 0<t\leq t^* \\ u(0) = c \end{cases}$$

where $u(t)$ is the n-dimensional state vector, f is a n-dimensional vector of known functions which represent the rate of mass flow, c is n-dimensional known vector and H is a lxn matrix. ($q(t)$ is a l-dimensional vector). A quasi-linearization method has been used to solve this problem. The initial guess values k^o and $u^o(t)$ required by this quasi-linearization method are obtained with the following technique. Since in these physical systems the vector $u(t)$ is sufficiently smooth, we search for a smoothing function $\tilde{u}(t)$ with the above regolarization method such that

$\sum_j \| H\, \tilde{u}(t_j)-q(t_j) \| \leq \varepsilon$; ε is a prefixed quantity. In this case we use the Schoenberg's regularization functional: thus $\tilde{u}(t)$ is a spline function [2]. Since the derivative of $\tilde{u}(t)$ can be easily evaluated at $t=t_j$, the functional $\sum_j \| \dot{\tilde{u}}(t_j)-f(t_j,\tilde{u}(t_j),k) \|^2$ depends only from k. By minimizing this functional, we obtain the initial guess vector k^o. The vector $\tilde{u}(t)$ is the initial guess $u^o(t)$. Fig. 3 shows, for different values of t, the three components of a vector $H\,\tilde{u}(t)$ obtained, with the above regularization method, by smoothing a set of observations $q(t_i)$ related to a numerical study of zooplankton populations dynamics.

As it is known, the difficulty in ecosystem modeling is that the systems are so complex, depending on so many parameters that to treat them as a whole is a very awkward problem. Thus the techniques of the multicompartmental analysis are very useful because they allow to construct a prototype model as a sequence of ecological models of increasing complexity. In order to take into account the analyst's appreciation and understanding of the real world's determining features during the different stages of the modeling process, two interactive systems with a graphical display for the approximation and minimization of functions and for the solution of ordinary differential equations have been developed.

They have been implemented in the framework of the ideas expressed in [4] and can work locally on a mini-computer and from a remote terminal.

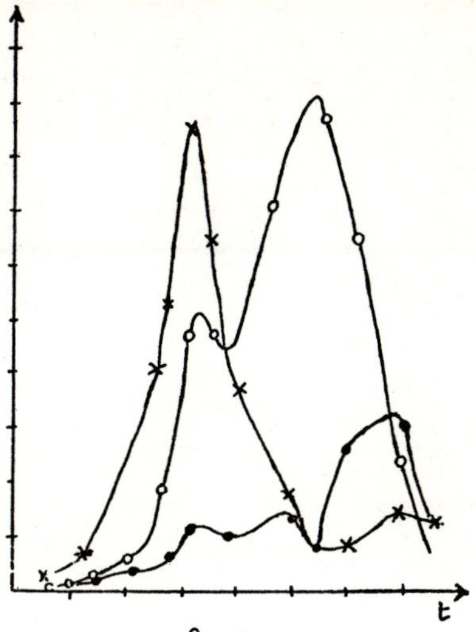

fig. 3

REFERENCES

[1] Anzelone P.M., Laurent P.J.: A general method for the construction of interpolating or smoothing spline-functions. Numer. Mathem. 12 (1968), 66 - 82.

[2] Galligani I.: Sulla "regolarizzazione" dei dati sperimentali. Calcolo 8 (1971), 359-376.

[3] Galligani I.: Identification problems and modeling. I.A.C. Publ. n.96, Roma, 1974.

[4] Galligani I.: Un sistema interattivo per la Matematica Numerica. Riv. Informatica 2 (1972), 112 - 127.

[5] Natale L.: L'identificazione dei modelli di bacini idrografici. Ingegn. Ambientale 1 (1972), 220 - 237.

Istituto per le Applicazioni del Calcolo, C.N.R.
Viale del Policlinico, 137
00100 Roma

DIFFERENZENVERFAHREN FÜR QUASILINEARE PARABOLISCHE ANFANGSRANDWERTAUFGABEN

Eckart Gekeler und Wolfgang Gentzsch

The present paper is concerned with parabolic differential equations $u_t - L(x,t;u)=0$ where L denotes a quasilinear strongly elliptic operator of second order. $L(x,t;u)=0$ is supposed to be the Euler equation of a corresponding variational problem for which a discrete analogue is constructed. To the resulting semi-discrete problem Crank-Nicolson's method, a backward differentiation method, and the boundary value method suggested by Greenspan are applied and their convergence is proved.

1. Einleitung

Es sei $G \subset R^2$ ein offenes, beschränktes und einfach zusammenhängendes Gebiet und ∂G die stetige Berandung von G, $G \cup \partial G = \bar{G}$. Wir betrachten in $Z = G \times (0,\infty)$ das Anfangsrandwertproblem

$$
\begin{aligned}
&u_t + \mathcal{L}(x,y,t;u) = 0, && (x,y,t) \in Z,\\
(1)\qquad &u(x,y,0) = f(x,y), && (x,y) \in G,\\
&u(x,y.t) = g(x,y,t), && (x,y,t) \in \partial G \times (0,\infty),
\end{aligned}
$$

mit den vorgegebenen Funktionen $f(x,y) \in C^0(\bar{G})$, $g(x,y,t) \in C^0(\partial G \times (0,\infty))$, falls der unten beschriebene Gitterrand mit ∂G zusammenfällt, sonst $g(x,y,t) \in C^0(\bar{G} \times (0,\infty))$. Die Aufgabe (1) genüge den folgenden Voraussetzungen:

(i) $\mathcal{L}$ sei ein in G gleichmäßig elliptischer Differentialoperator zweiter Ordnung mit einer von t unabhängigen Elliptizitätskonstanten $\alpha > 0$.

(ii) $\mathcal{L}(x,y,t;u) = 0$ sei Eulersche Differentialgleichung des Variationsproblems

$$(2)\qquad I[t;u] = \int_G F(x,y,t;u,u_x,u_y)dg \stackrel{!}{=} \text{Min.}$$

F sei hinreichend glatt bezüglich aller Variablen, so daß die folgenden Operationen sinnvoll sind.

(iii) (1) besitze in Z eine hinreichend glatte und beschränkte Lösung.

Zunächst überziehen wir wie üblich das Gebiet $\bar{G}$ mit einem gleichmäßigen Gitter der Maschenweite h

$$\bar{G}_h = \bar{G} \cap X_h \cap Y_h,$$

wobei

$$X_h = \{x \in \mathbb{R} \mid x = k \cdot h,\ k \in \mathbb{N}\},$$

$$Y_h = \{y \in \mathbb{R} \mid y = l \cdot h,\ l \in \mathbb{N}\},$$

und $\mathbb{N}$ die Menge der natürlichen Zahlen bedeutet. $\bar{G}_h$ setzt sich zusammen aus der Menge G_h der inneren Gitterpunkte P_j, $j = 1, \ldots, m$, und der Menge ∂G_h der Randgitterpunkte P_j, $j = m + 1, \ldots, M$. ∂G_h und ∂G brauchen nicht notwendig gemeinsame Punkte zu besitzen.

Wir ersetzen nun das Variationsproblem (2) durch ein diskretes Analogon

(3) $$I_h[t;V(t)] = \sum_{i=1}^{\kappa} h^2\, F(Q_i,t;\ \delta_i^0 v,\ \delta_i^1 v,\ \delta_i^2 v) \overset{!}{=} \text{Min.}$$

Dabei stellt $Q_i \in R_i$ den Kubaturpunkt des i-ten Quadrates $R_i \subset \bar{G}$ dar und

(4) $$\delta_i^\nu v = \sum_{j=1}^{m} \delta_{ij}^\nu v_j + \sum_{j=m+1}^{M} \delta_{ij}^\nu v_j, \qquad \nu = 0, 1, 2,$$

seien Differenzenapproximationen für u, u_x und u_y, wobei sich die erste Summe der rechten Seite von (4) aus Werten der Gitterfunktion $V(t) \in \mathbb{R}^m$ in inneren Gitterpunkten und die zweite Summe aus Werten von $g(x,y,t)$ in Randgitterpunkten zusammensetzt. Die Approximationen $\delta_i^\nu v$, $\nu = 0, 1, 2$, sollen den folgenden Voraussetzungen genügen:

(iv) Mit dem Lösungsvektor $U(t) \in \mathbb{R}^m$ des analytischen Problems (1) und $T_h[t;\ V(t)] = h^{-2}\, \mathrm{gard}_V\, I_h[t;\ V(t)]$ gelte die Konsistenzbedingung

(5) $$\| U_t(t) + T_h\,[t;\ U(t)]\, \|_{L_{2,h}} \le c_1\, h^\gamma, \qquad \gamma > 0,$$

mit einer von t und h unabhängigen Konstanten c_1.

(v) Die Funktionalmatrix $T_h'[t;\ V(t)]$ sei gleichmäßig positiv definit, d.h. es gel-

(6) $$W^T T_h'[t; V(t)]\, W > c_2\, W^T W$$

mit einer von t und h unabhängigen Konstanten $c_2 > 0$ für alle $V, W \in \mathbb{R}^m$.

Da in dieser Arbeit parabolische Probleme im Vordergrund stehen sollen, wurden die verwendeten Eigenschaften der Differenzenapproximationen (4) des elliptischen Anteils als Voraussetzung formuliert. Verschiedene Autoren haben in letzter Zeit Approximationen δ_i^o, δ_i^1, δ_i^2 angegeben, die die Voraussetzungen (iv) und (v) erfüllen. Es sei hierzu auf Gentzsch [12], Meis [14], Mittelmann [16] und Törnig-Meis [17] verwiesen.

In den nächsten Abschnitten wollen wir nun das nichtlineare semidiskrete Problem

(7) $$V_t + T_h\,[t; V(t)] = 0$$

unter den genannten Voraussetzungen lösen. Hier bietet sich zunächst das Crank - Nicolson - Verfahren an. Wegen der Symmetrie dieses Verfahrens läßt sich seine Konvergenz in der Anwendung auf (7) in einfacher Weise zeigen, wenn wir zunächst voraussetzen, daß T_h in V global lipschitz-beschränkt ist.

Im vorliegenden nichtlinearen Fall sind aber auch solche Verfahren interessant, bei denen zum Nachweis der Konvergenz keine Lipschitzbedingung notwendig ist. Dazu beachten wir, daß nach (6) der Operator $T_h\,[t; \cdot]$ monoton im Mintyschen Sinne [15] ist. Im dritten Abschnitt zeigen wir, daß das Verfahren von Curtis-Hirschfelder [4] der Konsistenzordnung zwei (backward differentiation method) diese Eigenschaft auf das durch die Diskretisierung von (7) entstehende Gleichungssystem überträgt. Bei der Suche nach "vorwärtsschreitenden" Differenzenverfahren höherer Ordnung für das System (7), die monoton im Mintyschen Sinne sind, stößt man jedoch auf Schwierigkeiten. Daher gehen wir im letzten Abschnitt auf die Randwertmethode von Greenspan [13] ein, bei der sich Verfahren höherer Ordnung leicht angeben lassen.

2. Das Verfahren von Crank - Nicolson

Es sei $T > 0$ beliebig fest, $\Delta t = T/N$, $N \in \mathbb{N}$,

$$V^n = (v_1(n\Delta t), \ldots, v_m(n\Delta t)),$$
$$V = (V^1, \ldots, V^N)$$

und

$$||V^n||^2_{L_{2,h}} = \frac{1}{m} \sum_{i=1}^{m} |v_i(n\Delta t)|^2, \quad ||V||^2_{L_{2,h}} = \frac{1}{N} \sum_{n=1}^{N} ||V^n||^2_{L_{2,h}},$$

$$||V|| = \max_{1 \le n \le N} ||V^n||_{L_{2,h}}.$$

Dann hat das nach Crank-Nicolson [3] benannte Differenzenverfahren in der Anwendung auf (7) die Form

$$\text{(8)} \qquad \frac{1}{\Delta t}(V^n - V^{n-1}) + T_h[(n - \tfrac{1}{2})\Delta t; \tfrac{1}{2}(V^n + V^{n-1})] = 0, \; n = 1, \ldots, N.$$

Aus der Dreiecksungleichung und Voraussetzung (iv) folgt, daß dieses Verfahren die Konsistenzordnung $\Delta t^2 + h^\gamma$ besitzt. (8) ist gleichbedeutend mit

$$\text{(9)} \qquad P_1(V) := \frac{1}{\Delta t}(I - S_1)V + T_h(\tfrac{1}{2}(I + S_1)V) = 0,$$

wobei S_1 die Matrix

$$S_1 = \begin{bmatrix} 0 & & & \mathcal{O} \\ E & \ddots & & \\ & \ddots & \ddots & \\ \mathcal{O} & & E & 0 \end{bmatrix}$$

ist, I und E Einheitsmatrizen der Dimension mN bzw. m sind und T_h sich aus den Operatoren $T_h[(n - 1/2)\Delta t; \cdot]$, $n = 1, \ldots, N$, zusammensetzt. Wegen

$$(P_1^{-1})'(P_1(X)) = [P_1'(X)]^{-1}$$

gilt sicher

$$||U - V|| \le \max_{X \in \mathbb{R}^{mN}} || [P_1'(X)]^{-1} || \; ||P_1(U) - P_1(V)||.$$

Unter den obigen Voraussetzungen können wir nun aus dem Beweis zu [11, Theorem 3] die Abschätzung

$$|| [P_1' (X)]^{-1} || \le c_3 \max_{n,p} \{ \frac{2}{\lambda_p^n(X^n)} , \frac{\Delta t(2 + \Delta t \lambda_p^n(X^n))}{4} \}$$

übernehmen, in der $\lambda_p^n(X^n)$ einen beliebigen Eigenwert der Matrix $T_h' [(n - 1/2)\Delta t; X^n]$ bedeutet. Wir fassen das Ergebnis in dem folgenden Satz zusammen:

<u>Satz 1.</u> Es seien die Voraussetzungen (i) - (v) erfüllt. Es sei U^N der Vektor der Lösung des analytischen Problems (1) in $G_h \times \{T\}$ und V^N die entsprechende Näherungslösung des Crank-Nicolson-Verfahrens (8). Ferner sei $||T_h' [t;X] ||_{L_{2,h}} \le L_h$, $X \in \mathbb{R}^m$, mit einer Konstanten L_h, die nur von der Maschenweite h abhängt, und es sei $\Delta t^2 L_h$ beschränkt für $h \to 0$. Dann gilt

$$||U^N - V^N||_{L_{2,h}} \le c_4(\Delta t^2 + h^\gamma)$$

mit einer von h, Δt und T unabhängigen Konstanten c_4.

3. Ein weiteres Verfahren zweiter Ordnung

Unter den Voraussetzungen (i) - (v) hat das von Curtis - Hirschfelder [4] angegebene lineare Mehrschrittverfahren

$$(1o) \qquad \frac{1}{2\Delta t} (3V^n - 4V^{n-1} + V^{n-2}) + T_h [n\Delta t; V^n] = 0, \quad n = 2, \ldots, N,$$

ebenfalls die Konsistenzordnung $\Delta t^2 + h^\gamma$. Es sei V^1 mit Hilfe einer Taylorentwicklung unter Verwendung der Differentialgleichung so genau berechnet, daß

$$\frac{3}{2\Delta t}(U^1 - V^1) + T_h[\Delta t; U^1] - T_h[\Delta t; V^1]$$

$$= \frac{3}{2\Delta t} U^1 + T_h[\Delta t; U^1] - R^1 = O(\Delta t^2 + h^{\gamma})$$

gilt. Dann ist (1o) für n = 1, ..., N, $V^{-1} = 0$, gleichbedeutend mit

(11) $$P_2(V) := \frac{1}{2\Delta t} S_2 V + T_h(V) = R$$

$(R^2 = \ldots = R^n = 0)$, wobei $T_h(V)$ der Vektor

$$T_h(V) = (T_h[\Delta t; V^1], \ldots, T_h[N\Delta t; V^N])$$

und S_2 die Matrix

$$S_2 = \begin{bmatrix} 3E & & & & \mathcal{O} \\ -4E & 3E & & & \\ E & -4E & 3E & & \\ & E & -4E & 3E & \\ \mathcal{O} & & \ddots & \ddots & \ddots \end{bmatrix}$$

darstellt. Setzen wir in dieser Matrix vorübergehend anstelle der Einheitsmatrix E den skalaren Wert Eins ein, so folgt nach [11] für alle Vektoren $W \in \mathbb{R}^{N+4}$ mit $w_{-1} = w_o = w_{N+1} = w_{N+2} = 0$

$$W^T S_2 W = \frac{1}{2} W^T (S_2 + S_2^T) W$$

$$= \frac{1}{2} \sum_{n=1}^{N} w_n (w_{n-2} - 4w_{n-1} + 6w_n - 4w_{n+1} + w_{n+2})$$

$$= \frac{1}{2} \sum_{n=o}^{N+1} (w_{n-1} - 2w_n + w_{n+1})^2 \geq 0.$$

Daher ist die Matrix S_2 schwach monoton im Mintyschen Sinn [15]. Nach Voraussetzung (v) ergibt sich somit

$$(P_2(V) - P_2(W))^T (V-W) \geq c_2(V-W)^T(V-W)$$

für alle V, $W \in \mathbb{R}^{mN}$ und hieraus erhalten wir nach einfach Rechnung

$$|| V - W||_{L_{2,h}} \leq c_2^{-1} ||P_2(V) - P_2(W)||_{L_{2,h}} .$$

Satz 2. Unter den Voraussetzungen (i) - (v) gilt für die Lösung V des Gleichungssystems (11)

$$(12) \qquad ||U - V||_{L_{2,h}} \leq c_5(\Delta t^2 - h^{\gamma})$$

mit einer von h, Δt und T unabhängigen Konstanten c_5.

4. Zur Randwertmethode

Nach Satz 1 und 2 sind die Verfahren (8) und (1o) im wesentlichen absolut stabil. Das bedeutet, daß ein einmal auftretender Fehler im Laufe der Zeit nicht zunimmt. Es erscheint jedoch schwierig, bei dem vorliegenden nichtlinearen semidiskreten System (7) "vorwärtsschreitende" Differenzenverfahren höherer Konsistenzordnung in Δt mit ähnlichen Konvergenzeigenschaften zu finden. Häufig konvergiert aber die Lösung u(x,y,t) der Aufgabe (1) mit der Zeit t gegen einen stationären Zustand $u^*(x,y)$, der als Lösung eines Randwertproblems dargestellt werden kann. Dieses asymptotische Verhalten ist mehrfach Gegenstand theoretischer Untersuchungen gewesen (vgl. etwa Friedman [5 - 9], Ton [18], u.a.). Für die praktische Rechnung wurde es wohl erstmals von

Greenspan [13] und später von Carasso-Parter [1] und Carasso [2] ausgenutzt. Dabei wird $u(x,y,T) = u^*(x,y)$ für hinreichend große T gesetzt und so die ursprüngliche Anfangsrandwertaufgabe durch eine Randwertaufgabe approximiert.

In diesem Abschnitt gelte daher:

(vi) Die Lösung $u(x,y,t)$ des analytischen Problems (1) konvergiere gegen einen bekannten stationären Zustand $u^*(x,y)$. Es existiere eine Funktion $t : \mathbb{R}^+ \ni \varepsilon \longrightarrow t(\varepsilon) \in \mathbb{R}^+$ mit

$$|| U(t) - U^* ||_{L_{2,h}} \leq \varepsilon , \qquad t > t(\varepsilon),$$

wobei $U(t)$ und U^* wieder die Gittervektoren der Lösung auf den entsprechenden t-Niveaus sind.

Es seien ∇, Δ die durch $\nabla V^n = V^{n-1}$ und $\Delta V^n = V^{n+1}$ definierten Verschiebungsoperatoren, und es seien

$$\rho(\xi) = \sum_{\nu=0}^{r} \alpha_\nu \xi^\nu, \quad \sigma(\xi) = \sum_{\nu=1}^{s} \beta_\nu \xi^\nu$$

zwei Polynome. In der Anwendung auf (7) betrachten wir die Klasse linearer Mehrschrittverfahren $< \rho, \sigma, \tau >$

(13) $$\rho(\Delta)V^n + \sigma(\nabla)V^n + \Delta t \tau T_h [n\Delta t; V^n] = 0, \qquad n = s, s+1, \ldots, N,$$

unter den folgenden Voraussetzungen:

(vii) Es sei (13) konsistent in Δt von der Ordnung $p > 0$, und es gelte

(14) $$||U^n - V^n||_{L_{2,h}} \leq c_6 \Delta t^{p+1} \qquad n = 0, \ldots, s-1.$$

(viii) Die $N \times N$-Matrix $S = (s_{i\kappa})$ mit den Elementen

$$s_{ii} = 2\alpha_0$$

$$s_{i,i\pm l} = \alpha_l + \beta_l\,, \quad l = 1, \ldots, \max(r,s),$$

$$1 \leq i \pm l \leq N,\ i = 1, \ldots, N,$$

sei monoton im Mintyschen Sinn.

Wir setzen nun $V^n = 0$, $n < 0$, $V^n = U^*$, $n \geq N + 1$, und fassen dann für $n = 1, \ldots, N$ die Gleichungen (13) zu dem System

$$(15) \qquad P(V) = SV + T_h(V) = R$$

zusammen ($R^s = \ldots = R^N = 0$). Dann folgt in leichter Verallgemeinerung aus [1o, Theorem 1]

Satz 3. Unter den Voraussetzungen (i) - (viii) seien $U = (U^1, \ldots, U^N)$ der Blockvektor der Lösung des analytischen Problems (1) an den Gitterpunkten und V die Lösung von (15) mit den Anfangswerten (14). Dann gilt

$$||U - V||_{L_{2,h}} \leq c_7 \, (\Delta t^P + (\Delta t^{2p} + \Delta t^p h^\gamma)^{1/2} + h^\gamma)$$

mit einer von h, Δt und T unabhängigen Konstanten c_7, falls $N > \Delta t^{-1}$ in Abhängigkeit von Δt so gewählt wird, daß

$$(16) \qquad ||U((N + k)\Delta t) - U^*||_{L_{2,h}} \leq c_8 \; \Delta t^{p+1/2}$$

für $k > 0$ gilt.

In der folgenden Tabelle sind einige lineare Mehrschrittverfahren mit den Eigenschaften (vii) und (viii) angegeben:

p	α_3	α_2	α_1	α_o	β_1	β_2	β_3	τ
3			2	3	-6	1		6
4			3	1o	-18	6	-1	12
4		-1	8	0	-8	1		12
6	1	-9	45	0	-45	9	-1	6o

Für den Spezialfall eines Problems (1) mit der Randbedingung $u(x,y,t) = 0$, $(x,y,t) \in \partial G \times (0,\infty)$, läßt sich die durch (16) definierte Funktion $N : \Delta t \rightarrow N(\Delta t)$ leicht explizit angeben. Dann gilt für die Lösung von (1) mit der L_2-Norm

$$||u||_2^2 = \int_G u(x)^2 dx$$

nämlich

$$\frac{\partial}{\partial t} ||u||^2 = 2(u,u_t) = - 2(u,\mathcal{L}u) \leq - 2\alpha||u||^2,$$

wobei $\alpha > 0$ die Elliptizitätskonstante des Operators $\mathcal{L}$ darstellt. Nach Integration folgt

$$||u(t)|| \leq ||u(0)||e^{-\alpha t}.$$

Eingesetzt in (16) ergibt sich mit $c_8^{-1} = ||U(0)||_{L_{2,h}}$ die Bedingung

$$\exp(-\alpha N(\Delta t)\Delta t) \leq c_8 \, \Delta t^{p+1/2} + O(h)$$

oder

$$N(\Delta t) \geq c_9 \, \frac{(p+1/2)\,|\log \Delta t|}{\alpha \, \Delta t} .$$

Literatur

[1] Carasso, A., und Parter, S. V.: An analysis of "boundary-value techniques" for parabolic problems. Mathem. Computation 24 (197o), 315 - 34o.

[2] Carasso, A.: Long-range numerical solution of mildly non-linear parabolic equations. Numer. Math. 16 (1971), 3o4 - 321.

[3] Crank, J., und Nicolson, P.: A practical method for numerical evaluation of solutions of partial differential equations of the heat-conduction type. Proc. Cambridge Philos. Soc. 43 (1947), 5o - 67.

[4] Curtis, C. F., und Hirschfelder, J. O.: Integration of stiff equations. Proc. Nat. Acad. Sci. USA 38 (1952), 235 - 243.

[5] Friedman, A.: Convergence of solutions of parabolic equations to a steady state. J. Math. Mech. 8 (1959), 57 - 76.

[6] Friedman, A.: Asymptotic behaviour of solutions of parabolic equations. J. Math. Mech. 8 (1959), 387 - 392.

[7] Friedman, A.: Asymptotic behaviour of solutions of parabolic equations of any order. Acta math. 1o6 (1961), 1 - 43.

[8] Friedman, A.: Partial Differential Equations of Parabolic Type. Englewood Cliffs: Prentice-Hall 1964.

[9] Friedman, A.: Remarks on nonlinear parabolic equations. In: Proc. of Symposia in Applied Math. (New York 1964) Vol. XVII, S. 3 - 23, Providence: AMS 1965.

[1o] Gekeler, E.: Long-Range and Periodic Solutions of Parabolic Problems. Math. Z. 134 (1973), 53 - 66.

[11] Gekeler, E.: A-convergence of finite-difference approximations of parabolic initial boundary value problems. Erscheint in SIAM J. Numer. Analysis.

[12] Gentzsch, W.: Numerische Behandlung quasilinearer Differentialgleichungen 4. und höherer Ordnung. Dissertation der TH Darmstadt 1974.

[13] Greenspan, D.: Lectures on the Numerical Solution of Linear, Singular, and Nonlinear Differential Equations. Englewood Cliffs: Prentice-Hall 1968.

[14] Meis, Th.: Zur Diskretisierung nichtlinearer elliptischer Differentialgleichungen. Computing 7 (1971), 344 - 352.

[15] Minty, G. J.: Monotone (nonlinear) operators in Hilbert space. Duke Math. J. 29 (1962), 341 - 346.

[16] Mittelmann, H. D.: Die Approximation der Lösungen gemischter Randwertprobleme quasilinearer elliptischer Differentialgleichungen. Diss. der TH Darmstadt 1973.

[17] Törnig, W., und Meis, Th.: Diskretisierungen des Dirichletproblems nichtlinearer elliptischer Differentialgleichungen. Methoden und Verfahren der Mathem. Physik, Bd. 8 (1973), 47 - 72.

[18] Ton, B. A.: Mixed initial boundary-value problems for semi-linear parabolic equations. Duke Math. J, 34 (1967), 481 - 491.

Eckart Gekeler
Mathematisches Institut A
der Universität Stuttgart
7 Stuttgart
Herdweg 23

Wolfgang Gentzsch
Fachbereich Mathematik
der TH Darmstadt
61 Darmstadt
Kantplatz 1

ISNM 27 Birkhäuser Verlag, Basel und Stuttgart, 1975

ON THE NUMERICAL TREATMENT OF PARTIAL DIFFERENTIAL EQUATIONS IN THE NEIGHBORHOOD OF ISOLATED SINGULARITIES WITH APPLICATIONS

Ronald B. Guenther

Problems arising in pumping fluids from the ground are treated. Several of the problems are formulated in detail, existence and uniqueness questions are discussed and numerical methods for solving the relevant problems are given.

1. Introduction

In this lecture several problems which arise in pumping fluids from the ground will be formulated and some specific examples will be treated in detail.

The computations will be carried out in three dimensional Euclidean space, R_3 . Points in R_3 are denoted by $x = (x_1,x_2,x_3)$, $y = (y_1,y_2,y_3)$, etc. and will be assumed restricted to a domain $D \subseteq R_3$ where the flow takes place. The time variables will be denoted by t,τ . Vector-valued functions will take their values in R_3 and will be underlined. The inner product between two vectors will be denoted by $x \cdot y$ and the length by $|x|^2 = x \cdot x$.

The element of volume will be denoted by dx and the element of surface by $d\sigma$.

The basic equations governing the movement of a fluid in a porous medium when variations in temperature are negligible are

$$1.1) \qquad \underline{q} = - k(\nabla p + \rho \underline{g}) \qquad \text{(Darcy's Law)}$$

$$1.2) \qquad (\rho \varphi S)_t + \operatorname{div} \rho q = 0 \qquad \text{(Continuity Equation)}$$

In these equations, $\underline{q}$ is the volume flux rate, i.e. the volume of fluid passing over a cross-sectional area per unit time, p is the pressure, ρ is the density, $\underline{g}$ is the acceleration due to gravity, S is the saturation and k is the permeability. The gradient, ∇ , and divergence, div , operators are computed with respect to the spatial coordinates, x_1, x_2, x_3 . A precise definition and further discussion of these concepts may be found in Fulks, Guenther, Roetman [4], Hubbert [8], Muskat [9], Polubarinova-Kochina [11], Scheidegger [12] as well as discussions concerning the applicability, meaning and possible generalizations of Darcy's Law. In the event the fluid is compressible, an equation of state relating p and ρ must be included with (1.1), (1.2)

$$1.3) \qquad \rho = \rho(p)$$

The equations (1.1) and (1.2) are derived assuming there are neither sources nor sinks. Let us assume now that the origin $0 \in D$ and that a pump, i.e. a point sink, is located there and derive equations governing the movement of fluid in a neighborhood of the origin. (1.1) and (1.2) still hold as long as $x \neq 0$. In order for the pump to produce continually, it is necessary that near $x = 0$, fluid mass is present, in other words the pump is a function of the mass in a neighborhood of $x = 0$, the size of the neighborhood depending upon the strength of the pump. Let us assume that the mass $m(t)$ upon which the pump depends is contained in a sphere of radius γ:

$$1.4) \qquad m(t) = \int_{|x|\leq\gamma} \rho\varphi^{S}\, dx$$

Denote the rate at which m is produced by f . Then f depends upon m and perhaps upon t (since the pump may be regulated manually or will wear) and what is pumped out is exactly what flows into the pump. Since the net rate at which mass crosses the surface $|x| = \varepsilon$ is

$$- \int_{|x|=\varepsilon} \rho \underline{q} \cdot \nu \, d\sigma$$

where ν is the exterior unit normal, the rate at which mass flows into the pump is the limit of this quantity as $\varepsilon \to 0$, i.e.

$$1.5) \qquad f(t,m(t)) = \lim_{\varepsilon\to 0} \{- \int_{|x|=\varepsilon} \rho \underline{q} \cdot \nu \, d\sigma\}$$

We shall make the following assumptions on the pump function $f = f(t,\lambda)$:

There exist positive constants, λ_o, λ_1, C , with $\lambda_o < \lambda_1$ such that

i) $\qquad f(t,\lambda) = 0 \quad \text{for} \quad \lambda \leq \lambda_o$

ii) $\frac{\partial}{\partial\lambda} f(t,\lambda) = 0$ for $\lambda \geq \lambda_1$

iii) $|f(t,\lambda)| \leq C$

iv) $|f(t,\lambda') - f(t,\lambda'')| \leq C|\lambda' - \lambda''|$

The first assumption refers to the fact that if the mass reaches a certain residual point, no more mass can be produced. Actually, at this point other phenomena such as evaporation become significant which we are neglecting. (ii) and (iii) refer to the fact that there are limits as to how much mass it is possible for the pump to produce. From the mathematical standpoint, the assumptions (i) and (ii) are unnecessary. (iv) is a mathematical assumption which pumps seem to satisfy.

We have been assuming here (and shall continue to do so) that mass is being pumped out. If one desires to consider the problem when mass is pumped into the ground, one simply reverses the sign of the integral in (1.5) (to obtain the net flow of mass out of the pump) and modifies (i) and (ii) appropriately.

The equations (1.1) - (1.5) where (1.1) and (1.2) hold for $x \neq 0$, govern the general pumping problem. At this point several specific problems will be treated under additional assumptions.

2. Linear Problems

We begin by assuming that the fluid is a gas. In that case $S \equiv 1$ and since gravitational effects are usually negligible, we take $\underline{g}$ to be zero. We assume further that φ is a constant and that $k = k(x,t)$. Finally, let us assume an equation of state for ρ of the form

$\rho(p) = \alpha \exp(\beta p)$, where $\alpha > 0$ and $\beta > 0$ are constants.

Combining under these assumptions (1.1) and (1.2) and setting $u = \varphi\rho$ we find that u must satisfy

2.1) $\operatorname{div}(a(x,t)\nabla u) = u_t$, $x \neq 0$, $t > 0$, $x \in D$,

2.2) $\lim_{\varepsilon \to 0} \int_{|x|=\varepsilon} a(x,t)\nabla u \cdot \nu \, d\sigma = f(t,m(t))$, $t > 0$,

where

2.3) $m(t) = \int_{|x| \leq \gamma} u(x,t)dx$

and where $a(x,t) = k(x,t)/\beta\varphi$.

(2.1) - (2.3) must be solved subject to boundary and initial conditions. We shall content ourselves with formulating and solving the Cauchy problem, i.e. $D = R_3$ and $u = u(x,t)$ is to satisfy:

1) u is continuous for $t > 0$, $x \neq 0$

2) u is twice continuously differential with respect to the x variables and once with respect to the t variables for $t \geq 0$, $x \neq 0$ and satisfies (2.1), (2.2), (2.3) there, where $a(x,t)$ is a given function.

3) $u(x,0) = u_0(x)$, $x \neq 0$, where $u_0(x)$ is a given continuous function defined on R_3.

4) $m(t) = \int_{|x| \leq \gamma} u(x,t)dx$ is continuous in t for $t > 0$ and $m(0+) = \int_{|x| \leq \gamma} u_o(x)dx$.

The basic uniqueness and existence theorem is then

THEOREM 1

Let $T > 0$ be arbitrary but fixed. Let $a(x,t)$ with $a(x,t) \geq a_o > 0$ for a_o constant and $\nabla a(x,t)$ be uniformly bounded and satisfy a Hölder condition with respect to the x-variables uniformly in t for $x \in R_3$, $0 \leq t \leq T$. Suppose there exist constants $M > 0$, $\mu \geq 0$, $2 \geq \eta > 0$ such that

$$\int_{R_3} \exp(-\mu|x|^{2-\eta}) \; |u(x,t)|dx \leq M , \quad 0 \leq t \leq T ,$$

$$r|u(x,t)| \leq M , \quad r^2|\nabla u| \leq M \quad \text{for} \quad 0 < r \leq 1, \; 0 < t \leq T$$

where $r = |x|$.

Then there exists a solution to the Cauchy problem and it is unique.

PROOF. A slight change in an argument given in Friedman [3] for deriving an analogous representation theorem for the ordinary Cauchy problem leads to the expression for the solution

2.4)
$$u(x,t) = \int_{R_3} \Gamma(x,t;\xi,0) \; u_o(\xi)d\xi - \int_0^t \Gamma(x,t;0,\tau) \; f(\tau,m(\tau))d\tau$$

where Γ is the fundamental solution for $\operatorname{div}(a(x,t)\nabla u) = u_t$. The function $u(x,t)$ defined by (2.4) solves the Cauchy problem and the desired estimates. Integrate (2.4) over the sphere $|x| \leq \gamma$ to obtain the non-linear Volterra type integral equation

$$2.5)\qquad m(t) = \tilde{m}(t) - \int_0^t \ell(t,\tau)\, f(\tau,m(\tau))\, d\tau$$

where $\tilde{m}(t) = \int_{|x|\leq\gamma} dx \int_{R_3} \Gamma(x,t;\xi,0)\, u_o(\xi)\, d\xi$

and $\ell(t,\tau) = \int_{|x|\leq\gamma} \Gamma(x,t;0,\tau)\, dx$

Using standard estimates on the fundamental solution (see [3] or [5]) one can easily prove by iteration that (2.5) possesses a unique solution whence follows the existence assertion. The uniqueness also follows directly.

Remark. One is led to the same problem when dealing with incompressible unsaturated flow if one can assume that ρ and φ are constant and S is a linear function of pressure, i.e.

$$2.6)\qquad S(p) = S_o p + S_1 \;,\quad S_o > 0 \;,\; S_1 \geq 0 \quad \text{constants}$$

The assumption (2.6) is often made in agricultural problems. Setting $u = \rho\varphi S$, $a = k/\varphi S_o$ and $\underline{b} = k\rho\underline{g}$, we obtain again equations (2.2) and (2.3) for u but (2.1) must be replaced by

$$u_t = \operatorname{div}(a(x,t)\nabla u + \underline{b}(x,t)) \;.$$

Remark. If the medium is anisotropic, k is a symmetric positive definite matrix. In that event, the same discussion can be given if one first makes a change of coordinates so that $k(0,t)$ is the identity matrix.

3. A Numerical Method

In the case of constant coefficients, an efficient and easily investigated numerical method can be given for solving the Cauchy problem. In fact in that case

$$\Gamma(x,t;y,\tau) = \left[4\pi a(t-\tau)\right]^{-3/2} \exp\left(- |x-y|^2/4a(t-\tau)\right)$$

so that the representation (2.4) is of the form

$$u(x,t) = w(x,t) + v(r,t), \quad r = |x| .$$

Here w is the regular solution to the usual initial value problem

$$\text{(3.1)} \qquad \begin{aligned} a\,\Delta w &= w_t\ , \quad x \in R_3\ , \ t > 0 \\ w(x,0) &= u_0(x)\ , \ x \in R_3 \end{aligned}$$

The function w can be constructed by a variety of numerical and analytical methods. Since v depends only on r, the requirement that

$$f(t,m(t)) = \lim_{\varepsilon\to 0} \int_{|x|=\varepsilon} a\nabla v \cdot \nu \; d\sigma = \lim 4\pi\, a\, \varepsilon^2\, v_r(\varepsilon,t)$$

leads to the conclusion that $v_r(r,t)$ must have a singularity at $r = 0$, the strength of which is $1/r^2$ and so the strength of the singularity of $v(r,t)$ should be $1/r$. Set, therefore

$$v(r,t) = V(r,t)/r .$$

Then $V(r,t)$ is a regular solution of the boundary value problem

$$aV_{rr} = V_t \ , \ r > 0 \ , \ t > 0$$

3.2) $$V(r,0) = 0 \ , \ r > 0$$

$$V(0,t) = -f(t,m(t))/4\pi a$$

where $m(t) = \int_{|x|\leq\gamma} w(x,t)dx + 4\pi \int_0^\gamma V(r,t)rdr$.

The numerical method is based upon the following iteration procedure:

Let $m^{(o)}(t)$ be arbitrary but continuous and suppose that $m^{(n)}(t)$ and $V^{(n)}(r,t)$ have been computed. Find $V^{(n+1)}(r,t)$ by solving the one dimensional boundary value problem (3.2) with $m(t)$ replaced by $m^{(n)}(t)$. Then compute $m^{(n+1)}(t)$ by evaluating the integrals

$$m^{(n+1)}(t) = \int_{|x|\leq\gamma} w(x,t)dx + 4\pi \int_0^\gamma V^{(n+1)}(r,t)rdr ,$$

where w is the solution to the problem (3.1).

This iteration procedure is simply the Picard iteration scheme for solving the integral equation (2.5) and one can easily prove the following

THEOREM 2.

Let $\{m^{(n)}(t)\}$ and $\{V^{(n)}(r,t)\}$ be sequences generated by the above iteration procedure and suppose $u_o(x)$ satisfies the growth estimate of Theorem 1. Let $m(t)$, $u(x,t)$ be the unique solution guaranteed by Theorem 1 and define w and V as the solutions to (3.1) and (3.2). Then if $T > 0$ is arbitrary

$$|m^{(n)}(t) - m(t)| \leq \delta(CT)^{n+1} \exp(CT)/(n+1)!$$

$$|V^{(n)}(r,t) - V(r,t)| \leq \delta(CT)^{n+2} \exp(CT)/[(n+1)!(4\pi aT)]$$

where $\delta = \max_{o<t<T} |m^{(1)}(t) - m^{(o)}(t)|$

Remark. In the numerical realization of the iteration scheme, the integral $\int_o^\gamma V^{(n)}(r,t)\, rdr$ is one dimensional and many standard methods are available. The integral $\int_{|x|\leq\gamma} w(x,t)dx$ is multi-dimensional and in the numerical experiments the formula for the sphere on page 341 of Guenther and Roetman [7] turned out to be the most convenient and was used.

Remark. If $a = a(x,t)$ is non-constant, a similar procedure can be carried out. In fact one can define

$$u = w + v$$

where w satisfies

$$\mathrm{div}(a(x,t)\nabla w) = w_t, \quad x \in R_3, \quad t > 0$$

$$w(x,0) = u_o(x), \quad x \in R_3$$

The singularity is concentrated in v but v is no longer radially symmetric. Nevertheless, if one sets

$$v(x,t) = V(x,t)/r$$

we find that $V(x,t)$ satisfies

$$\operatorname{div}(a(x,t)\nabla V) - a(x,t)\,\frac{x}{r^2}\cdot\nabla V - \frac{x}{r^2}\cdot\nabla(a(x,t)V) = V_t,\ x \neq 0,\ t > 0$$

$$V(x,0) = 0,\ x \neq 0$$

$$V(0,t) = -f(t,m(t))/4\pi a(0,t)$$

where $m(t) = \int_{|x|\leq\gamma}[w(x,t) + V(x,t)/r]dx$.

Numerical methods are now easily constructed along the lines of constant the coefficient case since, e.g. if one uses finite differences, one can write down a difference equation around grid points not equal to zero and at zero, the value of V is known.

Remark. Boundary value problems can be formulated and treated similarly.

Remark. In the event there are several pumps, one is led to a system of nonlinear Volterra type integral equations but again no new difficulties arise.

4. Non-Linear Gaseous Flow

Let us again assume that gravitational effects are negligible, that φ is a constant, and that k depends only upon the pressure p but otherwise allow for a more general equation of state relating p and ρ . Then combining (1.1) and (1.2), we find on setting $u = \rho\varphi$

$$u_t = \operatorname{div}(k(p)\rho(p)\nabla p),\quad x \neq 0\ .$$

Let $p = p(u)$, $a(u) = k(p(u))\rho(p(u))p'(u)$ and let $A(u)$ be an indefinite integral for $a(u)$ to obtain the equation

4.1) $$u_t = \Delta A(u), \quad x \in R_3, \quad x \neq 0, \quad t > 0$$

If, for example, k is constant and

4.2) $$\rho(p) = \beta p^{\lambda}$$

then (4.1) takes the form

4.3) $$u_t = a\Delta u^{\frac{\lambda+1}{\lambda}} \qquad x \neq 0, \quad \text{with} \quad a = k\beta/(\lambda+1)\ (\varphi\beta)^{\frac{\lambda+1}{\lambda}}$$

In treating this problem, it is advantageous to set

$$v = A(u) \quad \text{and} \quad u = B(v) \quad .$$

Then in terms of v the initial value problem becomes

$$v = \Delta B(v)_t \ , \ x \in R_3 \ , \ x \neq 0 \ , \ t > 0$$

$$\lim \int_{|x|=\varepsilon} \nabla\, v \cdot \varepsilon\, d\sigma = f(t,m(t)), \ t > 0$$

$$v(x,0) = v(x) \ , \ x \in R_3 \ , \ x \neq 0$$

where $v_o(x)$ is given.

Again, in constructing the numerical method, it is advantageous to let

$$v(x,t) = V(x,t)/r$$

so that $V(x,t)$ satisfies

$$\Delta V - (2\,\frac{x}{r^2} \cdot \nabla V) = B(V/r)_t, \quad x \in R_3 - \{0\}, \ t > 0$$

4.4) $$V(x,0) = rv_o(x)$$

$$V(0,t) = -f(t,m(t))/4\pi$$

where $m(t) = \int_{|x| \leq \gamma} u(x,t)dx = \int_{|x| \leq \gamma} B(V/r)dx$, $t > 0$.

In the event that $v_o = v_o(r)$, i.e. the initial values are radially symmetric so that the solution is radially symmetric and the equation of state is given by (4.2) , the differential equation of problem (4.4) takes the simple form

$$4.5) \quad V_{rr} = br^{\frac{1}{\lambda+1}} \; (V^{\frac{\lambda}{\lambda+1}})_t, \; b = (\lambda+1)(\varphi\beta)^{\frac{\lambda}{\lambda+1}} /k\beta, \qquad r > 0 \; , \; t > 0$$

(4.5) has, except for the factor $r^{\frac{1}{\lambda+1}}$, the form of a one-dimensional gas equation studied extensively by Oleinik, Kalashnikov, Yui-Lin' [10] and Aronson [1],[2]. See also [6] for further references and a discussion of numerical methods. Numerical methods based on iteration procedures analogous to the ones for the linear case are easily constructed. In the present case, only implicit difference schemes applied to a boundary value problem for the equation (4.5) were used. Although several numerical experiments were successful, no convergence proofs were obtained.

Incidentally, even when no pump is present, the theory of initial-value, and boundary-initial-value problems is poorly developed especially for the case of spatial dimension greater than 1. Numerical methods are also lacking in general. Again see [10],[1],[2],[6].

5. Two Phase Incompressible Flow

In this section we assume that two incompressible fluids are flowing together. We continue to assume that φ is a constant and also that the densities of the fluids in question are constant. Finally, it will be assumed that capillary pressure effects and gravitational effects are negligible (Buckley-Leverett case). Denote the independent variables of the respective phases by the superscripts 1 and 2 . Then, assuming that a pump is situated at $x = 0$, the relevant equations governing the flow for $x \neq 0$ are

$$\text{5.1)} \qquad \begin{aligned} &\varphi S^1_t + \operatorname{div} \underline{q}^1 = 0 \qquad && \varphi S^2_t + \operatorname{div} \underline{q}^2 = 0 \\ &\underline{q}^1 = - k^1 \nabla p && \underline{q}^2 = - k^2 \nabla p \end{aligned}$$

$$S^1 + S^2 = 1$$

The rate at which mass is produced is then

$$\text{5.2)} \qquad \begin{aligned} f(t,m(t)) &= \lim -\int_{|x|=\varepsilon} (\rho^1 \underline{q}^1 + \rho^2 \underline{q}^2) \cdot \nu \, d\sigma = \\ &= \lim \int_{|x|=\varepsilon} (\rho^1 k^1 + \rho^2 k^2) \nabla p \cdot \nu \, d\sigma \end{aligned}$$

where

$$\text{5.3)} \qquad m(t) = \int_{|x| \leq \gamma} (\rho^1 S^1 + \rho^2 S^2) \varphi dx$$

Denote S^1 by S . The coefficients k^1 and k^2 are functions of S (see Muskat [9] or Scheidegger [12]) as well as x,p, etc., but we shall assume that they depend only on S . It is customary to introduce the quantities

$$\underline{q} := \underline{q}^1 + \underline{q}^2 \qquad \text{(total flux)}$$

$$\lambda(S) := k^1/(k^1 + k^2) \qquad \text{(fractional flow)}$$

Since $k^1 > 0$ and $k^2 > 0$, $\lambda(S)$ is well defined.

Combining equations (5.1), we find for $x \neq 0$

5.4) $$\underline{q} = (k^1 + k^2)\nabla p$$

5.5) $$\operatorname{div} \underline{q} = 0$$

5.6) $$S_t + \lambda'(S)\, \underline{q} \cdot \nabla S = 0$$

The condition (5.2) at the pump leads to the conclusion that p should be replaced by u/r from which we find that at $x = 0$

5.7) $$u(0,t) = - f(t,m(t))/4\pi(\varrho^1 k^1 + \varrho^2 k^2)$$

Now let us assume that $S(x,0)$ is given. Let $\underline{q}^{(o)}$ be arbitrary. Determine $S^{(1)}$ by solving (5.6) with $\underline{q}$ replaced by $\underline{q}^{(o)}$. Next determine $m^{(1)}(t)$ by evaluating the integral (5.3) where S^1 is replaced by $S^{(1)}$ and S^2 by $1-S^{(1)}$. Then determine $p^{(1)}$ by solving

$$\operatorname{div} [(k^1(S^{(1)}) + k^2(S^{(2)}))\ \nabla p^{(1)}] = 0$$

and define $\underline{q}^{(1)}$ by evaluating the right hand side of (5.4) with k^1+k^2 evaluated at $S^{(1)}$, and p replaced by $p^{(1)}$.

Now continue this process. One obtains sequences $p^{(\ell)}$, $\underline{q}^{(\ell)}$, $S^{(\ell)}$, $m^{(\ell)}$ of approximate solutions.

It is understood, of course, that in using the word "solve", we mean to solve subject to initial and either appropriate boundary conditions and/or appropriate conditions at infinity.

It is not clear when or under what conditions this iteration procedure converges in general.

It is, however, instructive to consider the following example in detail which can be worked out more or less explicitly and for which the above procedure does converge. Let us assume that $k^1 = kS$, $k^2 = k(1-S)$ where $k > 0$ is constant. Suppose that $D = R_3$ and that the processes are radially symmetric. Finally, we assume that the pressure vanishes at infinity. The equations (5.4) - (5.6) take the form

$$S_t + \underset{\sim}{q} \cdot \nabla S = 0 \ , \ \underset{\sim}{q} = -k\nabla p \ , \quad \nabla p = 0 \quad \text{for} \quad x \neq 0$$

Now let $p(r,t) = u(r,t)/r$ so u satisfies $u_{rr} = 0$, i.e.

$$u(r,t) = \alpha(t) + \beta(t)r$$

Since p vanishes at infinity, $\beta(t) = 0$ and from equation (5.7)

$$\text{5.8)} \qquad \alpha(t) = -\ f(t,m(t))/4\pi k\ \{(\rho^1-\rho^2)\ S(0,t) + \rho^2\}$$

Thus, the equation for $S(r,t)$ becomes

$$S_t + \frac{k\alpha(t)}{r^2} S_r = 0$$

Let

$$S(r,0) = \Phi(r)$$

denote the initial saturation. Then the solution is

$$S(r,t) = \Phi((-3k \int_0^t \alpha(\lambda)d\lambda + r^3)^{1/3}) \quad ,$$

or inserting the value for α , we obtain

5.8)
$$S(r,t) = \Phi((\int_0^t \{3f(\tau,m(\tau))/4\pi[(\rho^1-\rho^2)S(0,\tau)+\rho^2] \, d\tau + r^3)^{1/3})$$

Now the mass $m(t)$ is

$$m(t) = 4\pi \int_0^\gamma [(\rho^1-\rho^2) \, S(r,t) + \rho^2] \, \varphi r^2 dr$$
$$= \frac{4\pi\rho^2\gamma^3\varphi}{3} + 4\pi(\rho^1-\rho^2) \int_0^\gamma S(r,t)r^2 dr$$

or after a change of variables

5.9) $$m(t(= \frac{4\pi\rho^2\gamma^3\varphi}{3} + \frac{4\pi(\rho^1-\rho^2)\varphi}{3} \int_{R(t)}^{R(t)+\gamma^3} \Phi(\lambda^{1/3})d\lambda$$

where $$R(t) = \frac{3}{4\pi} \int_0^t \{f(\tau,m(\tau))/[\rho^1-\rho^2,S(0,\tau)+\rho^2| \, d\tau$$

Under proper conditions on Φ , the pair of equations (5.8),(5.9) can be solved for $m(t)$ and $S(0,t)$ and the analogs of Theorems 1 and 2 can be obtained for this problem.

REFERENCES

1. Aronson, D.G.: Regularity properties of flows through porous media. SIAM J. on Applied Math. 17(1969), 461-467.

2. Aronson, D.G.: Regularity properties of flows through porous media: the interface. Arch. Rat. Mech. Anal. 37 (197o), 1-1o.

3. Friedman, A.: Partial differential equations of parabolic type. Prentice-Hall, Englewood Cliffs, New Jersey, 1964.

4. Fulks, W., Guenther, R.B., Roetman, E.L.: Equations of motion and continuity for fluid flow in a porous medium. Acta Mechanica 12(1971), 121-129.

5. Guenther, R.B.: Representations theorems for linear second-order parabolic partial differential equations. J. of Math. Anal. and Appl. 17(1967), 488-5o1.

6. Guenther, R.B.: Über die numerische Behandlung gewisser Probleme in der Theorie der Strömungen in einem porösen Medium. Num. Methoden der Approximationstheorie. Bd. 1. Birkhäuser Verlag. ISNM (1971), 41-48.

7. Guenther, R.B., Roetman, E.L.: Newton-Cotes formulae in n-dimensions. Numer. Math. 14(197o), 33o-345.

8. Hubbert, M.K.: Darcy's law and the field equations of the flow of underground fluids. AIME Pet. Trans. 8(1956), 222-239.

9. Muskat, M.: The flow of homogeneous fluids through porous media. 2nd. printing. Ann Arbor: Edwards, 1946.

1o. Oleinik, O.A., Kalashnikov, A.S., Chzou Yui-Lin': The Cauchy problem and boundary value problems for equations of the type of nonstationary filtration. Izvestija Akad. Nauk SSSR, ser. mat. 22(1958), 667-7o4.

11. Polubarinova-Kochina, P.Ya.: Theory of ground water movement. Princeton, New Jersey: Princeton University Press. 1962. (Translation from the Russian original published in 1952 in Moscow).

12. Scheidegger, A.E.: Hydrodynamics in porous media. Handbuch der Physik, VIII/2. Berlin-Göttingen-Heidelberg. Springer-Verlag (1959), 625-662.

Ronald B. Guenther
Department of Mathematics
Oregon State University
Corvallis, Oregon 97331, USA

z. Zt. des Vortrages auf
Grund eines Stipendiums der
Alexander von Humboldt-
Stiftung
Institut f. Angew. Mathematik
Universität Hamburg
2ooo Hamburg 13

ISNM 27 Birkhäuser Verlag, Basel und Stuttgart, 1975

NONLINEAR EIGENVALUE PROBLEMS

K.P. Hadeler

Abstract

Eigenvalue problems with a nonlinear parameter are considered. The eigenvalue problem is a mapping T of the real axis into the symmetric operators on a Hilbert space together with a functional p on this space which generalizes the Rayleigh quotient in linear problems. An overdamping condition for the pair T,p ensures the reality of the eigenvalues (and in the finite-dimensional case also the completeness of the eigenvectors). We give an existence proof for the eigenvalues, based on a variational principle, under rather weak conditions, then a unified approach to generalizations of the three classical variational principles is developed. In the last section the problem is interpreted as a special case of the general nonlinear eigenvalue problem with linear parameter.

1. Introduction. The quadratic eigenvalue problem

$$(\lambda^2 I + \lambda A + B)x = 0, \quad x \in X, \quad x \neq 0 \tag{1}$$

in a space X of finite dimension n can be transformed into a linear problem in the space $X \times X$ by an appropriate substitution (see e.g. [27]). Many investigations on quadratic eigenvalue problems, with bounded or unbounded operators, are based on this idea (see [16] , [10], [14] , [15]). In 1955 R.J. Duffin [2] introduced another approach for systems (1) satisfying an overdamping condition. An important rôle in this paper play the Rayleigh functionals associated with the given eigenvalue problem. In the quadratic case there are two such functionals corresponding to the two solutions of a quadratic equation.

Part of this work was done while the author was a guest professor at the University of Nijmegen in summer 1974.

With each of these functionals n eigenvalues are associated. The 2n eigenvalues of (1) are thus divided into two sets, each of them giving rise to a basis of eigenvectors.

The idea of overdamping can be easily demonstrated. In (1) assume that $A=\alpha\tilde{A}, \alpha \geq 0$, and that $\tilde{A}, B$ are symmetric and positively definite. For $\alpha = 0$ the eigenvalues are purely imaginary and correspond to harmonic oscillations. For small $\alpha > 0$ the equations (1) correspond to a damped system, the eigenvalues move into the left half plane. For increasing α the eigenvalues tend to the real axis and become real at last. Then there are no oscillations, the system is overdamped.

Using the idea of Duffin, Rogers [18] proved a minimax theorem for the eigenvalues of general overdamped problems in finite-dimensional spaces. The author introduced a Rayleigh-principle [4] and proved minimax (Weyl-Fischer-Courant) and maximin (Ritz-Poincaré) theorems for overdamped systems in Hilbert space, using successive orthogonalization and the Rayleigh-principle [5]. This approach ab ovo required rather strong compactness conditions. Related work is due to Turner [21], [22] , Rogers [19] , Weinberger [23] , Langer [14] . Similar results were obtained by B.Werner [25] under a weaker hypothesis. His proof is based on the maximin theorem for linear problems. In his dissertation [24] B.Werner provides also a proof for the Courant principle. This proof requires considerable effort.

In this paper we give a unified approach based on the Courant principle for linear problems. First we obtain the Courant principle for nonlinear problems, the Ritz and the Rayleigh method follow in a natural way. It is explained how these principles can be applied to actual problems. In the last paragraph we consider the problems with a nonlinear parameter as a special case of the general nonlinear eigenvalue problem (with a nonlinear operator and a linear parameter), and relations to the Ljsternik-Schnirelman theory are revealed.

2. The linear theory. Let X be a complex Hilbert space and $\mathcal{H}$ the real space of bounded symmetric operators. For $A \in \mathcal{H}$ the spectrum $\sigma(A)$ is a compact subset of the real line.

Suppose λ_1 is the least upper bound of $\sigma(A)$ and λ_∞ is the least upper bound of the continuous spectrum. Then the set $\{\lambda : \lambda > \lambda_\infty\} \cap \sigma(A)$ consists of at most denumerably many eigenvalues of finite multiplicity. Counting multiplicities, we denote them by $\lambda_1 \geq \lambda_2 \geq \lambda_3 \geq \ldots > \lambda_\infty$. These eigenvalues can be characterized by the Courant principle,

$$\lambda_j = \min_{\substack{N \subset X \\ \dim N = j-1}} \; \max_{\substack{x \in N^\perp \\ \|x\| = 1}} (Ax, x), \tag{2}$$

the Ritz principle

$$\lambda_j = \max_{\substack{M \subset X \\ \dim M = j}} \; \min_{\substack{x \in M \\ \|x\| = 1}} (Ax, x), \tag{3}$$

where M,N are subspaces of X, and the Rayleigh principle

$$\lambda_j = \max_{\substack{(x, x_k) = 0 \\ k = 1, \ldots, j-1 \\ \|x\| = 1}} (Ax, x), \tag{4}$$

where x_k is the eigenvector corresponding to the eigenvalue λ_k. If $\dim X = \infty$ and there are only finitely many, say m, eigenvalues greater λ_∞ then the infsup values

$$\lambda_j = \inf_{\substack{N \subset X \\ \dim N = j-1}} \; \sup_{\substack{x \in N^\perp \\ \|x\| = 1}} (Ax, x) \tag{5}$$

for $j > m$ are equal to λ_∞.

The proof of (2), (3), (5) follows from the spectral decomposition of A.

3. The nonlinear theory. Let X be a complex Hilbert space and $\mathcal{H}$ the real space of bounded symmetric operators. Let $(c,d) \subset \mathbb{R}$ be a (possibly infinite) interval and

$$T : (c,d) \longrightarrow \mathcal{H} \tag{6}$$

a continuously differentiable function with derivative T'.

Let

$$p : X - \{0\} \longrightarrow (c,d) \qquad (7)$$

be a continuous functional with the properties

$$p(\alpha x) = p(x), \quad \alpha x \neq 0 \qquad (8)$$

and

$$(T(p(x))x,x) = 0, \; x \neq 0. \qquad (9)$$

Let W be the range of p and $\overline{W}$ its topological closure. Assume the validity of

$$(T'(p(x))x,x) > 0 \quad \forall x \neq 0. \qquad (10)$$

<u>LEMMA 1:</u> Suppose $\lambda \in W$ and $x \neq 0$. Then

$$\lambda < p(x) \iff (T(\lambda)x,x) < 0 \;, \qquad (11)$$
$$\lambda = p(x) \iff (T(\lambda)x,x) = 0 \;, \qquad (12)$$
$$\lambda > p(x) \iff (T(\lambda)x,x) > 0 \;. \qquad (13)$$

For a proof see [18] or [5], lemma 1.

In the special case of a linear eigenvalue problem defined by a function $T(\alpha) = \alpha I - A$, the functional p is the usual Rayleigh quotient. Therefore we call p a Rayleigh-functional. A given operator function T may admit several Rayleigh-functionals, each giving rise to a particular sequence of eigenvalues.

Assume T and p satisfy (6) through (10). We define the spectrum $\sigma(T)$ of T (with respect to W) by

$$\sigma(T) = \{\lambda \in \tilde{W} : \; 0 \in \sigma(T(\lambda))\} \,. \qquad (14)$$

$\lambda \in \sigma(T)$ is an eigenvalue if there is $x \neq 0$ with $T(\lambda)x=0$. λ is an eigenvalue of multiplicity ν if 0 is an eigenvalue of multiplicity ν of $T(\lambda)$.

As pointed out in the introduction we shall characterize the eigenvalues (if they exist) by extremum principles. Define infsup-values of the functional p by

$$\lambda_j = \inf_{\dim N = j-1} \; \sup_{\substack{x \in N^{\perp} \\ x \neq 0}} p(x), \; j=1,2,\ldots \,. \qquad (15)$$

Here N is an arbitrary (j-1)-dimensional subspace of X.

The values λ_j satisfy

$$+\infty \geq \lambda_1 \geq \lambda_2 \geq \dots .$$

If λ_j is finite and $\lambda_j > \lambda_{j+1}$ then $\lambda_{j+1} \in W$. In addition we define infsup-values of the operator $-T(\lambda)$ for every fixed $\lambda \in (c,d)$,

$$\mu_j(\lambda) = \inf_{\dim N = j-1} \sup_{\substack{x \in N^{\perp} \\ \|x\| = 1}} (-T(\lambda)x,x), j=1,2,\dots . \tag{16}$$

If the supremum and the infimum are attained, the corresponding λ_j or $\mu_j(\lambda)$ is called minmax-value.

LEMMA 2: For every $\lambda \in W$

$$\mu_j(\lambda) > 0 \iff \lambda_j > \lambda, \tag{17}$$

$$\mu_j(\lambda) = 0 \iff \lambda_j = \lambda, \tag{18}$$

$$\mu_j(\lambda) < 0 \iff \lambda_j < \lambda. \tag{19}$$

PROOF: 1 Suppose $\lambda_j \geq \lambda$. Then for each $N \subset X$, $\dim N = j-1$, there is $x \in N^{\perp}$ such that $p(x) \geq \lambda$ or $(-T(\lambda)x,x) \geq 0$ in view of lemma 1. Hence $\mu_j(\lambda) \geq 0$.

2) Suppose $\mu_j(\lambda) \geq 0$. Then for each $N \subset X$, $\dim N = j-1$, there is $x \in N^{\perp}$ such that $(-T(\lambda)x,x) \geq 0$, $p(x) \geq \lambda$, thus $\lambda_j \geq \lambda$.

3) Suppose $\mu_j(\lambda) \leq 0$. Then $(-T(\lambda)x,x) \leq 0$ for all $x \in N^{\perp}$, where N is a particular subspace of dimension $j-1$, and $p(x) \leq \lambda$ for all $x \in N^{\perp}$. Hence $\lambda_j \leq \lambda$.

4) If $\lambda_j \leq \lambda$ then $p(x) \leq \lambda$ for all $x \in N^{\perp}$ for at least one subspace N and thus $(-T(\lambda)x,x) \leq 0$ for all $x \in N^{\perp}$, and $\mu_j(\lambda) \leq 0$.

LEMMA 3: If λ_j is a minmax-value of (15) then $\mu_j(\lambda_j)=0$ is a minmax-value of (16).
If $\mu_j(\lambda) = 0$ is a minmax-value for a $\lambda \in W$, then $\lambda = \lambda_j$ is a minmax-value.
The proof is rather obvious, using the definitions (15), (16).

LEMMA 4: $\lambda_j < \infty \Rightarrow \mu_j(\lambda_j) = 0$.

PROOF: For $\lambda_j \in W$ the assertion follows from (18). Now suppose $\lambda_j \notin W$, thus $\lambda_j = \sup W$. With the exception of the trivial case $p \equiv$ const there is $\varepsilon > 0$ such that $\lambda_j - \varepsilon \in W$. For each N, dim N=j-1, there is an x, $p(x) \geq \lambda_j - \varepsilon$, $(-T(\lambda_j - \varepsilon)x,x) \leq 0$.
Therefore $\mu_j(\lambda_j) \geq 0$.

Assume $\mu_j(\lambda_j) > 0$. For every N, dim N=j-1, there is x_N, $\|x_N\| = 1$, with $(-T(\lambda_j)x_N, x_N) > 0$. Let x be one of these. Choose $\varepsilon > 0$ such that $(-T(\lambda_j - \varepsilon)x,x) > 0$, $\lambda_j - \varepsilon \in W$. Then $\lambda_j - \varepsilon < p(x)$. It follows $\lambda_j = p(x)$ in contradiction to $\lambda_j \notin W$.

THEOREM 5: If the infsup-value λ_j is finite then $\lambda_j \in \sigma(T)$. If λ_j is a minmax-value then λ_j is an eigenvalue of T.

PROOF: Let λ_j be finite. From lemma 4 follows $\mu_j(\lambda_j) = 0$. Thus 0 is either an eigenvalue or the least upper bound of the continuous spectrum, in any case $0 \in \sigma(-T(\lambda_j))$, $\lambda_j \in \sigma(T)$ by definition (14). If λ_j is a minmax-value then $\mu_j(\lambda_j)$ is a minmax-value by lemma 3, and 0 is a minmax-value of $T(\lambda_j)$, hence λ_j is an eigenvalue of T. If dimX= $m < \infty$ then there are exactly m infsup-values these are minmax-values and eigenvalues of T.

In the following assume dimX $= \infty$. Define a bounded set $G = \{\lambda :$ There is a sequence $\{x_n\}$, $\|x_n\| = 1$, $x_n \longrightarrow 0$, $p(x_n) \longrightarrow \lambda\}$. We have $G \neq \emptyset$ in view of dimX $= \infty$. Thus we can define

$$G_+ = \{\lambda : \lambda \in \bar{W} : \lambda > \sup G\}, \tag{20}$$

$$G_- = \{\lambda : \lambda \in \bar{W} : \lambda < \inf G\}. \tag{21}$$

If $T(\alpha) = \alpha I - A$ with A symmetric and compact then $G = \{0\}$ and G_+, G_- correspond to the positive and negative part of the numerical field of values.

LEMMA 6: G is convex and closed.

PROOF: Assume sequences $\{x_\nu\}$, $\{y_\nu\}$, $\|x_\nu\| = \|y_\nu\| = 1$, $x_\nu \rightharpoonup 0$, $y_\nu \rightharpoonup 0$, and $p(x_\nu) < c < p(y_\nu) \forall \nu$. Since p is continuous, there

is a sequence $\{z_\nu\}$, $z_\nu = a_\nu x_\nu + b_\nu y_\nu$, $\|z_\nu\|=1$, $p(z_\nu)=c$. In view of $x_\nu \to 0$, $y_\nu \to 0$ we can assume $(x_\nu, y_\nu) \to 0$, hence a_ν, b_ν are bounded, and $z_\nu \to 0$, hence $c \in G$.
Suppose $\{g_\nu\}$ is a sequence in G, $g_\nu \to g$. There are sequences

$\{x_j^{(\nu)}\}$, $\|x_j^{(\nu)}\| = 1$, $x_j^{(\nu)} \to 0$, $p(x_j^{(\nu)}) \to g_\nu$ for $j \to \infty$.

For every given ν there is a j_ν such that the "diagonal sequence" $y_\nu = x_j^{(\nu)}$ satisfies

$$p(y_\nu) \longrightarrow g \text{ and } |(y_\nu, y_k)| \leq \frac{1}{\nu} \text{ for } k=1,\ldots,\nu-1. \tag{22}$$

We can assume $y_\nu \to y$, $\|y\| \leq 1$. In view of (38) we have $y = 0$ and thus $g \in G$.
If $T(\alpha) = \alpha I - A$ with symmetric A then G is the convex hull of $\sigma_c(A)$.
For $\lambda \in (c,d)$ define

$$\hat{\mu}(\lambda) = \max \sigma_c(-T(\lambda)). \tag{23}$$

The quantity $\hat{\mu}(\lambda)$ has properties similar to those of the $\mu_j(\lambda)$ defined in (16).

<u>LEMMA 6:</u> For $\lambda \in W$ holds

$$\lambda \in G_+ \Longleftrightarrow \hat{\mu}(\lambda) < 0. \tag{24}$$

<u>PROOF:1</u> Suppose $\lambda \notin G_+$. Then there is a sequence $\{x_\nu\}$, $\|x_\nu\| = 1$, $x_\nu \to 0$, $p(x_\nu) \to g \geq \lambda$. Eventually choosing an appropriate subsequence, we obtain a number

$$a = \lim_{\nu \to \infty} (-T(\lambda)x_\nu, x_\nu)$$

with $a \leq \hat{\mu}(\lambda)$ in view of (23). On the other hand, from $p(x_\nu) \to g \geq \lambda$ and lemma 1 follows $a \geq 0$ (If $g = \lambda$, use $\tilde{\lambda}, \tilde{\lambda} < \lambda, \tilde{\lambda} \to \lambda$).

2) Suppose $\hat{\mu}(\lambda) \geq 0$. There is a sequence $\{x_\nu\}$, $\|x_\nu\| = 1$, $x_\nu \to 0$, $(-T(\lambda)x_\nu, x_\nu) \to \hat{\mu}(\lambda)$.
2a) $\hat{\mu}(\lambda) > 0$. Then $\lambda < p(x_\nu)$ for ν sufficiently large. For a subsequence $p(x_\nu)$ will converge to $g \geq \lambda$, thus $\lambda \in G_+$.
2b) $\hat{\mu}(\lambda) \geq 0$. Since $\lambda \in W$, we have $\mu_1(\lambda) > 0$ from (17), thus $\mu_1(\lambda) > \hat{\mu}(\lambda)$, and $\mu_1(\lambda)$ is an eigenvalue of $-T(\lambda)$. There is $y \neq 0$, $-T(\lambda)y = \mu_1(\lambda)y$. For a subsequence x_ν

the $p(x_\nu)$ will converge to $g \geq \rho$, thus $\varepsilon_\nu \longrightarrow 0$ such that $(-T(\rho)\, z_\nu, z_\nu) > 0$ for $z_\nu = x_\nu + \varepsilon_\nu y_\nu$. But $\rho < p(z_\nu)$, $z_\nu \longrightarrow 0$, thus $\rho \notin G_+$.

THEOREM 7: 1) $\rho_j \notin G_-$ for $j=1,2,\ldots$. (25)
2) If $G_+ \neq \emptyset$ then W is bounded above and $\rho_j \in W$ for $j=1,2,\ldots$.

Proof: 1) For $\varepsilon > 0$ there is N with dim N=j-1 such that

$$\rho_j + \varepsilon \geq \sup_{x \in N} p(x).$$

If there is no sequence $x_\nu \longrightarrow 0$, $\|x_\nu\| = 1$ with converging $p(x_\nu)$ in $N^\perp$ then there is no such sequence in X, G is empty, and so is G_-.
If $N^\perp$ contains a sequence $x_\nu \longrightarrow 0$, $\|x_\nu\| = 1$, $p(x_\nu) \longrightarrow g$ then $g \in G$, $g \leq \rho_j + \varepsilon$, $\sup G \leq \rho_j + \varepsilon$, and consequently $\sup G \leq \rho_j$.
2) It is sufficient to show $\rho_1 \in W$. There is a sequence y_ν, $\|y_\nu\| = 1$, $p(y_\nu) \longrightarrow \rho_1$. We can assume $y_\nu \longrightarrow y$, $\|y\| \leq 1$.

CASE a) $\rho_1 < \infty$. Since $\rho_1 \in G_+$, we have $y \neq 0$. Suppose $p(y) < \rho_1$. Then there is $\rho \in G_+$, $p(y) < \rho < \rho_1$.
If $y_\nu \longrightarrow y$ then $\|y\| = 1$, $p(y_\nu) \longrightarrow p(y)$, $p(y) = \rho_1$, and $\rho_1 \in W$. On the other hand, if $\|y_\nu - y\|$ does not go to zero then we can choose a subsequence (which is again denoted by y_ν) with $\|y_\nu - y\| \geq \delta > 0$. Then $z_\nu = (y-y_\nu)/\|y-y_\nu\| \longrightarrow 0$, $\|z_\nu\| = 1$,

$$(-T(\rho)(y-y_\nu), y-y_\nu) = -(T(\rho)y_\nu, y_\nu) - (T(\rho)y, y) + 2\,\mathrm{Re}(T(\rho)y, y_\nu).$$

From (11) we get $-(T(\rho)y_\nu, y_\nu) > 0$ for sufficiently large ν.
From $y_\nu \rightarrow y$ follows $-(T(\rho)y,y) + 2\mathrm{Re}(T(\rho)y, y_\nu) \rightarrow (T(\rho)y,y) > 0$.
Thus $\underline{\lim}\, (-T(\rho)z_\nu, z_\nu) \geq 0$. Now for the linear operator $A = -T(\rho)$ from $\lim\, (Az,z) \geq 0$ follows that the least upper bound of the continuous spectrum is nonnegative, thus $\hat{\mu}(\rho) \geq 0$, furthermore $\rho \notin G_+$ in view of lemma 6. This contradiction shows $\rho_1 \in W$.
CASE b) $\rho_1 = \infty$. One can proceed as in case a), simply choosing any finite $\rho > p(y)$.

LEMMA 8: If a particular ρ_j is not a minmax-value then $\rho_j \in G$.

PROOF: We have already shown $\lambda_j \notin G_-$. Assume $\lambda_j \in G_+$ is not a minmax-value. In view of theorem 7 we have $\lambda_j \in W$, and $\mu_j(\lambda_j) = 0$ from lemma 2. From lemma 3 follows that $\mu_j(\lambda_j)$ is not a minmax-value of (16). Hence follows $0 = \mu_j(\lambda_j) = \sup \sigma_c(-T(\lambda_j)) = \hat{\mu}(\lambda_j)$. Now lemma 6 leads to a contradiction, since $\lambda_j \in G_+$.

We collect the results so far obtained.

THEOREM 9: Suppose dim $X = \infty$. Let T with Rayleigh-functional p define a nonlinear eigenvalue problem with properties (6),...,(10). Define the field of values W, the spectrum $\sigma(T)$, and the sets G, G_+,G_-. Define the infsup-values λ_j as in (15). Then the following assertions are true.

a) If $\lambda_j \in G_+$ then λ_j is a minmax-value and λ_j is an eigenvalue.

b) $\sigma(T) \cap G_+$ consists of at most a countable number of eigenvalues.

c) If $\lambda \in G_+$ is an eigenvalue then λ has finite multiplicity.

d) If the eigenvalues are numbered in nonincreasing order according to multiplicities then the j-th eigenvalue is the minmax-value λ_j defined by (15).

e) If λ is an accumulation point of eigenvalues then $\lambda = \sup G$.

PROOF: From lemma 6 follows $\lambda_j \in W$, from lemma 8 follows that λ_j is a minmax-value, and λ_j is an eigenvalue in view of lemma 3.

b) Suppose $\lambda \in \sigma(T) \cap G_+$ and $\lambda < \lambda_1$. Then $\hat{\mu}(\lambda) < 0$ (lemma 6). On the other hand 0 is an eigenvalue of $-T(\lambda)$. Hence 0 is a minmax-value of $-T(\lambda)$, i.e. one of the $\mu_j(\lambda)$ defined in (16). Since $G_+ \neq \emptyset$ the eigenvalue λ_1 exists and $\lambda_1 \in W$, $\lambda \in W$. From lemma 1 follows $\lambda = \lambda_j$.

c) The eigenvectors x corresponding to the eigenvalue λ form the null space of $T(\lambda)$. They satisfy $p(x) = 0$. If this space had infinite dimension, $\lambda \in G$ would follow.

d) is obvious.

e) Suppose $\lambda_j \longrightarrow \lambda$, $T(\lambda_j)x_j = 0$, $\|x_j\| = 1$. Then $T(\lambda)\, x_j \longrightarrow 0$, hence $0 \in \sigma(T(\lambda))$, $\lambda \in \sigma(T)$. If λ were in G_+ then $\lambda = \lambda_j$ for one j. Then λ_j had infinite multiplicity which contradicts c).

It is not difficult to see that if $\lambda_j > \sup G$ then all suprema in (15) are indeed maxima.

A rather abvious property of the eigenvectors is the following.

LEMMA 10: Let $y_1,\ldots,y_j$ be eigenvectors corresponding to distinct eigenvalues $\varkappa_1 > \varkappa_2 > \ldots > \varkappa_j$. Then they are linearly independent and

$$\varkappa_1 > p(y_1 + \ldots + y_j) > \varkappa_j . \qquad (26)$$

For a proof see [15], lemma 2 or [5], lemma 2.

A natural generalization of the linear case $T(\lambda) = \lambda I - A$ with compact A is as follows: for every $\lambda \in \bar{W}$ the operator $T(\lambda)$ has a decomposition

$$T(\lambda) = v(\lambda)\, I - V(\lambda) \qquad (27)$$

with compact $V(\lambda)$ and $v(\lambda) \in \mathbb{R}$. Then $\hat{\mu}(\lambda) = -v(\lambda)$ for all $\lambda \in \bar{W}$. A simple proof (Werner [25]) shows $\lambda \in G_+ \Longleftrightarrow v(\lambda) > 0$, $\lambda \in G \Longleftrightarrow v(\lambda) = 0$, and $\lambda \in G_- \Longleftrightarrow v(\lambda) < 0$.

The second well-known characterization for eigenvalues (the Ritz-Poincaré principle) carries over from theorem 3 and theorem 9.

THEOREM 11: The eigenvalues can be characterized by

$$\lambda_j = \max_{\substack{M \subset X \\ \dim M = j}} \ \min_{\substack{x \in M \\ x \neq 0}} p(x), \qquad j=1,2,\ldots . \qquad (28)$$

The proof proceeds similar to the linear case. Choose $M \subset X$, dim $M=j$. Let Q be the orthogonal projection $X \longrightarrow M$. The function $\tilde{T}(\lambda) = QT(\lambda)Q$ and the functional $\tilde{p}(x) = p(Qx)$ on M define a nonlinear eigenvalue problem with eigenvalues $\beta_1 \geq \beta_2 \geq \ldots \geq \beta_j$.

For each r, $1 \leq r \leq j$, there is a space N, dim N = r-1, such that

$$\max_{\substack{x \in N^{\perp} \\ x \neq 0}} p(x) = \rho_r .$$

The eigenvalue β_r of the restricted problem is a minmax-value,

$$\beta_r = \min_{\substack{L \subset M \\ \dim L = r-1}} \max_{x \in M \ominus L} \tilde{p}(x) = \min_{\substack{L \subset X \\ \dim L = r-1}} \max_{\substack{x \in M \\ x \in L^{\perp}}} \tilde{p}(x)$$

$$\leq \max_{\substack{x \in M \\ x \in N^{\perp}}} \tilde{p}(x) \leq \max_{x \in N^{\perp}} p(x) = \rho_r .$$

In particular $\beta_j \leq \rho_j$. If M is the span of $x_1, \ldots, x_j$ we have equality.

We introduce an orthogonality relation closely related to the nonlinear eigenvalue problem. For $\alpha, \beta \in (c,d)$ define

$$\Delta(\alpha, \beta) = \begin{cases} \frac{1}{\alpha - \beta} \left[T(\alpha) - T(\beta) \right] & \text{if } \alpha \neq \beta , \\ T'(\alpha) & \text{if } \alpha = \beta . \end{cases} \tag{29}$$

Then

$$[x,y] = \begin{cases} (\Delta(p(x),p(y))x,y) & \text{if } x,y \neq 0 \\ 0 & \text{if } x=0 \text{ or } y=0 \end{cases} \tag{30}$$

defines a generalized inner product [,] in X. It is definite, symmetric and homogenous, but in general not bilinear,

$$[x,x] \geq 0, \qquad [x,x] = 0 \Longleftrightarrow x=0, \tag{31}$$

$$[x,y] = \overline{[y,x]}, \qquad [cx,y] = c\,[x,y] .$$

The inner product is continuous in both variables.

Suppose x_i and x_j are eigenvectors corresponding to eigenvalues $\alpha_i \neq \alpha_j$. From $T(\rho_i)x_i = 0$, $T(\rho_j)x_j = 0$

follows $[x_i, x_j] = 0$. On the other hand, if $x_j, x_{j+1}, \dots x_{j+k-1}$ are linearly independent eigenvectors corresponding to the eigenvalue λ_j then we can find a basis in the k-dimensional span of these vectors which is orthonormal with respect to $[\ ,\ ]$, since in the eigenspace $[\ ,\ ] = (T'(\lambda_j)\quad ,\ )$ is an ordinary bilinear inner product.
Therefore we have proved

LEMMA 10: The eigenvectors x_j corresponding to the eigenvalues λ_j of T can be chosen such that

$$[x_j, x_k] = \delta_{jk}\ , \quad j,k=1,\dots,n. \tag{32}$$

Now we prove the generalization of the Rayleigh principle (4).

THEOREM 11: Suppose the eigenvalues of T are numbered in nonincreasing order. Let $x_1, \dots, x_{j-1}$ be an orthonormal system of eigenvectors corresponding to $\lambda_1, \dots, \lambda_{j-1}$. If λ_j exists then

$$\lambda_j = \max_{\substack{[x, x_k] = 0,\ x \neq 0 \\ k=1,\dots,j-1}} p(x)\ . \tag{33}$$

PROOF: Let x satisfy

$$[x, x_k] = 0\ , \quad k=1,\dots,j-1, \quad [x,x] = 1. \tag{34}$$

For $r=0,\dots,j-1$ let V_r be the span of $x_1,\dots,x_r$ and W_r the span of $x_1,\dots,x_r,x$. We define $V_o = \{0\}$. We prove

$$\dim W_r = r+1\ , \quad p(x) \leq \lambda_{r+1}\ . \tag{35}$$

The assertion is true for r=0. Suppose it has been shown for $r-1 \leq j-1$.

CASE 1: $x \in V_r$. Then $\lambda_1 \geq p(x) \geq \lambda_r$ from lemma 10, thus $p(x) = \lambda_r$. Again with lemma 10 we conclude $x \in U$ where U is the intersection of V_r with the eigenspace of λ_r. In view of (30) x is orthogonal to U with respect to $(T'(\lambda_r)\quad ,\ )$, thus $x = 0$.

CASE 2: $x \notin V_r$. Then W_r has dimension r+1 and from theorem 11

$$\min_{\substack{y \in W_r \\ y \neq 0}} p(y) \leq \lambda_{r+1} . \qquad (36)$$

Let $y \in W_r$, $y \notin V_r$. Then up to a factor $y = x + v$, $v \in V_r$. From

$$(T(p(x))x, x_k) = (p(x) - p(x_k)) [x, x_k] = 0, \; k=1,\dots,r$$

follows

$$(T(p(x))y, y) = (T(p(x))v, v) \leq 0,$$

thus

$$p(y) \geq p(x) \text{ and } p(x) \leq \lambda_{r+1}.$$

For r=j-1 we obtain: the supremum of p(x) under the condition (34) does not exceed λ_j.

For $x = x_j$ the maximum is attained and equals λ_j.

If $x_1, \dots, x_{j-1}$ are already determined and y is independent of these vectors, then y can be orthogonalized with respect to [,] , i.e. we can find an $x \neq 0$ in the span of $x_1, \dots, x_{j-1}, y$ satisfying (34) (see Hadeler [4]).

EXAMPLE: The operator polynomial

$$T(\lambda) = \lambda^2 I - \lambda A - B \qquad (37)$$

with compact symmetric A and B and the overdamping condition

$$(Ax,x)^2 + 4(Bx,x)(x,x) > 0, \; x \in X, \; x \neq 0, \qquad (38)$$

has two sequences of eigenvalues $\lambda_1 \geq \lambda_2 \geq \dots \geq 0$ and $\lambda_{-1} \leq \lambda_{-2} \leq \dots \leq 0$.

If a Rayleigh-functional p is defined by

$$p(x) = \frac{1}{2(x,x)} \left\{ (Ax,x) + \left[\sqrt{(Ax,x)^2 + 4(Bx,x)(x,x)} \right]^{\frac{1}{2}} \right\}, \qquad (39)$$

then in view of

$$(T'(p(x))x,x) = \left\{ (Ax,x)^2 + 4(Bx,x)(x,x) \right\} > 0, \; x \neq 0, \qquad (40)$$

the pair T,p defines a nonlinear eigenvalue problem satisfying (6) through (10). The functional p is bounded.

The set W is the image of p. The set $\sigma(T)$ consists of the eigenvalues $\lambda_1, \lambda_2, \ldots$ and possibly zero. The set G is $\{0\}$ (or $\emptyset$ in the finite dimensional case). The variational principles are valid.
The generalized inner product is

$$[x,y] = (p(x) + p(y))(x,y) - (Ax,y) . \qquad (41)$$

If y is an eigenvector with eigenvalue λ then the orthogonality $[x,y] = 0$ is equivalent with

$$(T(p(x))x,y) = 0 \quad \text{if } p(x) \neq \lambda,$$

$$(T'(p(x))x,y) = 0 \quad \text{if } p(x) = \lambda.$$

Under additional restrictions (B positively definite) the associated linear problem (see the introduction) can be symmetrcized. Then a Rayleigh principle in X×X is obtained. The corresponding orthogonality is equivalent with (41).

4. The Ritz Method. Let T,p be a nonlinear eigenvalue problem as defined in section 3, with X a Hilbert space of infinite dimension. Let M be any subspace of finite dimension j, and let Q be the orthogonal projection on M. Then the functions $\tilde{T}(\lambda) = QT(\lambda)Q$ and $\tilde{p}(x)=p(Qx)$ define a nonlinear eigenvalue problem of the same type with eigenvalues $\beta_1 \geq \beta_2 \geq \ldots \geq \beta_j$. The proof of Theorem 11 (Ritz-Poincaré-principle) yields $\beta_r \leq \lambda_r$, r=1,... j.In general the space M will be spanned by j given test vectors $u_1, \ldots, u_j$. Then the problem $\tilde{T}(\lambda)\, x = 0$ is simply a system of j nonlinear equations for λ and the coefficients c_j in the expansion $x = \sum c_r u_r$ together with a normalizing condition on x. The Ritz approximations β_r can be computed by various methods for finite-dimensional nonlinear systems. Then β_r is a lower bound for the eigenvalue λ_r. The method can be applied also to nonlinear eigenvalue problems with differential operators and other unbounded operators, if the problem considered is equivalent (e.g. by way of application of an inverse operator) to a problem of the type considered in section 3 (see [6] , [26]).

5. Relations to the general Minimax-theory. In this paragraph we shall establish a relation between the proplems with a nonlinear parameter discussed before and the Lysternik-Schnirelman theory of the critical values of a functional in a Hilbert space. There are several versions of this theory using different definitions for the order or the genus of a set. For our purpose the definition used in [9] is most convenient. Let $g : X \longrightarrow \mathbb{R}$ be a continuously Fréchet differentiable functional on the real separable Hilbert space X of infinite dimension with the following properties.

1. g is even, i.e. $g(x) = g(-x)$ for all $x \in X$.
2. $g(x) \geq 0$; $g(x) = 0 \iff x = 0$.
3. For the gradient g' of g holds $g'(x) = 0 \iff x = 0$.

Let $S = \{x \in X : \|x\| = 1\}$ be the unit sphere in X. If $x \in S$ is a critical point of the functional g on S, then

$$g'(x) = \rho x \tag{42}$$

with a certain number $\rho \in \mathbb{R}$ (obviously $\rho = g'(x)x$). Then x is called an eigenvector of the eigenvalue problem (42) and g(x) is called a critical level of the functional g with respect to S. (In [3] more general problems of the type $g'(x) = \rho f'(x)$ are investigated).
If the functional g is weakly continuous then according to a theorem of L.A. Lyusternik (see [9], theorem 4.3, p.367) the functional has at least denumerably many distinct critical points on S, to which correspond distinct critical values of the functional.
The proof uses the following maximin principle.
For any subset $M \subset S$ let $M^* = \{-x : x \in M\}$ be the set located symmetrically to M. A compact set $K \subset S$ is of the first genus (genus K=1) if each simply connected component of $K \cup K^*$ does not contain a pair of symmetric points x and -x. A compact set $K \subset S$ is of genus n (genus K = n) if it is the union of n sets of the first genus but not of n-1 sets of the first genus. If a compact set $K \subset S$ has no finite genus then genus $K = \infty$.

The genus of an n-dimensional sphere (the unit sphere of an (n+1)-dimensional space) is n.

Let V_j be the family of all compact sets $K \subset S$ with genus $K \geq j$. V_j is non-void since it contains spheres. Define

$$\gamma_j = \sup_{K \in V_j} \hat{g}(K) , \quad j=1,2,3,\ldots, \tag{43}$$

where

$$\hat{g}(K) = \inf_{x \in K} g(x). \tag{44}$$

Then the numbers γ_j are critical levels of the functional. After this short exposition of the general theory the eigenvalue problem (42) can be interpreted as a special case of (6). With the Rayleigh functional p we define a functional

$$g(x)=\begin{cases} p(x)(x,x) & x \neq 0, \\ 0 & x = 0. \end{cases} \tag{45}$$

Then g is even and continuously differentiable, the derivative is

$$g'(x)=\begin{cases} (x,x)p'(x) + 2p(x)x , & x \neq 0, \\ 0 , & x = 0, \end{cases} \tag{46}$$

where

$$p'(x) = -2(T'(p(x))x,x)^{-1} T(p(x)x. \tag{47}$$

Let $x \in S$ be an eigenvector of (42) with critical level g(x). Then there is $\mathfrak{A}$ such that

$$g'(x)= -2(T'(p(x))x,x)^{-1} T(p(x))x+2p(x)x = \mathfrak{A}x. \tag{48}$$

We form inner products with x and apply (9). We obtain $\mathfrak{A} = 2p(x)$ and thus $T(p(x))\, x = 0$. On the other hand if $x \in S$, $T(p(x)\, x = 0$ then (42) is satisfied with $\mathfrak{A} = 2p(x)$.

Thus the linear problem with nonlinear parameter (6) is equivalent with a nonlinear problem with linear parameter (42).

The maximum-principle (43) will also give us the existence of eigenvectors. In the case of finite dimension n (genus S_n = n) we have in general n distinct critical levels and thus n eigenvalues. Thus the principle (43) provides the correct number of eigenvalues (with other notions of orders of sets one possibly gets only half of the eigenvalues). However the principle (43) requires the functional g to be weakly continuous (in the linear case this means a compact operator) whereas the theory of problem (6) as developed in section 3 does not require any compactness. From the approach in [3] one can see how far the maximin principle (43) carries without compactness assumptions. For $x \in S$ define

$$Qx = g'(x) - g'(x)x \cdot x.$$

Then $\|Qx\|$ is a measure for the deviation from an eigenvector. With some additional boundedness and Lipschitz conditions on g' one can show (see [3] ,p.99, lemma 5.3 (main lemma)):

Let $j \in \mathbb{N}$. _For every_ $\alpha > 0$ _there is_ $\eta \in (0,\alpha)$ _such that if_ $K \in V_j$, $\hat{g}(K) \geq \gamma_j - \eta$ _then there is_ $x \in K$ _with_ $|g(x) - \gamma_j| < \alpha$, $\|Qx\|^2 < \alpha$.

Thus without compactness one can prove at least the existence of a sequence $y_n \in S$ such that $g(y_n) \longrightarrow \gamma_j$ and $\|Qy_n\| \longrightarrow 0$.

Remark: The proof in [3] uses the order of a set instead of the genus defined above. But the proof can be easily adapted since only the following property is needed: If K is compact and φ is an odd continuous mapping then genus $(\varphi K) \geq$ genus (K). This property is established by [9] , p.359, lemma 4.1. A general theoretical discussion of the Lyusternik-Schnirelman method is provided in [17] .

References

[1] Collatz,L., Eigenwertaufgaben mit technischen Anwendungen, Leipzig 1963.

[2] Duffin,R.J., A minimax theory for overdamped networks, J.of Rat.Mech.Anal.4 (1955), p.221-233.

[3] Fučik,S., Nečas,J.,Souček,J.,and Soucek,V.,Spectral analysis of nonlinear operators, Lecture Notes in Mathematics 346, Springer-Verlag,Heidelberg 1973.
[4] Hadeler,K.P., Mehrparametrige und nichtlineare Eigenwertaufgaben, Arch.Rat.Mech.Anal. 27,306-328 (1967).
[5] Hadeler,K.P., Variationsprinzipien bei nichtlinearen Eigenwertaufgaben, Arch.Rat.Mech.Anal.30,297-307 (1968).
[6] Hadeler,K.P., Ritzsches Verfahren bei nichtlinearen Eigenwertaufgaben, ZAMM 48, 75-76(1968).
[7] Hadeler,K.P., Ein Templescher Satz bei nichtlinearen Eigenwertaufgaben, Computing 4, 160-167 (1969).
[8] Hadeler, K.P., On a class of nonlinear eigenvalue problems, to appear.
[9] Krasnoselskii,M.A., Topological methods in the theory of nonlinear integral equations, MacMillan,New York 1964.
[10] Krein,M.G. und I.Z.Gochberg, Lineare nichtselbstadjungierte Operatoren, Moskau 1966.
[11] Kublanovskaja,V.N., On an application of Newton's method to the determination of eigenvalues of λ-matrices, Soviet Math.Dokl.10, 1240-1241 (1969).
[12] Kublanovskaja,V.N., On an approach to the solution of the generalized latent value problem for λ-matrices, SIAM J.Num.An, 7, 532-537 (1970).
[13] Lancaster,P., Lambda-matrices and vibrating systems, Pergamon Press, Oxford 1966.
[14] Langer,H., Über stark gedämpfte Scharen in Hilberträumen, J.of Math.Mech. 17 (1968).
[15] Monien,B., Entwicklungssätze bei Operatorenbüscheln, Dissertation Hamburg 1968.
[16] Müller, P.H., Eine neue Methode zur Behandlung nichtlinearer Eigenwertaufgaben, Math.Zeitschr.70,381-406 (1959).
[17] Palais,R.S., Lyusternik-Schnirelman Theory on Banach Manifolds, Topology 5, 115-132 (1966).
[18] Rogers,E.H., A minimax theory for overdamped systems, Arch.Rat.Mech.Anal. 16, 89-96 (1964).
[19] Rogers,E.H., Variational properties of nonlinear spectra, J.of Math.Mech. 18, 479-490 (1968).
[20] Sarreither,P., Verzweigungsaussagen für parameterabhängige Gleichungen mit Hilfe des Fréchetdifferentials, Dissertation Würzburg 1971.
[21] Turner,R.E.L., Some variational principles for a nonlinear eigenvalue problem, J.Math.Anal. and Appl. 17, 151-160 (1967).
[22] Turner,R.E.L., A class of nonlinear eigenvalue problems, J.of Funct.Anal.7, 297-322 (1968).
[23] Weinberger,H.F., On a nonlinear eigenvalue problem, J.of Math.An. and Appl. 21, 506-509 (1968).
[24] Werner,B., Das Spektrum von Operatorenscharen mit verallgemeinerten Rayleighquotienten, Dissertation Hamburg 1970.
[25] Werner,B., Das Spektrum von Operatorenscharen mit verallgemeinerten Rayleighquotienten, Arch.Rat.Mech.Anal.42, 223-238 (1971).

[26] Werner,B., Min-Max-Prinzipien für nichtlinear auftretende Eigenwerte bei klassischen und natürlichen Randwertproblemen, Computing 9, 189-201 (1972).
[27] Wielandt,H., Über die Eigenwertaufgaben mit reellen diskreten Eigenwerten, Math.Nachr.Band 4, 308-314, (1950/51).

K.P.Hadeler
Lehrstuhl für Biomathematik
Universität Tübingen
7400 Tübingen
Auf der Morgenstelle 28
B.R. Deutschland

ÜBER DIE NUMERISCHE BEHANDLUNG VON VARIATIONSPROBLEMEN MIT NATÜRLICHEN RANDBEDINGUNGEN IN ZWEI DIMENSIONEN

Werner Höhn

We investigate the numerical solution of the nonlinear generalized Neumann-problem in a two dimensional rectangular region G. The boundary value problem is supposed to follow from a variational problem with natural boundary conditions, in which uniqueness of the solution u can only be obtained by imposing an additional condition, e.g. $\int_G u\,dx = 0$ or $u(x_0) = 0$ for some $x_0 \in \bar{G}$.
Convergence is proven by means of an inequality relating certain norms of mesh functions.

Selbst für einfache quadratische oder Rechteckgeometrien sind nichtlineare Randwertprobleme, die aus Variationsproblemen nebst natürlichen Randbedingungen entstehen, numerisch nur wenig behandelt worden. Mit dem linearen Fall befaßt sich z. B. [1].

Problemstellung: Sei $G := \{(x_1, x_2) \in \mathbb{R}^2;\ 0 < x_i < 1,\ i = 1, 2\}$ das Einheitsquadrat. Gesucht wird ein $u \in C^1(G)$, welches das Funktional $\Phi : C^1(G) \to \mathbb{R}$, und zwar

$$(1) \qquad \Phi(u) := \int_G F(x,u,u_{x_1},u_{x_2})dx + \int_{\partial G} f(s,u,u_s)ds \overset{!}{=} \min$$

minimal macht. Unter ∂G wird dabei der positiv orientierte Rand von G mit der Bogenlänge s verstanden. Für F, f gelte $F \in C^2(G \times \mathbb{R}^3)$, $f \in C^2([0,1] \times \mathbb{R}^2)$. F, f seien konvex bezüglich u, bzw. u, u_s und F sei gleichmäßig konvex bezüglich u_{x_1}, u_{x_2}. Diese letzte Bedingung garantiert die gleichmäßige Elliptizität der Euler-Gleichung.

Weiterhin wird vorausgesetzt, daß ein $u \in C^4(G)$ existiert, welches das Funktional Φ minimiert.

u erfüllt die Euler-Gleichung

$$F_u - \frac{\partial}{\partial x_1} F_{u_{x_1}} - \frac{\partial}{\partial x_2} F_{u_{x_2}} = 0|_G \tag{2}$$

und natürliche Randbedingungen

$$n_1 F_{u_{x_1}} + n_2 F_{u_{x_2}} + f_u - \frac{d}{ds} f_{u_s} = 0|_{\partial G}$$

Dabei sei (n_1, n_2) die äußere Einheitsnormale.

Eine Lösung von (1) ist i.a. noch nicht eindeutig. Das ist der Fall, wenn z. B.

1.a) F in G gleichmäßig konvex bezüglich u ist oder

  b) f in ∂G gleichmäßig konvex bezüglich u ist, oder wenn

2. eine Relation $\Phi(v + c) = \Phi(v)$ für alle $v \in C^1(G)$, $c \in \mathbb{R}$ gilt und wenn die exakte Lösung u

  a) $\int\limits_G u \, dx = 0$

  oder für ein fest gewähltes $x_0 \in \bar{G}$ (

  b) $u(x_0) = 0$ erfüllt. (

Die Bedingung 1a ist numerisch vergleichsweise einfach zu behandeln. Auf sie wird an späterer Stelle hingewiesen. Mit 1b befaßt sich [2] . Hier wird im folgenden 2 vorausgesetzt, da 2a schon im linearen Fall, vgl. [1], auf Schwierigkeiten führt. Der Kürze halber sei zusätzlich noch f = 0. Ohne diese Voraussetzung lassen sich alle folgenden Überlegungen genauso durchführen, wenn $f_{u_s}(s, u(s), u_s(s))$ in den Eckpunkten von G nach s differenzierbar bleibt.

Diskretisierung

Seien $n \in \mathbb{N}\setminus\{1\}$, $h := \frac{1}{n}$, $\bar{G}_h$ ein quadratisches Gitter, $\partial G_h := \partial G \cap \bar{G}_h, 0 \in \partial G_h$, $G_h := \bar{G}_h \setminus \overline{\partial G}_h$; $\widetilde{G}_h$ sei die Menge aus den Quadratmittelpunkten. Verwendet wird eine Diskretisierung von Törnig und Meis aus [4] (S. 62 Beisp. 2). Seien $j \in \widetilde{G}_h$ und $j_1, j_2, j_3, j_4 \in \bar{G}_h$ die vier in positiver Reihenfolge angegebenen Nachbarpunkte von j und $v : \bar{G}_h \to \mathbb{R}$ eine Gitterfunktion mit Komponenten v_i. Für $j \in \widetilde{G}_h$ wird definiert

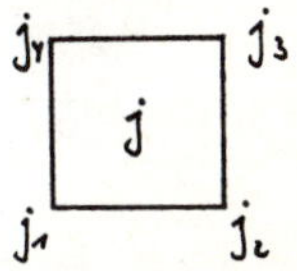

Fig. 1

$$F_{j,1}(v) := F(j_1, v_{j_1}, \frac{v_{j_2} - v_{j_1}}{h}, \frac{v_{j_4} - v_{j_1}}{h})$$

$$F_{j,2}(v) := F(j_2, v_{j_2}, \frac{v_{j_2} - v_{j_1}}{h}, \frac{v_{j_3} - v_{j_2}}{h})$$

$$(3) \qquad F_{j,3}(v) := F(j_3, v_{j_3}, \frac{v_{j_3} - v_{j_4}}{h}, \frac{v_{j_3} - v_{j_2}}{h})$$

$$F_{j,4}(v) := F(j_4, v_{j_4}, \frac{v_{j_3} - v_{j_4}}{h}, \frac{v_{j_4} - v_{j_1}}{h})$$

$$F_j(v) := \frac{1}{4}\{F_{j,1}(v) + F_{j,2}(v) + F_{j,3}(v) + F_{j,4}(v)\}$$

und damit das diskrete Funktional

$$\Phi_h(v) := \sum_{j\ G_h} h^2 F_j(v) \overset{!}{=} \min$$

gebildet, das zu minimieren ist. Ein Minimum, falls es existiert, erhält man aus den diskreten Euler-Gleichungen

$$(4) \qquad \frac{\partial}{\partial v_i} \Phi_h(v) = 0, \quad i \quad \bar{G}_h$$

einem symmetrischen, nichtlinearen Gleichungssystem.

Nach der Existenz einer Lösung von (4) interessiert deren Konvergenz gegen die exakte Lösung in einem noch zu bestimmenden Sinne, und dazu wird die Konsistenz von (4) benötigt. Im Innern, d. h. für $i \in G_h$, beweist man genauso wie beim Dirichlet-Problem

$$\frac{\partial}{\partial v_i} \Phi_h(u) = O(h^2) \cdot h^2$$

Für einen Randpunkt, der nicht Eckpunkt ist, erhält man eine Ordnung weniger. Für einen solchen Punkt mit der Koordinate $x_2 = 0$ als Beispiel wird die Konsistenzbetrachtung skizziert. Dazu werden die Eckpunkte zweier benachbarter Randquadrate fortlaufend von 1 - 6 numeriert, die Seitenmitten mit a - g und die Mittelpunkte mit I, II bezeichnet (s. Figur 2). Die Koordinaten der Punkte werden durch diese Bezeichnung ersetzt, wenn möglich, durch Indizierung (d wird weggelassen). Betrachtet wird die diskrete Euler-Gleichung im Punkte 2. Es ist

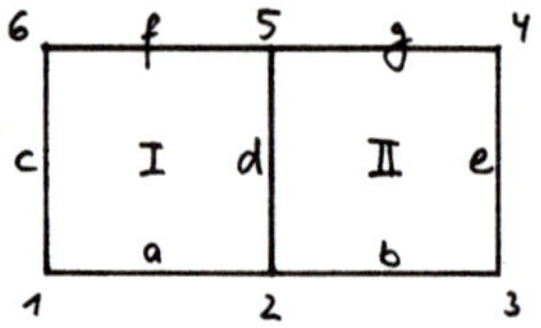

Figur 2

$$\begin{aligned}\frac{\partial}{\partial v_2} \Phi_h(u) = \frac{h^2}{4} \{ & F_u\left(2,u_2,\frac{u_2-u_1}{h},\frac{u_5-u_2}{h}\right) + F_u\left(2,u_2,\frac{u_3-u_2}{h},\frac{u_5-u_2}{h}\right) \\ & + \frac{1}{h} F_{u_{x_1}}\left(2,u_2,\frac{u_2-u_1}{h},\frac{u_5-u_2}{h}\right) + \frac{1}{h} F_{u_{x_1}}\left(1,u_1,\frac{u_2-u_1}{h},\frac{u_6-u_1}{h}\right) \\ & - \frac{1}{h} F_{u_{x_2}}\left(2,u_2,\frac{u_2-u_1}{h},\frac{u_5-u_2}{h}\right) - \frac{1}{h} F_{u_{x_2}}\left(5,u_5,\frac{u_5-u_6}{h},\frac{u_5-u_2}{h}\right) \\ & - \frac{1}{h} F_{u_{x_1}}\left(2,u_2,\frac{u_3-u_2}{h},\frac{u_5-u_2}{h}\right) - \frac{1}{h} F_{u_{x_1}}\left(3,u_3,\frac{u_3-u_2}{h},\frac{u_4-u_3}{h}\right) \\ & - \frac{1}{h} F_{u_{x_2}}\left(2,u_2,\frac{u_3-u_2}{h},\frac{u_5-u_2}{h}\right) - \frac{1}{h} F_{u_{x_2}}\left(5,u_5,\frac{u_4-u_5}{h},\frac{u_5-u_2}{h}\right)\}\end{aligned}$$

Nach Taylor gilt für $w \in C^3 \left[-\frac{h}{2}, \frac{h}{2}\right]$

$$\frac{1}{h}\left(w\left(\frac{h}{2}\right) - w\left(-\frac{h}{2}\right)\right) = \frac{d}{dt} w(t)\big|_{t=0} + O(h^2)$$

$\Longrightarrow$

$$\begin{aligned}\frac{4}{h^2}\frac{\partial}{\partial v_2}\Phi_h(u) = {} & F_u(2,u_2,u^a_{x_1}, u_{x_2}) + F_u(2,u_2,u^b_{x_1}, u_{x_2}) \\ & + \frac{1}{h}\left[F_{u_{x_1}}(2,u_2,u^a_{x_1},u_{x_2}) - F_{u_{x_1}}(2,u_2,u^b_{x_1}, u_{x_2})\right] \\ & + \frac{1}{h}\left[F_{u_{x_1}}(1,u_1,u^a_{x_1},u^c_{x_2}) - F_{u_{x_1}}(3,u_3,u^b_{x_1}, u^e_{x_2})\right] \\ & - \frac{1}{h}\left[F_{u_{x_2}}(2,u_2,u^a_{x_1},u_{x_2}) + F_{u_{x_2}}(2,u_2,u^b_{x_1}, u_{x_2})\right. \\ & \left. + F_{u_{x_2}}(5,u_5,u^f_{x_1},u_{x_2}) + F_{u_{x_2}}(5,u_5,u^g_{x_1},u_{x_2})\right] + O(h) \quad \stackrel{\Rightarrow}{=}\end{aligned}$$

Weiter gilt für $w \in C^2 \left[-\frac{h}{2}, \frac{h}{2}\right]$

$$\frac{1}{2}\left(w\left(-\frac{h}{2}\right) + w\left(\frac{h}{2}\right)\right) = w(0) + O(h^2)$$

Diese Relation zusammen mit der obigen wird auf die Ableitungen von F angewandt, wobei Beziehungen zwischen den Ableitungen von u zu berücksichtigen sind wie z. B.

$$u^a_{x_1} = u^2_{x_1} - \frac{h}{2} u^2_{x_1x_1} + O(h^2)$$

$$u^b_{x_1} = u^2_{x_1} + \frac{h}{2} u^2_{x_1x_1} + O(h^2)$$

$$\stackrel{\Rightarrow}{=} \quad 2\,F_u(d,u,u_{x_1},u_{x_2}) - 2\frac{\partial}{\partial x_1}F_{u_{x_1}}(2,u_2,u^2_{x_1},u^2_{x_2})$$
$$- \frac{1}{h}\cdot 4 \cdot F_{u_{x_2}}(2,u_2,u^2_{x_1},u^2_{x_2}) + O(h)$$

Der Fehler behält dieselbe Größenordnung, wenn im zweiten Term der Punkt 2 durch d ersetzt wird. Die natürliche Randbedingung lautet im Punkt 2

$$F_{u_{x_2}}(2, u_2, u^2_{x_1}, u^2_{x_2}) = 0,$$

und es gilt

$$F_{u_{x_2}}(d,u,u_{x_1},u_{x_2}) = F_{u_{x_2}}(2,u_2,u^2_{x_1},u^2_{x_2})$$

$$+ \frac{h}{2} \frac{\partial}{\partial x_2} F_{u_{x_2}}(d,u,u_{x_1},u_{x_2}) + O(h^2)$$

Das eingesetzt ergibt wegen der Euler-Gleichung (2) :

$$\frac{4}{h^2} \frac{\partial}{\partial v_2} \Phi_h(u) = O(h)$$

Dagegen ist (4) in den Eckpunkten nur konsistent von der Ordnung 0, d. h.

$$\frac{\partial}{\partial v_i} \Phi_h(u) = O(1) \cdot h^2 \qquad \text{für Eckpunkte i.}$$

Zur Formulierung einer Existenzaussage der Lösung von (4) und deren Konvergenz auf $\bar{G}_h$ werden folgende Norm und Seminorm definiert:

sei $z : \bar{G}_h \to \mathbb{R}$; $\quad ||z|| := (\sum\limits_{i\in\bar{G}_h} h^2 z_i{}^2)^{1/2}$;

für $i = (i_1, i_2) \in \bar{G}_h$ seien $\quad i_{+1} := (i_1 + h, i_2)$

$$i_{+2} := (i_1, i_2 + h),$$

dann sei

$$||z||_1 := \{ \sum_{i,i_{+1} \, \bar{G}_h} (z_{i_{+1}} - z_i)^2 + \sum_{i,i_{+2} \, \bar{G}_h} (z_{i_{+2}} - z_i)^2 \}^{1/2}$$

Im folgenden Satz wird das Argument der exakten Lösung u wieder durch Indizierung angegeben. Von u sei im Sinne von (2b) der Wert u_{i_o} an einer Stelle $i_o \in \bar{G}_h$ bekannt.

<u>Satz:</u> Es gibt genau ein $v : \bar{G}_h \to \mathbb{R}$ mit $v_{i_o} = u_{i_o}$, welches das Gleichungssystem (4) für alle $i \in \bar{G}_h$ mit $i \neq i_o$ löst. Weiter gilt mit einem $c \in \mathbb{R}^+$

$$||u - v|| < -c \cdot h \cdot \log h \text{ und } ||u - v||_1 < c \cdot h \cdot \sqrt{-\log h}$$

<u>Beweis:</u> Seien $w, z : \bar{G}_h \to \mathbb{R}$ $\Rightarrow$ es gibt aufgrund der gleichmäßigen Konvexität bezüglich u_{x_1}, u_{x_2} von F ein $\mu \in \mathbb{R}^+$ mit

$$\mu||w - z||_1{}^2 \leq \sum_{j \in \widetilde{G}_h} \frac{h^2}{4} \{[F_u{}^{j,1}(w) - F_u{}^{j,1}(z)][w_{j1} - z_{j1}]$$

$$+ [F^{j,1}_{u_{x_1}}(w) - F^{j,1}_{u_{x_1}}(z)]\frac{1}{h}[(w_{j2} - z_{j2}) - (w_{j1} - z_{j1})]$$

$$+ [F^{j,1}_{u_{x_2}}(w) - F^{j,1}_{u_{x_2}}(z)]\cdot\frac{1}{h}[(w_{j4} - z_{j4})-(w_{j1} - z_{j1})]$$

$$+ [F^{j,2}_u(w) - F^{j,2}_u(z)]\cdot[w_{j2} - z_{j2}]$$

$$+ [F^{j,2}_{u_{x_1}}(w) - F^{j,2}_{u_{x_1}}(z)]\cdot\frac{1}{h}[(w_{j2} - z_{j2})-(w_{j1} - z_{j1})]$$

$$+ [F^{j,2}_{u_{x_2}}(w)-F^{j,2}_{u_{x_2}}(z)]\cdot\frac{1}{h}[(w_{j3} - z_{j3})-(w_{j2} - z_{j2})]$$

$$+ [F_u{}^{j,3}(w) - F_u{}^{j,3}(z)]\cdot[w_{j3} - z_{j3}]$$

$$+ [F^{j,3}_{u_{x_1}}(w) - F^{j,3}(z)]\cdot\frac{1}{h}[(w_{j3} - z_{j3})-(w_{j4} - z_{j4})]$$

$$+ [F^{j,3}_{u_{x_2}}(w)-F^{j,3}_{u_{x_2}}(z)]\cdot\frac{1}{h}[(w_{j3} - z_{j3})-(w_{j2} - z_{j2})] +$$

$$(5) \qquad + [F_u^{j,4}(w) - F_u^{j,4}(z)] \cdot [w_{j4} - z_{j4}]$$

$$+ [F_{u_{x_1}}^{j,4}(w) - F_{u_{x_1}}^{j,4}(z)] \cdot \frac{1}{h} [(w_{j3} - z_{j3}) - (w_{j4} - z_{j4})]$$

$$+ [F_{u_{x_2}}^{j,4}(w) - F_{u_{x_2}}^{j,4}(z)] \cdot \frac{1}{h} [(w_{j4} - z_{j4}) - (w_{j1} - z_{j1})]$$

$$= \sum_{i \in \bar{G}_h} \left(\frac{\partial}{\partial v_i} \Phi_h(w) - \frac{\partial}{\partial v_i} \Phi_h(z)\right)(w_i - z_i)$$

nach Umsummation.

Existenz und Eindeutigkeit von v folgen dann aus dem unten bewiesenen

<u>Lemma:</u>

Sei $y : \bar{G}_h \to R$, $y_{i_o} = 0$ $\Rightarrow$

$$(6) \quad ||y||^2 \leq -d \cdot \log h \cdot ||y||_1^2 \qquad \text{mit einem } d \in \mathbb{R}^+$$

Denn damit und mit der Ungleichung (5) hat man die gleichmäßige Konvexität des Funktionals Φ_h beschränkt auf den Unterraum mit $w_{i_o} = z_{i_o} = u_{i_o}$ (vgl. [3], S. 1o6) Ebenso folgen aus (5) und dem Lemma unter Verwendung der Konsistenz die restlichen Aussagen des Satzes. Zunächst hat man mit der Schwarzschen Ungleichung und mit $w = u$, $z = v$

$$\mu ||u-v||_1^2 \leq \left[\sum_{\substack{i \in \bar{G}_h \\ i \neq i_o}} \left(\frac{\partial}{\partial v_i} \Phi_h(u) - \frac{\partial}{\partial v_i} \Phi_h(v)\right)^2 \right]^{1/2} \left[\sum_{i \in \bar{G}_h} (u_i - v_i)^2 \right]^{1/2}$$

$$(7) \qquad \leq \left(\sum_1^{n^2} c_o^2 h^8 + \sum_1^{n} c_o^2 h^6 + c_o^2 h^4 \right)^{1/2} \frac{1}{h} \cdot ||u - v||$$

$$\leq c_1 h \cdot ||u - v|| \qquad \text{mit Konstanten } c_o, c_1 \in \mathbb{R}^+.$$

Aus (6) und (7) folgen

$$\mu||u - v||^2 \leq -d \log h \cdot c_1 h||u - v||$$

und

$$\mu^2||u - v||_1^4 \leq - c_1^2 h^2 d \log h \cdot ||u - v||_1^2$$

und daraus die Behauptung.

Bemerkungen: Die niedrige Konvergenzordnung ist offenbar bedingt durch die schlechte Approximation in den Eckpunkten.

Falls F auch bezüglich u gleichmäßig konvex ist, tritt auf der linken Seite von (5) der Ausdruck $||w - z||$ auf, und man kann auf das Lemma verzichten. Die Vorgabe von u_{i_o} entfällt in diesem Falle.

Beweis des Lemmas: Es kann o.B.d.A. $i_o = 0 = (0,0)$ angenommen werden. Die anderen Fälle lassen sich durch Zerlegung von $\bar{G}_h$ in höchstens 4 Gitterrechtecke, in denen i_o Eckpunkt ist und durch Übertragung des folgenden Beweises auf Rechtecke darauf zurückführen.

$$M := \begin{pmatrix} 1 & -1 & & & & \\ -1 & 2 & -1 & & \bigcirc & \\ & -1 & 2 & -1 & & \\ & & \ddots & \ddots & \ddots & \\ & \bigcirc & & -1 & 2 & -1 \\ & & & & -1 & 1 \end{pmatrix} ; \quad M \in \mathbb{R}^{(n+1)^2}$$

$$(8) \quad \Rightarrow \quad ||y||_1^2 = y^T \underbrace{(M \otimes I + I \otimes M)}_{=:\, N} y$$

Darin bedeuten "$\otimes$" das direkte Produkt für Matrizen und I die n+1 × n+1 Einheitsmatrix. y wird auf der rechten Seite von (8) als Vektor aufgefaßt, dessen Komponenten in kanonischer Weise zuerst im Sinne wachsender x_1- und dann x_2-Komponenten angeordnet sind. Wegen (8) genügt es die quadratische Form $y^T Ny$ unter den Nebenbedingungen $||y||_E := ||y||_{Euklidisch} = 1$ und $y_0 = 0$ zu minimieren. Dazu werden zunächst die Eigenwerte (EW) und Eigenvektoren (EV) von N bestimmt, die man mit Hilfe derer von M angeben kann. Die letzteren lassen sich mit elementaren Methoden berechnen, am einfachsten unter Heranziehung der Eigenlösungen der Differenzengleichungen, die die Komponenten der EW erfüllen. Man erhält

M : EW $\lambda_\nu = 2(1 - \cos\alpha\nu); \quad \alpha = \frac{\pi}{n+1}$

normierte EV $$x_\nu = \sqrt{\frac{\varepsilon_\nu}{n+1}} \begin{pmatrix} \cos\alpha\nu\,(0+\frac{1}{2}) \\ \vdots \\ \cos\alpha\nu\,(k+\frac{1}{2}) \\ \vdots \\ \cos\alpha\nu\,(n+\frac{1}{2}) \end{pmatrix}$$ - k-te Komponente

wobei

$$\nu \in \{0, 1, \dots, n\} =: \mathbb{N}_n \qquad \text{mit } \varepsilon_\nu = \begin{cases} 1 & \text{für } \nu = 0 \\ 2 & \text{sonst,} \end{cases}$$

N : EW $\lambda_{\mu\nu} := \lambda_\nu + \lambda_\mu$

EV $x_{\nu\mu} := x_\nu \otimes x_\mu \; ; \qquad \nu, \mu \in \mathbb{N}_n$

Die $x_{\nu\mu}$ sind orthonormiert.

<u>Bemerkung:</u>

$$\sum_{i \in \bar{G}_h} w_i = 0 \implies ||w||^2 \leq \text{const.}\,||w||_1^2 \quad \text{(Poincaré-Ungleichung)}$$

Beweis:

$$\lambda_\nu > \lambda_\mu \text{ für } \nu > \mu \text{ und } \lambda_\nu \geq 0 \text{ falls } \nu, \mu \in \mathbb{N}_n \quad \Longrightarrow$$

$$(\lambda_{\nu\mu} = 0 \iff (\nu,\mu) = 0)\text{; es ist } x_{oo} = \frac{1}{n+1}\begin{pmatrix}1\\1\\\vdots\\1\end{pmatrix} .$$

Nach Voraussetzung ist $w \perp x_{oo} \Longrightarrow w^T Nw$ wird minimal unter der Nebenbedingung $||w||_E = 1$ für $w = x_{o1}$ oder $w = x_{1o}$, denn $\lambda_{o1} = \lambda_{1o}$ ist der nächstkleinste Eigenwert.

$$x_{o1}^T\, N\, x_{o1} = \lambda_{o1} = 2(1 - \cos\frac{\pi}{n+1}) \geq \frac{\pi^2}{(n+1)^2} = \frac{\pi^2}{(n+1)^2}\, ||x_{o1}||_E^2$$

$\Longrightarrow$ Beh.

Mit einem diskreten Analogon zu (2a) erhält man daher sofort die Aussage des Lemmas. Mit $\sum_{i \in \bar{G}_h} v_i = 0$ als Nebenbedingung ist das Gleichungssystem (4) aber viel schwerer zu lösen. Außerdem ändert sich die Bedingung mit h.

Zurück zum Beweis des Lemmas:

Das Minimierungsproblem mit Nebenbedingungen läßt sich einfacher mit einem auf Diagonalgestalt transformierten N behandeln.

Wegen der Vollständigkeit des Eigenraumes besitzt jedes $x \in \mathbb{R}^{(n+1)^2}$ eine Darstellung

$$x = \sum_{\nu,\mu=0}^{n} B_{\nu\mu}\, x_{\nu\mu}\,, \qquad \text{mit } B_{\nu\mu} \in \mathbb{R},\ \nu, \mu \in \mathbb{N}_n$$

$\Longrightarrow$

(9) $$x^T Nx = \sum B_{\nu\mu}^2\, \lambda_{\nu\mu} \stackrel{!}{=} \min$$

Nebenbedingungen

$$||x||^2_E = \sum B^2_{\nu\mu} = 1$$

und

(1o) $$x(0) = \sum B_{\nu\mu} x_{\nu\mu}(0) = \frac{n+1}{2} \sum B_{\nu\mu} t_\nu t_\mu = 0$$

wobei $$x_{\nu\mu}(0) = \begin{cases} \frac{1}{n+1} & \text{für } \nu,\mu = 0 \\ \frac{2}{n+1} \cos\frac{\nu\alpha}{2} \cos\frac{\mu\alpha}{2} & \text{sonst} \end{cases}$$

und $$t_\nu := \begin{cases} \frac{1}{\sqrt{2}}, & \nu = 0 \\ \cos\frac{\nu\alpha}{2} & \text{sonst} \end{cases}$$

Das Variationsproblem mit Nebenbedingungen (9), (1o) hat genau $(n+1)^2 - 1$ Extremalen, denn aus (1o) läßt sich B_{oo} elimieren, und man erhält ein verallgemeinerstes Eigenwertproblem mit Vektoren der Länge $(n+1)^2 - 1 \Rightarrow$ ebensoviele EW. Falls $\lambda_{\mu\nu}$ $\alpha_{\mu\nu}$—facher EW von N ist, so ist $\lambda_{\mu\nu}$ $\alpha_{\mu\nu}$-1-facher EW von (9), (1o). Die Dimension des zu $\lambda_{\nu\mu}$ zugehörigen Eigenraums wird nämlich durch (1o) um 1 vermindert, wegen $x_{\phi\tau}(o) > 0$ für ϕ, $\tau \in \mathbb{N}_n$. die restlichen verallgemeinerten EW λ von (9), (1o), - es sind genau β-1, wenn β die Anzahl der verschiedenen EW von N ist (s.u.) - bestimmt man durch Euler-Lagrange-Gleichungen unter der Voraussetzung $\lambda \neq \lambda_{\nu\mu}$.

(11) $$\frac{\partial}{\partial B_{\phi\tau}} \left(\sum B^2_{\nu\mu} \lambda_{\nu\mu} - \lambda\left(\sum B^2_{\nu\mu} - 1\right) - \delta \sum B_{\nu\mu} t_\nu t_\mu\right) = 0$$

mit Lagrange-Parametern λ und δ.

Man erhält aus (11)

$$B_{\nu\mu} = \frac{\delta\, t_\nu t_\mu}{2(\lambda_{\mu\nu} - \lambda)} ,$$

und aus den Nebenbedingungen

$$(12) \qquad \sum = \frac{t_\nu^{\,2}\; t_\mu^{\,2}}{\lambda_{\nu\mu} - \lambda} = 0.$$

Durch Nachrechnen bestätigt man $\lambda = \sum B^2_{\nu\mu}\, \lambda_{\mu\nu}$ im Extremalfall; man hat also den kleinsten der verallgemeinerten EW λ zu bestimmen.

Seien $f_{\nu\mu}(\lambda) := \dfrac{t_\nu\; t_\mu}{\lambda_{\nu\mu} - \lambda}$ und $f(\lambda) := \sum_{\nu,\mu=0}^{n} f_{\nu\mu}(\lambda)$; $\lambda \in \mathbb{R}$, $\lambda \neq \lambda_{\nu\mu}$ für $\nu,\mu \in \mathbb{N}_n$

Die Nullstellen von f, zugleich die Lösungen von (12), liegen genau zwischen den verscheidenen $\lambda_{\nu\mu}$, und zwar in jedem Intervall eine, denn die Hyperbeln $f_{\nu\mu}$ sind alle positiv für negative Argumente. Das sind genau die fehlenden β-1 Extremalwerte.

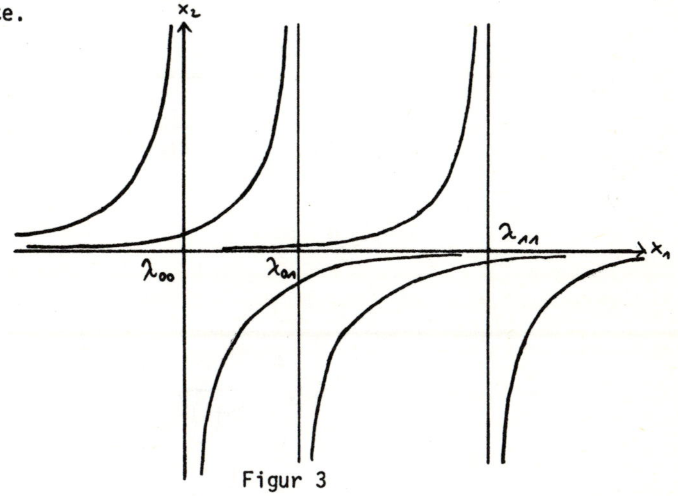

Figur 3

$f(\lambda)$ wird jetzt im Intervall $(\lambda_{oo}, \lambda_{o1})$ betrachtet, um die kleinste Nullstelle λ min nach unten abzuschätzen.
Für $0 \leq t \leq \frac{\pi}{2}$ gilt

$$\frac{2}{\pi} t \leq \sin t \leq t$$

$$1 - \frac{2}{\pi} t \leq \cos t \leq \frac{\pi}{2} - t$$

$$\overset{(\mu,\nu) \neq 0}{\Longrightarrow} \quad f_{\nu\mu}\left(\frac{\lambda_{o1}}{2}\right) = \frac{t_\nu^{\,2}\, t_\nu^{\,2}}{\lambda_{\mu\nu} - \frac{1}{2}\lambda_{o1}} \leq \frac{t_\nu^{\,2} t_\mu^{\,2}}{\frac{1}{2}\lambda_{\mu\nu}}, \text{ denn } \lambda_{o1} \leq \lambda_{\mu\nu} \quad \text{für } \nu+\mu \geq 1$$

$$= 2\,\frac{\cos^2 \frac{\pi\nu}{2(n+1)} \cos^2 \frac{\pi\mu}{2(n+1)}}{4\left(\sin^2 \frac{\pi\nu}{2(n+1)} + \sin^2 \frac{\pi\nu}{2(n+1)}\right)}$$

$$\leq \frac{1}{2}\,\frac{\left(\frac{\pi}{2}\right)^2 \left(1 - \frac{\nu}{n+1}\right)^2 \left(\frac{\pi}{2}\right)^2 \left(1 - \frac{\mu}{n+1}\right)^2}{\frac{4}{\pi^2}\,\frac{\pi^2\,\nu^2}{4(n+1)^2} + \frac{4}{\pi^2}\,\frac{\pi^2\,\mu^2}{4(n+1)^2}}$$

$$= \frac{\pi^4}{32}\,\frac{(n+1-\nu)^2\,(n+1-\mu)^2}{\nu^2 + \mu^2} \cdot \frac{1}{(n+1)^2}$$

$$\Longrightarrow \quad f\left(\frac{\lambda_{o1}}{2}\right) - f_{oo}\left(\frac{\lambda_{o1}}{2}\right) \leq \frac{\pi^4}{32}\,\frac{1}{(n+1)^2} \underbrace{\sum_{\nu,\mu \neq 0}^{n} \frac{(n+1-\nu)^2(n+1-\mu)^2}{\nu^2 + \mu^2}}_{=:\,A}$$

Es gilt

$$A \leq 2 \int_{o}^{2n} \int_{0}^{\frac{\pi}{2}} \frac{(2n-r\cos\phi)^2 \cdot (2n-r\sin\phi)^2}{r^2} \, r dr d\phi$$

$$\leq c_2 \, n^4 \log n + c_3 \, n^4$$

mit Konstanten c_2, $c_3 \in \mathbb{R}^+$ nach Ausrechnen

$$\leq c_4 \, n^4 \log n, \; c_4 \in \mathbb{R}^+ \text{ wegen } n \geq 2$$

Sei $g(\lambda) := f(\lambda) - f_{oo}(\lambda)$ in $I_1 := (\lambda_{oo}, \frac{\lambda_{o1}}{2}]$.

$$\Rightarrow \quad g(\frac{\lambda_{o1}}{2}) < c_5 \, n^2 \log n; \quad c_5 \in \mathbb{R}^+.$$

g ist in I_1 streng monoton wachsend.

$$\Rightarrow \quad f(\lambda) \leq f_{oo}(\lambda) + c_5 \, n^2 \log n = c_5 \, n^2 \log n - \frac{1}{2\lambda} \; ; \; \lambda \in I_1$$

$$\Rightarrow \quad \text{für } \lambda \leq \min \left(\frac{1}{2c_5 \, n^2 \log n}, \frac{\lambda_{o1}}{2}\right) \text{ gilt:}$$

$$f(\lambda) \leq 0$$

$$\Rightarrow \quad \lambda \min \geq \frac{c_6}{n^2 \log n} = \frac{c_6 \, h^2}{- \log h}$$

Wegen $||x||^2 = h^2 ||x||_E^2$ folgt damit die Behauptung.

Bemerkung: Hat man statt G_h ein N-dimensionales Gitter mit $N > 2$, so tritt in einer analogen Aussage zum Lemma statt $- \log h$ der Faktor h^{2-N} auf.

Ein numerisches Resultat.

Gerechnet wurde ein einfaches vorläufiges Testproblem

$$\Phi(u) := \int_G \{(1+ (u_{x_1} - \frac{\partial}{\partial x_1} x_2^2 e^{x_1})^2)^2 + (1+ (u_{x_2} - \frac{\partial}{\partial x_2} x_2^2 e^{x_1})^2)^2\} dx \stackrel{!}{=} \min.$$

Die exakte Lösung ist $x_2^2 e^{x_1}$ + const. Es wurden h = 0.2 gewählt und das Gleichungssystem (4) mit einem 1-Schritt SOR-Newton-Verfahren gelöst.

In einer 1. Rechnung wurde u(0,0) = 0 vorgegeben und dann u(0.6, 0.6) = 0 in einer 2.. Im 1. Fall gab es relativ ungenaue Resultate. Konvergenz war noch nicht klar zu erkennen. Die relativen Fehler in der 2. Rechnung lagen nach ca. 4oo Iterationen bis auf eine Stelle (mit betragsmäßig sehr kleinem Funktionswert) unter 1%.

Literatur

[1] Friedrichs, K. O. and Keller, H. B.: A finite difference scheme for generalized Neumann-problems. In "Numerical solution of partial differential equations", ed. by J. H. Bramble., Proc. Univ. Maryland, 1965

[2] Mittelmann, H. D.: Die Approximation der Lösungen gemischter Randwertprobleme quasilinearer elliptischer Differentialgleichungen. Diss. TH Darmstadt, 1973

[3] Ortega, J. M. and Rheinboldt, W. C.: Iterative solution of nonlinear equations in several variables. Academic Press, N. Y., 197o

[4] Meis, Th. und Törnig, W.: Diskretisierungen des Dirichletproblems nichtlinearer elliptischer Differentialgleichungen. Meth. und Verf. der Math. Phys., Bd. 8

Werner Höhn
Fachbereich Mathematik
der TH Darmstadt

61 Darmstadt
Kantplatz 1

ISNM 27 Birkhäuser Verlag, Basel und Stuttgart, 1975

ON FINITE ELEMENT METHODS FOR CURVED SHELLS USING FLAT ELEMENTS

Claes Johnson

Straight or flat finite elements are often being used in engineering practice for the calculation of curved structures such as curved beams, arches and shells. The curved surface of the shell, say, is thereby approximated by a polyhedral surface built up by flat plate elements. In this note we prove an error estimate for a simple one dimensional model problem of this type.

1. Introduction.

Straight or flat finite elements are often being used in engineering practice for the calculation of curved structures such as curved beams, arches and shells (cf. [1],[4]). The curved surface of the shell, say, is thereby approximated by a polyhedral surface built up by flat plate elements. As far as we know, the convergence properties of such methods have not been investigated. In this note we shall study a simple one dimensional model problem of this type. We shall prove an error estimate for a finite element method for a circular arch which is based on the use of straight beam elements.

These results can be extended to the case of cylindrical shells and certain flat triangular elements under the assumption that all elements have one side parallell to the cylinder axis. If this condition is violated one may, we believe, obtain a non-convergent method but at present we have no strict proof of this conjecture. However, even a non-convergent method may produce results which are sufficiently accurate for practical purposes although this may be difficult to verify theoretically.

Below C will denote a positive constant not necessarily the same at each occurence.

2. A one dimensional problem.

Consider a circular arch Λ of length 1, with radius of curvature r and let s denote arclength (see fig. 1).

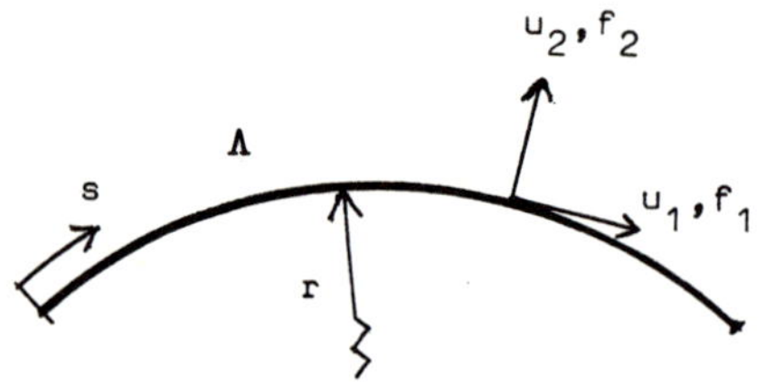

fig. 1

For a given integer $m \geq 0$ and J an interval, $J \subset I = [0,1]$, we let

$$\|g\|_{m,J} = \Big(\sum_{k \leq m} \int_J \Big|\frac{d^k g}{ds^k}\Big|^2 ds\Big)^{1/2} .$$

We introduce the Sobolev space W_2^m ($\overset{\circ}{W}{}_2^m$), the closure of $C^\infty(I)$ ($C_0^\infty(I)$) in the norm $\|\cdot\|_{m,I}$. Define the Hilbert space $W = \overset{\circ}{W}{}_2^1 \times \overset{\circ}{W}{}_2^2$ with norm

$$\|v\| = \|(v_1,v_2)\| = (\|v_1\|_{1,I} + \|v_2\|_{2,I})^{1/2} .$$

Consider now <u>the variational formulation of the arch problem</u> (cf.[2]): Given the load $f = (f_1,f_2) \in W'$ (the dual of W), find the displacement $u = (u_1,u_2) \in W$ such that

(1) $\qquad a(u,v) = (f,v) \qquad$ for $v \in W$,

where $(\cdot,\cdot)$ denotes the pairing between W and W' and the symmetric bilinear form $a(\cdot,\cdot)$ is defined by

$$a(v,v) = \int_0^1 [D_1(v,v) + D_2(v,v)]\, ds,$$

$$D_1(v,v) = [v_1' + v_2/r]^2 , \quad D_2(v,v) = [v_2'' - v_1'/r]^2 .$$

Here $u_1(f_1)$ and $u_2(f_2)$ are respectively the tangential and normal components of the displacement(load).

It is easy to see that a is W-elliptic, i.e., there is a positive constant C such that

(2) $a(v,v) \geq C\|v\|^2$ for $v \in W$.

Since a is also continuous on $W \times W$, it follows from the Lax-Milgram Lemma that there is a unique function $u \in W$ satisfying (1).

2.1. The straight-element method.

We shall now present one way of solving the arch problem approximately by using straight beam elements which is well known by the Engineers.

First, we approximate the circular arch Λ by a polygonal arch Λ_h in the following way: Let h be a small positive parameter and make a uniform partition of $I = [0,1]$,

$$I = \cup I_i \ , \quad I_i = [s_{i-1}, s_i] \ , \quad s_i = ih, \quad i=0,1,\ldots,M.$$

Let $\mathcal{Q} = \{Q\}$ be the set of points on Λ corresponding to the arc lengths s_i and let $\Lambda_h = \{E\}$ be the polygonal arch with vertices $\mathcal{Q}$ built up by the straight beam elements E (see fig.2).

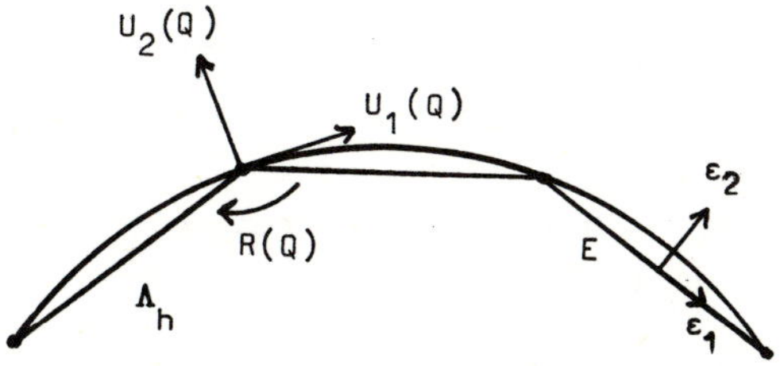

fig. 2

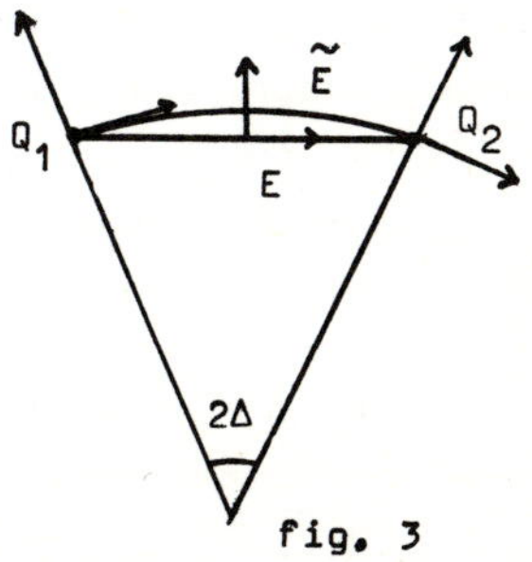

fig. 3

We shall use the following notation: For J an interval denote by $P^k(J)$ the set of functions on J which agree on J with a polynomial of degree at most k and define $P_J = P^1(J) \times P^3(J)$.

For each $E \in \Lambda_h$ we introduce a local coordinate system $\varepsilon_E = (\varepsilon_1, \varepsilon_2)$ with ε_1 parallell and ε_2 normal to the axis of E (see fig. 2). We shall assume that the displacement of each straight element E in the local coordinate system ε_E is given by a function $\varphi = (\varphi_1, \varphi_2) \in P_E$, where φ_i is the displacement in the ε_i-direction, i=1,2. We note that each $\varphi \in P_E$ is determined by the values of φ_1, φ_2 and φ_2' at the endpoints of E.

For each vertex $Q \in \mathcal{Q}$ we introduce as global parameters the tangential displacement $U_1(Q)$, the normal displacement $U_2(Q)$ and the rotation $R(Q)$ of Q (see fig. 2). Let us arrange the global parameters in a vector U and define imposing also boundary conditions

$$\mathcal{U}_h = \{U: U_1(Q) = U_2(Q) = R(Q) = 0 \quad \text{for} \quad Q=0,1\}.$$

For each $U \in \mathcal{U}_h$ let for each $E \in \Lambda_h$, $\varphi = \varphi_E^U$ be defined by the following transformation from global to local coordinates:

$$(3) \qquad \begin{cases} \varphi_1(Q_j) = \cos\Delta \cdot U_1(Q_j) + (-1)^j \sin\Delta \cdot U_2(Q_j) \ , \\ \varphi_2(Q_j) = -(-1)^j \sin\Delta \cdot U_1(Q_j) + \cos\Delta \cdot U_2(Q_j) \ , \\ \varphi_2'(Q_j) = R(Q_j) \qquad \text{for} \quad j=1,2, \end{cases}$$

where Q_1 and Q_2 are the end points of E and $\Delta = h/2r$ (see fig. 3). Each $U \in \mathcal{U}_h$ will in this way define a displacement of the polygonal arch Λ_h.

Further, we introduce symmetric bilinear forms $\alpha_E(\cdot,\cdot)$ and $A_h(\cdot,\cdot)$ associated respectively with each straight element E and the assembly of straight elements Λ_h defined by

$$\alpha_E(\varphi,\varphi) = \int_E \{[\varphi_1']^2 + [\varphi_2'']^2\}dx \ , \qquad \varphi \in P_E \ ,$$

$$A_h(U,U) = \sum_{E \in \Lambda_h} \alpha_E(\varphi_E^U, \varphi_E^U) \ , \qquad U \in \mathcal{U}_h.$$

Note that $\alpha_E(\cdot,\cdot)$ corresponds to taking $r = \infty$ in the definition of $a(\cdot,\cdot)$.

Let us now assume that the given load f is a sum of Dirac measures (point loads) at the vertices $\mathcal{Q}$ (this can be achieved by a perturbation of u of order $O(h)$ in the $\|\cdot\|$ -norm). The straight-element method can then be formulated as follows: Find $U_h \in \mathcal{U}_h$ such that

(4) $A_h(U_h,V) = (f,V)$ for $V \in \mathcal{U}_h$,

where $(f,V) = \sum_{i,Q} f_i(Q)V_i(Q)$.

2.2 A reformulation of the straight-element method.

We introduce the finite dimensional space $W_h \subset W$ defined by

$$W_h = \{ v = (v_1,v_2):\ v \in C^0(I) \times C^1(I),\ v|_{I_i} \in P_{I_i},\ i=1,\dots,M,$$
$$v_1(s) = v_2(s) = v_2'(s) = 0,\ s=0,1\}.$$

The usual finite element method based on the bilinear form a and W_h is the following: Find $\tilde{u}_h \in W_h$ such that

$$a(\tilde{u}_h,v) = (f,v) \quad \text{for} \quad v \in W_h.$$

It is well known that if u is sufficiently smooth, then

$$\| u - \tilde{u}_h \| = O(h) \quad \text{as} \quad h \to 0.$$

We shall now prove that the straight-element method can equivalently be formulated as follows: Find $u_h \in W_h$ such that

(5) $a_h(u_h,v) = (f,v)$ for $v \in W_h$,

where a_h is a certain bilinear form which is close to a; this formulation will then be used in the proof of the error estimate below.

To this end we first note that the rotation of Q caused by a displacement $v \in W_h$ is given by $v_2'(Q) - v_1(Q)/r$ (cf.[2]). It is therefore natural to introduce the nonsingular linear mapping $L: W_h \ni v \to U = Lv \in \mathcal{U}_h$ defined by

(6) $U_i(Q) = v_i(Q),\ R(Q) = v_2'(Q) - v_1(Q)/r$ for $i=1,2,\ Q \in \mathcal{Q}$.

We then have:

LEMMA 1. For all $v \in W_h$ one has

$$A_h(Lv,Lv) = a_h(v,v),$$

where a_h is the symmetric bilinear form defined by

$$a_h(v,v) = \sum_{E \in \Lambda_h} a_h^{\tilde{E}}(v,v) ,$$

$$a_h^{\tilde{E}}(v,v) = \int_{\tilde{E}} [D_{1,h}(v,v) + D_{2,h}(v,v)]\frac{k}{h}ds ,$$

$$D_{1,h}(v,v) = [\lambda_1 v_1' + \pi(v_2)/r]^2 ,$$

$$D_{2,h}(v,v) = [\lambda_2 v_2'' - \lambda_3 v_1'/r + \varepsilon_h(v)]^2 ,$$

$$\pi(v_2)|_{\tilde{E}} = (v_2(s_{i-1}) + v_2(s_i))/2 ,$$

$$\varepsilon_h(v) = \frac{1}{k}(1 - \cos\Delta \frac{h}{k})[v_2'(s_{i-1})(6 \frac{s-s_{i-1}}{h} - 4)$$

$$+ v_2'(s_i)(6 \frac{s-s_{i-1}}{h} - 2)] \quad \text{for } s \in I_i ,$$

$$\lambda_1 = \frac{h\cos\Delta}{k}, \quad \lambda_2 = \frac{h^2\cos\Delta}{k^2} \quad \text{and} \quad \lambda_3 = \frac{h}{k} ,$$

where $\tilde{E} = I_i \subset I$ is the interval corresponding to E and k = length of $E = 2r \sin\Delta$.

<u>PROOF</u>. Let us note that if $\varphi \in P_J$ where $J = [0,\delta]$, say, then

$$\varphi_1'(x) = (\varphi_1(0) - \varphi_2(\delta))/\delta ,$$

$$\varphi_2''(x) = \varphi_2(0)(12\frac{x}{\delta} - 6)/\delta^2 + \varphi_2(\delta)(6 - 12\frac{x}{\delta})/\delta^2$$

$$+ \varphi_2'(0)(6\frac{x}{\delta} - 4)/\delta + \varphi_2'(\delta)(6\frac{x}{\delta} - 2)/\delta \quad \text{for } x \in [0,\delta].$$

Together with (3) and (6) this proves by a simple computation that

$$\alpha_E(\varphi_E^{Lv},\varphi_E^{Lv}) = a_h^{\tilde{E}}(v,v) \qquad \text{for } E \in \Lambda_h, \quad v \in W_h,$$

whereupon the lemma follows by summation over $E \in \Lambda_h$.

By the lemma we have that u_h satisfies (5) if and only if $U_h = Lu_h$ satisfies (4), i.e., we may consider the formulations (4) and (5) to be equivalent.

2.3. <u>An error estimate</u>.

We shall prove that there is a unique function $u_h \in W_h$ satisfying (5) and that $\|u - u_h\| = O(h)$ as h tends to zero. Let us first prove that a_h is close to a.

LEMMA 2. There is a constant C such that for $0<h<1$,

$$|a_h(v,w) - a(v,w)| \leq Ch\|v\|\,\|w\| \qquad \text{for } v,w \in W_h.$$

PROOF. We have that

$$(7) \qquad \|v_2 - \pi(v_2)\|_{0,\tilde{E}} \leq Ch\|v\|_{2,\tilde{E}} ,$$

$$(8) \qquad \|\varepsilon_h(v)\|_{0,\tilde{E}} \leq Ch\|v\|_{2,\tilde{E}} , \qquad \text{for } v \in W_h,\ E \in \Lambda_h,$$

where $\|v\|^2_{2,\tilde{E}} = \|v_1\|^2_{1,\tilde{E}} + \|v_2\|^2_{2,\tilde{E}}$. Here (7) follows by using the Bramble-Hilbert technique (see e.g.[3]) together with the fact that $\pi(v_2) = v_2$ if v_2 = constant. Further, (8) is a direct consequence of the simple inequality

$$|v_2'(s)| \leq Ch^{-1/2}\|v\|_{2,\tilde{E}} \qquad \text{for } s \in \tilde{E},\ v \in W_h.$$

Using (7), (8) and the fact that $\lambda_k = 1 + O(h)$ as h tends to zero, we find by easy calculation that

$$\left| \int_{\tilde{E}} D_i(v,w)ds - \int_{\tilde{E}} D_{i,h}(v,w)ds \right| \leq Ch\|v\|_{2,\tilde{E}}\|w\|_{2,\tilde{E}} ,$$

$$i=1,2,\ E \in \Lambda_h.$$

Summation and a final application of Cauchy's inequality then proves the lemma.

Using (2) we easily obtain the following:

COROLLARY. There are positive constants C and h_0 such that for $h \leq h_0$, $v \in W_h$,

$$a_h(v,v) \geq C\|v\|^2 .$$

By the corollary it follows that there exists a unique function $u_h \in W_h$ satisfying (5).

We can now prove our error estimate.

THEOREM. Assume that $u \in W_2^2 \times W_2^3$. Then there are constants C and h_0 such that for $h \leq h_0$,

$$\|u - u_h\| \leq Ch, \qquad (\text{i.e., } \|u - L^{-1}U_h\| \leq Ch\ )$$

PROOF. Let $v_h \in W_h$ interpolate u at the vertices $Q \in \mathcal{Q}$, i.e., let

$$v_{j,h}(s_i) = u_j(s_i),\ v'_{2,h}(s_i) = u'_2(s_i),\ i=0,\dots,M,\ j=1,2.$$

Using the Bramble-Hilbert technique one can prove that

$$\|u - v_h\| \leq Ch .$$

Setting $w_h = v_h - u_h$, we find by Lemma 2 and its corollary, (1) and (5) that

$$c\|w_h\|^2 \leq a_h(v_h, w_h) - a_h(u_h, w_h) = a_h(v_h, w_h) - a(u, w_h)$$

$$= a_h(v_h, w_h) - a(v_h, w_h) + a(v_h - u, w_h) \leq Ch\|w_h\| .$$

Thus $\|w_h\| \leq Ch$, and therefore by the triangle inequality

$$\|u - u_h\| \leq \|u - v_h\| + \|w_h\| \leq Ch ,$$

which proves the theorem.

References.

1. Dave, D.J.: Shell analysis using a simple facet element, Journal of Strain Analysis Vol.7, No.4(1972), 266-270.

2. Novozhilov, V.V.: The theory of thin shells, Groningen, Noordhoff 1959.

3. Strang, G. and Fix, G.: An analysis of the finite element method, Prentice Hall 1973.

4. Walz, J.E., Fulton, R.E. and Cyrus, N.J.: Accuracy and convergence of finite element approximations, Proc. Wright-Patterson Air Force Baes, Ohio(1968), 995-1027.

Claes Johnson
Chalmers Institute of Technology
Department of Mathematics
Fack
S-402 20 Göteborg 5
Sweden

ISNM 27 Birkhäuser Verlag, Basel und Stuttgart, 1975

NUMERISCHE LÖSUNG LINEARER DIFFERENTIALGLEICHUNGEN MIT HILFE VON ČEBYŠEV-ENTWICKLUNG

Franz Locher

In this note we consider the numerical solution of ordinary linear differential equations in Chebyshev series. The convergence rate of such a series depends on the singularities of the solution. In analogy to the wellknown Euler transformation we propose a method based on conformal mapping. By this means the singularities are located more favourably around the interval where the Chebyshev series is to be found. The special case of a linear transformation is treated in some detail; two examples are given.

1. EINLEITUNG

Bei der Lösung von Differentialgleichungen verwendet man oft Reihenansätze; insbesondere bedient man sich dabei der Čebyšev-Entwicklung, da deren Partialsumme günstige Approximationseigenschaften in der C-Norm besitzt und sich in vielen Fällen nur wenig von der optimalen Approximation im Čebyševschen Sinne unterscheidet. Ein solcher Reihenansatz ist vor allem angebracht, wenn eine lineare Differentialgleichung

$$\sum_{\nu=0}^{n} p_\nu(z)y^{(\nu)} = q(z)$$

mit Polynomkoeffizienten, sowie einer "passenden" Anzahl von Anfangs- oder Randbedingungen vorliegt. Zur Theorie und Praxis dieser Methode - sowie zu Verallgemeinerungen auf nichtlineare Differentialgleichungen - gibt es zahlreiche Untersuchungen, u.a. von [6] Lanczos, [1] Clenshaw, [2] Clenshaw-Norton, [3] Fox, [10] Norton, [14] Wright, [11] Scraton, [4] Fox-Parker, [13] Tuan.

Die Lösung y sei in einer komplexen Umgebung des Intervalls [-1,1] holomorph. (Durch Normierung können wir uns auf dieses Grundintervall beziehen.) Dann konvergiert die Čebyšev-Entwicklung

$$y(z) = \sum_{v=o}^{\infty} a_v T_v(z)$$

für $z \in [-1,1]$ mindestens geometrisch; dabei werden Konvergenzbereich und Konvergenzgeschwindigkeit durch die Lage der Singularitäten der Lösung bestimmt. Eine der möglichen Varianten zur Gewinnung dieser Entwicklung besteht darin, dass man unter Verwendung der Rekursionsformel der Čebyšev-Polynome und der Integrationsformel

$$\int^{x} T_v(t)dt = \frac{1}{2}\left\{\frac{T_{v+1}(x)}{v+1} - \frac{T_{v-1}(x)}{v-1}\right\}$$

durch Koeffizientenvergleich ein unendliches lineares Gleichungssystem für die Koeffizienten a_v aufstellt. Löst man dieses genähert, so erhält man eine Approximation an die Lösung

$$y(z) \sim q_m(z) = \sum_{v=o}^{m} \tilde{a}_v T_v(z).$$

Die Güte dieser Approximation hängt offensichtlich von der Abnahmegeschwindigkeit der Koeffizienten ab. Diese spielt aber auch eine Rolle bei der Lösung des unendlichen linearen Gleichungssystems, das man durch Abbrechen finit macht und anschliessend rekursiv oder durch Iteration oder Elimination löst (vgl. [4] Fox-Parker). Über die Abnahmegeschwindigkeit der Čebyšev-Koeffizienten weiss man aber nach Bernstein gut Bescheid: Wenn y die Regularitätsellipse E_κ, $\kappa = a+b > 1$, besitzt, so gilt $\kappa^{-1} = \limsup \sqrt[n]{|a_n|}$ (vgl. [8] Meinardus, S. 84). Ist κ nur wenig grösser als Eins, so benötigt man für eine brauchbare Genauigkeit ein grosses Teilstück des linearen Gleichungssystems und einen langen Abschnitt der Čebyšev-Entwicklung. Im folgenden soll gezeigt werden, wie sich mit Hilfe konformer Abbildung schneller konvergierende rationale Entwicklungen gewinnen lassen. Dabei erzielt man gleichzeitig eine Vergrösserung des Konvergenzbereichs. Zur Anwendung kommen Eulerverfahren für Laurentreihen. Wir erwähnen, dass [9] Niethammer bei Potenzreihenansätzen eine entsprechende Fragestellung behandelt.

2. DIE METHODE

Die Lösung y der Differentialgleichung

$$\sum_{v=0}^{n} p_v(z)y^{(v)} = q(z)$$

mit Polynomen p_v und q, sowie gegebenen Anfangs- oder Randbedingungen sei in dem einfach zusammenhängenden Gebiet G der komplexen z-Ebene holomorph; es gelte $[-1,1] \subset G$. Ausserdem sei y keine ganze Funktion (da sonst die Čebyšev-Entwicklung von y schon überlinear konvergiert und unser Vorgehen keine Verbesserung bringt). Solche Gebiete lassen sich an Hand der gegebenen Differentialgleichung leicht angeben. Unter diesen Voraussetzungen konvergiert die Čebyšev-Entwicklung

$$y(z) = a_o + 2\sum_{v=1}^{\infty} a_v T_v(z)$$

geometrisch, d.h. es gilt $0 < \limsup \sqrt[n]{|a_n|} =: \kappa^{-1}$; die Reihenentwicklung stellt die Lösung y im Innern der Ellipse E_κ mit Brennpunkten in 1 und -1 und Summe der Halbachsen $\kappa = a+b$ dar. Dies folgt bekanntlich daraus, dass unter $z = \frac{1}{2}(v+\frac{1}{v})$ einem Kreisring $R_\kappa = \{v \mid \kappa^{-1} < |v| < \kappa\}$ das doppelt überdeckte Innengebiet von E_κ entspricht und die Čebyšev-Koeffizienten a_ν gerade die Koeffizienten in der Laurententwicklung von

$$\tilde{y}(v) = y(\tfrac{1}{2}(v+\tfrac{1}{v})) = \sum_{\mu=-\infty}^{\infty} a_\mu v^\mu$$

sind; dabei gilt $a_{-\mu} = a_\mu$ wegen $\tilde{y}(\frac{1}{v}) = \tilde{y}(v)$.

Eine höhere Konvergenzgeschwindigkeit und eine Vergrösserung des Konvergenzbereichs der Čebyšev-Entwicklung der Lösung erzielt man also bei der zugehörigen Laurentreihe von $\tilde{y}$. Entsprechend zu den Eulerverfahren bei Potenzreihen liegt es nahe, die konvergenzbehindernden Singularitäten von $\tilde{y}$ auf den Randkreisen von R_κ möglichst weit vom Einheitskreis wegzuschieben. Wir beschränken uns hier auf gebrochen lineare Abbildungen, da dann nach entsprechender Transformation der Differentialgleichung die Koeffizientenfunktionen wieder Polynome sind und sich die bekannten Verfahren zur Čebyšev-Entwicklung von Lösungen gewöhnlicher linearer Differentialgleichungen unmittelbar anwenden lassen (vgl. [12] Scraton, sowie [7] zu allgemeineren konvergenzbeschleunigenden Transformationen für Čebyšev-Entwicklungen). Da wir nach einer Approximation der Lösung y im Intervall $[-1,1]$ suchen, sollte dieses Intervall in der z-Ebene bzw. der Einheitskreis $|v| = 1$ in der v-Ebene auf sich abgebildet werden. Man erhält dann

$$\zeta = h_a(z) = \frac{1-az}{z-a} \quad \text{mit reellem } a,\ |a| > 1$$

oder entsprechend

$$w = h_\alpha(v) = \frac{1-v\alpha}{v-\alpha} \quad \text{mit} \quad a = \frac{1}{2}(\alpha+\frac{1}{\alpha}).$$

In der v-Ebene entspricht G ein zweifach zusammenhängendes Gebiet $\tilde{G}$, welches den Einheitskreis $|v| = 1$ enthält und symmetrisch zu diesem ist. Da wir in der w-Ebene an einem Kreisring interessiert sind, können wir $\tilde{G}$ (notfalls bei Beschränkung auf ein entsprechendes Teilgebiet) als durch zwei Kreise berandet und symmetrisch zur reellen Achse annehmen. Mittels h_α bilden wir nun einen Kreisring R_σ der w-Ebene konform und schlicht auf $\tilde{G}$ ab. Dann lassen sich α und σ berechnen, indem man die bekannten Schnittpunkte a und b des äusseren Randkreises von $\tilde{G}$ mit der reellen Achse als Bilder von σ und $-\sigma$ auffasst:

$$a = \frac{1-\alpha\sigma}{-\sigma+\alpha}, \quad b = \frac{1+\alpha\sigma}{\sigma+\alpha}.$$

Auf den wichtigen Fall, dass der äussere Randkreis zu einer vertikalen Geraden entartet, wird man bei Funktionen geführt, deren Singularitäten auf einer reellen Halbgeraden liegen. Hier besteht $\tilde{G}$ aus einer "gelochten" Halbebene und man erhält für $a = \infty$ den Ringradius $\sigma = b + \sqrt{b^2-1}$ und $\alpha = -\sigma$.

Die Koeffizienten der Laurententwicklung von

$$\psi(w) = \tilde{y}(h_\alpha^{-1}(w)) = \sum_{\mu=-\infty}^{\infty} \alpha_\mu w^\mu$$

und entsprechend die Čebyšev-Koeffizienten von

$$\varphi(\zeta) = y(h_a^{-1}(\zeta)) = \alpha_0 + 2\sum_{\mu=1}^{\infty} \alpha_\mu T_\mu(\zeta)$$

nehmen jetzt asymptotisch mit dem Faktor σ^{-1} ab: Es gilt $\limsup \sqrt[n]{|\alpha_n|} = \sigma^{-1}$. Durch Rücktransformation erhält man die Entwicklung

$$y(z) = \alpha_o + 2\sum_{\mu=1}^{\infty} \alpha_\mu T_\mu\left(\frac{1-az}{z-a}\right).$$

Die Partialsummen dieser Entwicklung sind spezielle rationale Approximationen an y, die sich mit Hilfe der T_n-Rekursion, sowie einer zusätzlichen Multiplikation und Division zurBerechnung des Arguments $\frac{1-az}{z-a}$ wie Polynome auswerten lassen. Dabei nehmen die Koeffizienten nicht nur schneller ab als bei der direkten Čebyšev-Entwicklung; der Gültigkeitsbereich dieser Entwicklung ist auch wesentlich grösser und umfasst z.B. im Fall $a = \infty$ die Halbebene Re z $\geq -\frac{\sigma}{2}$.

Für die wichtigen Spezialfälle der Differentialgleichungen erster und zweiter Ordnung führen wir die Transformation explizit durch.

(a) Die Differentialgleichung

$$p_1(z)y' + p_o(z)y = q(z)$$

geht unter $z = \frac{1+a\xi}{\xi+a}$ über in

$$p_1\left(\frac{1+a\xi}{\xi+a}\right)\frac{(\xi+a)^2}{a^2-1}\,\varphi' + p_o\left(\frac{1+a\xi}{\xi+a}\right)\varphi = q\left(\frac{1+a\xi}{\xi+a}\right).$$

(b) Entsprechend erhält man aus

$$p_2(z)y'' + p_1(z)y' + p_o(z)y = q(z)$$

die Differentialgleichung

$$p_2\left(\frac{1+a\xi}{\xi+a}\right)\frac{(\xi+a)^4}{(a^2-1)^2}\,\varphi'' + \left\{\frac{2(\xi+a)^3}{(a^2-1)^2} + \frac{(\xi+a)^2}{a^2-1}\right\} p_1\left(\frac{1+a\xi}{\xi+a}\right)\varphi'$$

$$+ p_o\left(\frac{1+a\xi}{\xi+a}\right)\varphi = q\left(\frac{1+a\xi}{\xi+a}\right).$$

3. BEISPIELE

(a) $\frac{\arctan x}{x}$ genügt mit $x = \sqrt{z}$ der Differentialgleichung

$$(1+z)\{2zy' + y\} - 1 = 0, \quad y(0) = 1.$$

Die Approximationsgüte der gesuchten Approximation im Intervall $[0,1]$ wird durch die Singularität bei $z = -1$ bestimmt. Zunächst geht man mittels $z = \frac{t+1}{2}$ zum Intervall $[-1,1]$ über; man erhält dann die Differentialgleichung

$$\tfrac{1}{2}(t+3)\{2(t+1)y' + y\} - 1 = 0, \quad y(-1) = 1.$$

Die Koeffizienten a_v in der Entwicklung

$$y(t) = a_0 + 2\sum_{v=1}^{\infty} a_v T_v(t)$$

nehmen asymptotisch mit dem Faktor $\kappa^{-1} = 3 - \sqrt{8}$ ab:

$$\kappa^{-1} = \lim\sup \sqrt[n]{|a_n|} = 3 - \sqrt{8}.$$

Die optimale gebrochen lineare Abbildung ist von der Form $\zeta = \frac{1+\kappa t}{t+\kappa}$, $\kappa = 3 + \sqrt{8}$. Man erhält

$$8(\kappa+1)(\zeta+1)(\kappa^2-\zeta^2)\varphi' + 2(\zeta+\kappa)\varphi + \zeta - \kappa = 0,$$
$$\varphi(-1) = 1.$$

Die Singularitäten bei $\zeta = \pm\kappa$ bestimmen für die Entwicklung

$$\varphi(\zeta) = \alpha_0 + 2\sum_{v=1}^{\infty} \alpha_v T_v(\zeta)$$

den asymptotischen Konvergenzfaktor zu $\sigma^{-1} = \lim\sup \sqrt[n]{|\alpha_n|}$ mit $\sigma = \kappa + \sqrt{\kappa^2 - 1} \approx 2\kappa$. Vergleiche, z.B. mit den bei [5] Hart angegebenen Approximationen, zeigen, dass die Partialsummen dieser Entwicklung Approximationsfehler in der Grössenordnung der besten rationalen Approximationen mit gleicher Parameterzahl haben.

(b) Als zweites Beispiel betrachten wir die von [1] Clenshaw in gleichem Zusammenhang untersuchte Anfangswertaufgabe

$$(5+3x)y' - \frac{3}{2}y = 0, \quad y(-1) = \sqrt{2}.$$

Für die Lösung erwartet man Singularitäten bei $-\frac{5}{3}$ und ∞. Es folgt also für die Koeffizienten a_v eine asymptotische Abnahmegeschwindigkeit mit dem Faktor $\kappa^{-1} = \frac{1}{3}$. Die Partialsumme

$$q_4(x) = \frac{a_0}{2} + \sum_{v=1}^{4} a_v T_v(x)$$

mit $\frac{a_0}{2} = 2.1504$, $a_1 = 0.6611$, $a_2 = -0.0538$, $a_3 = 0.0178$, $a_4 = -0.0034$, die man durch Abschneiden des unendlichen linearen Gleichungssystems für die Koeffizienten erhält, approximiert die Lösung y im Intervall [-1,1] mit einem Fehler von 0.06.

Transformiert man aber die Differentialgleichung mittels $x = \frac{1-3\xi}{\xi-3}$, so erhält man

$$(9-\xi^2)\varphi' - 3\varphi = 0, \quad \varphi(-1) = \sqrt{2}.$$

Hier liegen die Singularitäten symmetrisch zum Intervall [-1,1]; für die Koeffizienten der Čebyšev-Entwicklung gilt $\limsup \sqrt[n]{|\alpha_n|} = 3-\sqrt{8} = 0.17\ldots \approx (2k)^{-1}$.
Die Partialsumme

$$\tilde{q}_4(x) = \frac{\alpha_0}{2} + \sum_{v=1}^{4} \alpha_v T_v\left(\frac{1+3x}{3+x}\right)$$

mit $\frac{\alpha_0}{2} = 2.0609$, $\alpha_1 = 0.6993$, $\alpha_2 = 0.0611$, $\alpha_3 = 0.0097$, $\alpha_4 = 0.0013$ approximiert die Lösung im Intervall [-1,1] mit einem Fehler von 0.004; man gewinnt also den erwarteten Faktor von ungefähr 2^{-4}.

LITERATUR

1. Clenshaw, C.W.: The Numerical Solution of Linear Differential Equations in Chebyshev Series. Proc. Camb. Phil. Soc. 53 (1957), 134-149.

2. Clenshaw, C.W. and Norton, H.J.: The Solution of Non-linear Differential Equations in Chebyshev Series. Comp. J. 6 (1963), 88-92.

3. Fox, L.: Chebyshev Methods for Ordinary Differential Equations. Comp. J. 4 (1962), 318-331.

4. Fox, L. and Parker, I.B.: Chebyshev Polynomials in Numerical Analysis. London-New York-Toronto: Oxford University Press 1968.

5. Hart, J.F. et al.: Computer Approximations. New York-London-Sydney: J. Wiley 1968.

6. Lanczos, C.: Applied Analysis. New York: Prentice-Hall 1957.

7. Locher, F.: Konvergenzbeschleunigung von Čebyšev-Entwicklungen. Erscheint demnächst.

8. Meinardus, G.: Approximation von Funktionen und ihre numerische Behandlung. Berlin-Göttingen-Heidelberg-New York: Springer-Verlag 1964.

9. Niethammer, W.: Zur analytischen Fortsetzung von Potenzreihenlösungen. ISNM 19 (1974), 181-190.

10. Norton, H.J.: The Iterative Solution of Non-linear Differential Equations in Chebyshev Series. Comp. J. 7 (1964), 76-85.

11. Scraton, R.E.: The Solution of Linear Differential Equations in Chebyshev Series. Comp. J. 8 (1965), 57-61.

12. Scraton, R.E.: A Method for Improving the Convergence of Chebyshev Series. Comp. J. 13 (1970), 202-203.

13. Tuan, P.D.: An Extension of Clenshaw's Method for Linear Differential Equations. BIT 13 (1973), 372-374.

14. Wright, K.: Chebyshev Collocation Methods for Ordinary Differential Equations. Comp. J. 6 (1964), 358-363.

Anschrift: Prof. Dr. F. Locher
Mathematisches Institut
der Universität Tübingen

D-7400 Tübingen

Auf der Morgenstelle 10

ISNM 27 Birkhäuser Verlag, Basel und Stuttgart, 1975

ZUR DISKRETISIERUNG VON VARIATIONSPROBLEMEN

Knut Merten

Solving numerically quasilinear elliptic boundary value problems by finite differences it is useful to approximate the variational problem belonging to it by a discrete analogue to get (in any case) a symmetric discrete Euler equation. Sufficient conditions for the consistency of the discrete Euler equation with two examples are given. For one of these discretisations we show uniform quadratic convergence for one and two dimensional problems of second order and for two dimensional problems of fourth order.

1. Einleitung

Bei der Diskretisierung von quasilinearen elliptischen Differentialgleichungen, die Eulergleichung eines Variationsproblems sind, besteht ein mögliches Vorgehen darin, daß man zuerst das Variationsintegral diskretisiert, um dann aus der Minimalforderung eine diskrete Eulergleichung zu erhalten. Der Vorteil der Methode ist, daß die zugehörige Funktionalmatrix in jedem Fall symmetrisch ist, ein Nachteil ist darin zu sehen, daß man die Konsistenz der diskreten Eulergleichung erst nachprüfen muß. (Tatsächlich zieht die Verwendung von Kubatur- bzw. Quadraturformeln höherer Ordnung eine inkonsistente Eulergleichung nach sich. Vgl. hierzu [4]) Wir geben im folgenden hinreichende Bedingungen für die Konsistenz der diskreten Eulergleichung an. Als Beispiele werden zwei bekannte Diskretisierungen angeführt. Für den allgemeinen Fall zeigen wir für eine dieser Diskretisierungen gleichmäßige quadratische Konvergenz bzgl. der Gitterkonstanten h für eindimensionale Probleme zweiter Ordnung und im zweidimensionalen Fall für Probleme zweiter und vierter Ordnung.

2. Problemstellung

Behandelt werden quasilineare elliptische Randwertprobleme der Form

$$(2.1) \qquad -\frac{\partial}{\partial x} f_{u_x} - \frac{\partial}{\partial y} f_{u_y} + f_u = 0$$

mit dem dazugehörigen Variationsintegral

$$(2.2) \qquad F[u] = \int_{\bar{\Omega}} f(x, y, u, u_x, u_y)\, dxdy = \text{Min}$$

wobei $\bar{\Omega}$ das Einheitsquadrat $0 \leq x \leq 1$, $0 \leq y \leq 1$ sein soll und die Randvorgabe $u|_{\Gamma} = 0$ angenommen wird. Darüber hinaus sollen folgende Voraussetzungen erfüllt sein:

(i) f sei bzgl. aller Variablen viermal stetig differenzierbar in $\bar{\Omega}$.

(ii) Für die Funktionalmatrix

$$\Phi = \begin{pmatrix} f_{uu} & f_{uu_x} & f_{uu_y} \\ f_{u_x u} & f_{u_x u_x} & f_{u_x u_y} \\ f_{u_y u} & f_{u_y u_x} & f_{u_y u_y} \end{pmatrix}$$

gelte für jeden reellen Vektor $z \in R^3$ entweder

$$(2.3) \qquad \hat{C}_2(z_1^2 + z_2^2 + z_3^2) \geq (z, \Phi z) \geq \hat{C}_1 \quad (z_1^2 + z_2^2 + z_3^2)$$

oder

$$(2.4) \qquad C_2(z_2^2 + z_3^2) \geq (z, \Phi z) \geq C_1(z_2^2 + z_3^2)$$

mit von x, y und u unabhängigen positiven Konstanten $\hat{C}_1$, $\hat{C}_2$, C_1, C_2. (Die rechte Ungleichung in (2.4) besagt nichts anderes, als daß die Differentialgleichung (2.1) gleichmäßig elliptisch ist.)

(iii) Es existiere eine eindeutige Lösung $u^0(x,y)$ (die viermal stetig differenzierbar in $\bar{\Omega}$ ist) des Problems (2.1) bzw. (2.2) mit $u|_\Gamma = 0$.

Die Problemformulierung für eindimensionale bzw. zweidimensionale Probleme vierter Ordnung lautet ganz analog (man vgl. etwa [1]). Wir gehen in Abschnitt 4 genauer darauf ein.

Wie üblich überziehen wir $\bar{\Omega}$ mit einem quadratischen Gitter der Maschenweite h, h > 0. Die inneren Gitterpunkte P_j, j = 1, 2, ..., n, werden von links unten nach rechts oben durchnumeriert. Eine am numerischen Rande verschwindende Gitterfunktion wird mit u_h, ihr Wert am Punkte P_j mit $u_h(P_j) = u_j$ bezeichnet.

(2.2) wird durch das diskrete Funktional

$$F_h[u_h] = \sum_{i=1}^{L} \gamma_i \, f(x_i, y_i, \sum_{j=1}^{n} C_{ij} u_j, \sum_{j=1}^{n} a_{ij} u_j, \sum_{j=1}^{n} b_{ij} u_j) \tag{2.5}$$

ersetzt. Hierbei seien γ_i die positiven Gewichte einer zulässigen Kubaturformel mit Kubaturpunkten Q_i, C_{ij} die Interpolationskoeffizienten für die Approximation von $u(Q_i)$, a_{ij} bzw. b_{ij} die Koeffizienten der Differenzenapproximation für $u_x(Q_i)$ bzw. $u_y(Q_i)$. Für verschiedene Kubaturpunkte Q_i sind also verschiedene Interpolationen bzw. Differenzenapproximationen zugelassen. Eine allgemeine Diskretisierung der Form (2.5) wurde zum erstenmal in [9] von R. S. Stepleman untersucht. Es werden hinreichende Bedingungen für die Existenz einer eindeutigen Minimallösung u_h^0 angegeben.

3. Konsistenz

Neben einer eindeutigen Minimallösung von (2.5) muß sichergestellt sein, daß

1. die Diskretisierung (2.5) konsistent ist, d. h.,

(3.1) $F_h'[r_h u^o] = \frac{1}{h^2} \frac{\partial F_h[r_h u^o]}{\partial u_\kappa} = O(h^t), \; t > 0, \quad \kappa = 1, 2, \ldots, n$

($r_h u^o$ bezeichnet die Restriktion der Lösung von (2.1) bzw. (2.2) auf die Gitterpunkte.)

und 2. die Diskretisierung stabil ist, was in unserem Fall heißen soll, daß die Inverse der Funktionalmatrix gleichmäßig (bzgl. h und u_h) in der Spektralnorm beschränkt ist, also eine von h und u_h unabhängige positive Konstante M derart existiert, daß

(3.2) $$\left|\left|\left(\frac{1}{h^2} \frac{\partial F[u_h]}{\partial u_\kappa \partial u_\iota}\right)^{-1}\right|\right|_s \leq M \qquad \kappa = 1, 2, \ldots, n; \quad \iota = 1, 2, \ldots, n.$$

Hat die rechte Ungleichung in (2.3) Gültigkeit, so kann man unter recht allgemeinen Voraussetzungen die Stabilität sicherstellen (vgl. [4]); hinreichende Bedingungen für die Konsistenz der diskreten Eulergleichung gibt folgender Satz an.

Satz 1 Wählt man die Kubaturpunkte derart, daß gilt:

(i) Zu dem Kubaturpunkt Q_i existieren σ Gitterpunkte P_{κ_i}, so daß die Werte

$$h_{\kappa_i} = x_i - x_{\kappa_i} \text{ und } k_{\kappa_i} = y_i - y_{\kappa_i}, \quad \kappa_i = j_1^*, j_2^*, \ldots, j_\sigma^*$$

unabhängig von i fest sind.

(ii) Zu jedem inneren Gitterpunkt P_κ existieren σ Kubaturpunkte Q_{i_κ}, so daß

$$h_{i_\kappa} = x_\kappa - x_{i_\kappa} = -(x_i - x_{\kappa_i})$$

$$k_{i_\kappa} = y_\kappa - y_{i_\kappa} = -(y_i - y_{\kappa_i}), \qquad i_\kappa = j_1, j_2, \ldots, j_\sigma,$$

gilt.

(iii) Die Kubaturkoeffizienten γ_i sind unabhängig von i fest, i.e. $\gamma_i = \gamma \quad \forall \; i$.

und verwendet man weiter für alle Kubaturpunkte Q_i eine feste Interpolation für $u(Q_i)$ der Ordnung $O(h^{t(u)})$ bzw. feste Differenzenapproximationen für $u_x(Q_i)$ und $u_y(Q_i)$ der Ordnung $O(h^{t(u_x)})$ und $O(h^{t(u_y)})$ mit Hilfe von $\mathcal{G}(u) \leq \mathcal{G}$ $(\mathcal{G}(u_x) \leq \mathcal{G}, \mathcal{G}(u_y) \leq \mathcal{G})$ Gitterpunkten P_{κ_i}, dann ist die Konsistenzordnung der Eulergleichung $O(h^t)$, wobei $t = \mathrm{Min}\{t(u), t(u_x), t(u_y)\}$ und $t(u) \geqslant 1$, $t(u_x) \geqslant 1$, $t(u_y) \geqslant 1$ sein soll.

<u>Beweis:</u> Wir zeigen, daß $(-\frac{\partial}{\partial x} f_{u_x})(P_\kappa)$ mit der Ordnung $O(h^t)$ approximiert wird.

Wegen (i) existiert eine feste Differenzenapproximation für alle $u_x(Q_i)$ mit Koeffizienten $a_1, a_2, \ldots, a_{\mathcal{G}(u_x)}$. Wegen (i) und (ii) geht zur Differenzenapproximation von $u_x(Q_{i_\kappa})\, u_\kappa$ für alle κ mit dem Koeffizienten $a_{i_\kappa} = a_k$, $k = 1, 2, \ldots, \mathcal{G}(u_x)$, ein. Nach Differentiation nach u_κ und Multiplikation mit $\frac{1}{h^2}$ (vgl. (3.1)) erhält man den Term

$$\sum_{k=1}^{\mathcal{G}(u_x)} a_k\, f_{u_x}(x_{j_k}, y_{j_k}, ., ., .) \tag{3.3}$$

(γ ist hier o.B.d.A. zu h^2 angenommen).

Nach Taylorreihenentwicklung schreibt sich (3.3)

$$\sum_{k=1}^{\mathcal{G}(u_x)} a_k\, f_{u_x}(Q_{j_k}) + \sum_{k=1}^{\mathcal{G}(u_x)} a_k \Big[f_{u_x u}(Q_{j_k})\, O(h^{t(u)}) + f_{u_x u_x}(Q_{j_k})\, O(h^{t(u_x)}) + f_{u_x u_y}(Q_{j_k})\, O(h^{t(u_y)}) \Big] + O(h^{\tau}), \quad \tau \geqslant t \tag{3.4}$$

Die a_k waren so gewählt, daß sie dem System

$$\sum_{k=1}^{\mathcal{G}(u_x)} a_k = 0$$

(3.5) $$\sum_{k=1}^{\mathcal{G}(u_x)} h_{j_k}^{*} a_k = 1$$

$$\left[\sum_{k=1}^{\mathcal{G}(u_x)} a_k (\cdot)^{*} = 0 \right]$$ genügen, wobei der eckige Klammer-

ausdruck den Taylorreihenabgleich in den weiteren Termen bezeichnen soll. Wegen (ii) genügen die a_k dann auch dem System

$$\sum_{k=1}^{\mathcal{G}(u_x)} a_k = 0$$

(3.6) $$\sum_{k=1}^{\mathcal{G}(u_x)} h_{j_k} a_k = -1$$

$$\left[\sum_{k=1}^{\mathcal{G}(u_x)} a_k (\cdot) = 0 \right] .$$

Somit gilt

$$\sum_{k=1}^{\mathcal{G}(u_x)} a_k f_{u_x} (Q_{j_k}) = (- \frac{\partial}{\partial x} f_{u_x}) (P_\kappa) + O(h^{t(u_x)})$$

und weiter schreibt sich (3.3) auf Grund von (3.4) als

$$\left(-\frac{\partial}{\partial x} f_{u_x}\right)(P_\kappa) + O(h^t).$$

Der Beweis für die Terme $(f_u)(P_\kappa)$ und $\left(-\frac{\partial}{\partial y} f_{u_y}\right)(P_\kappa)$ verläuft ganz analog.

In [3] werden diskrete Approximationen für (2.2) der Form

$$\sum_{\nu=1}^{s} \alpha_\nu \sum_{i=1}^{L} \gamma_i f(x_i, y_i, \sum_{j=1}^{n} C_{ij}^{(\nu)} u_j, \sum_{j=1}^{n} a_{ij}^{(\nu)} u_j, \sum_{j=1}^{n} b_{ij}^{(\nu)} u_j) \tag{3.7}$$

mit $\sum_{\nu=1}^{s} \alpha_\nu = 1$, $\alpha_\nu \geqslant 0$, angegeben.

Den Satz 1 entsprechenden Konsistenzsatz hierfür formulieren wir in

Satz 1*: Es gelte (i) - (iii) des Satzes 1. Verwendet man für $u(Q_i)$ eine feste (bzgl. i) Interpolationschar mit Koeffizienten $C_k^{(\nu)}$, $k = 1, 2, \ldots, \sigma(u)^{(\nu)}$, bzw. eine feste Schar von Differenzenapproximationen für $u_x(Q_i)$ mit Koeffizienten $a_k^{(\nu)}$, $k = 1, 2, \ldots, \sigma(u_x)^{(\nu)}$, und $u_y(Q_i)$ mit Koeffizienten $b_k^{(\nu)}$, $k = 1, 2, \ldots, \sigma(u_y)^{(\nu)}$, dann ist die Konsistenz der diskreten Eulergleichung $O(h^t)$, wobei

$$t = \operatorname{Min}\{\operatorname{Min}_\nu \{t(u)^{(\nu)}\}, \operatorname{Min}_\nu \{t(u_x)^{(\nu)}\}, \operatorname{Min}_\nu \{t(u_y)^{(\nu)}\}\}$$

und $t(u)^{(\nu)} \geqslant 1$, $t(u_x)^{(\nu)} \geqslant 1$, $t(u_y)^{(\nu)} \geqslant 1$ sein soll.

Die Beweisführung erfolgt analog der von Satz 1.

Beispiel 1: Für alle Gitterquadrate liege der Kubaturpunkt Q_i im Mittelpunkt.

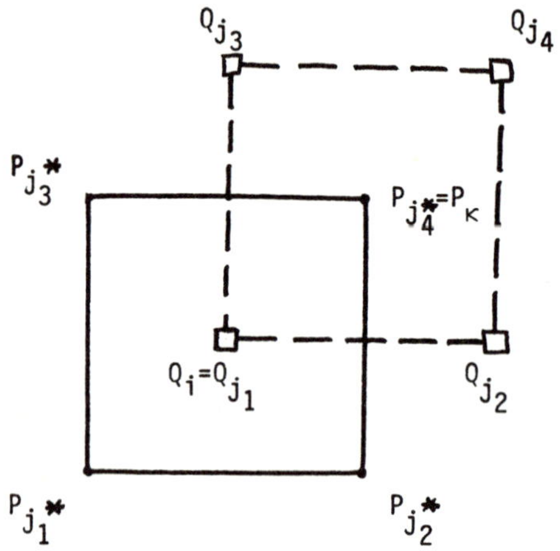

Abb. 1

Als gleichmäßige Interpolation bzw. Differenzenapproximation wählen wir:

$$u\,(Q_i) = \frac{1}{4}\left[u_{j_1^*} + u_{j_2^*} + u_{j_3^*} + u_{j_4^*}\right] + O(h^2)$$

$$u_x(Q_i) = \frac{1}{2h}\left[u_{j_2^*} - u_{j_1^*} + u_{j_4^*} - u_{j_3^*}\right] + O(h^2)$$

$$u_y(Q_i) = \frac{1}{2h}\left[u_{j_3^*} - u_{j_1^*} + u_{j_4^*} - u_{j_2^*}\right] + O(h^2)$$

Mit $\gamma_i = \gamma = h^2$ (Mittelpunktsformel) genügt die Diskretisierung allen Voraussetzungen von Satz 1. Die Konsistenzordnung ist demnach $O(h^2)$.

Beispiel 2: Die Kubaturformel sei wie in Beispiel 1. Für eine Approximation der Form (3.7) wählen wir:

$$s = 4, \quad \alpha_\nu = \frac{1}{4}$$

$$u(Q_i) = \frac{1}{4} [u_{j_1^*} + u_{j_2^*} + u_{j_3^*} + u_{j_4^*}] + O(h^2) \qquad \nu = 1,2,3,4$$

$$u_x(Q_i) = \frac{1}{h} [u_{j_2^*} - u_{j_1^*}] + O(h) \qquad \nu = 1,2$$

$$u_x(Q_i) = \frac{1}{h} [u_{j_4^*} - u_{j_3^*}] + O(h) \qquad \nu = 3,4$$

$$u_y(Q_i) = \frac{1}{h} [u_{j_3^*} - u_{j_1^*}] + O(h) \qquad \nu = 1,3$$

$$u_y(Q_i) = \frac{1}{h} [u_{j_4^*} - u_{j_2^*}] + O(h) \qquad \nu = 2,4$$

Die Konsistenz ist mit Satz 1^* $O(h)$, tatsächlich ist sie jedoch $O(h^2)$, da sich die Fehlerterme in h gerade herausheben.

4. Konvergenz

Im weiteren werden noch folgende Normen benötigt:

(i) $\quad ||u_h||_{\infty,h} = \underset{j}{\text{Max}} \, |u_j| = \underset{i,k}{\text{Max}} \, |u_{i,k}| \qquad i = 1,2,\ldots, N, \quad k = 1,2,\ldots, N$

(Wir verwenden gegenüber oben die für Abschnitt 4 besser geeignete übliche Doppelindizierung für Gitterfunktionen, also $u_j = u(P_j) = u(x_i,y_k) = u_{i,k}$, $i = 1, 2, \ldots, N$, $\kappa = 1, 2, \ldots, N$, $n = N^2$.)

(ii) $\quad ||u_h||_{2,h} = (h^2 \sum_{i,k=1}^{N} u_{i,k}{}^2)^{1/2},$

(iii) $\quad ||u_h||_{2,1,h} = (h^2 \sum_{i,k=0}^{N} u_{i,k}{}^2 + \nabla_x{}^2 u_{i,k} + \nabla_y{}^2 u_{i,k})^{1/2}$

mit $\nabla_x = \frac{1}{h}(u_{i+1,k} - u_{i,k})$; $\nabla_y = \frac{1}{h}(u_{i,k+1} - u_{i,k})$

Satz 2: Unter der Voraussetzung der glm. Elliptizität (rechte Ungleichung (2.4)) gelten für die Diskretisierung (2) (aus Beispiel 2) für $v_h^o = r_h u^o - u_h^o$ die Konvergenzaussagen::

(i) $||v_h^o||_{2,h} = O(h^2)$

(ii) $||v_h^o||_{2,1,h} = O(h^2)$.

Beweis: Es gilt die Darstellung

$$(4.1) \qquad (F_h'(r_h u^o) - F_h'(u_h^o), v_h^o) = \int_o^1 (F_h''(u_h^o + t\, v_h^o)(v_h^o), v_h^o)dt$$

Wegen der Stabilität gemäß (3.2), die in [3] schon gezeigt wurde und mit Hilfe der Cauchy-Schwarzschen Ungleichung gewinnt man aus (4.1) die Ungleichung

$$(4.2) \qquad ||F_h'(r_h u^o) - F_h'(u_h^o)||_{1_2} ||v_h^o||_{1_2} \geq \int_o^1 \alpha_o^2 ||v_h^o||_{1_2}^2 \, dt$$

mit $\alpha_o = \frac{1}{M}$.

Wegen der Konsistenzordnung $O(h^2)$ der Diskretisierung (2) folgt $||v_h^o||_{1_2} = O(h)$ und demnach $||v_h^o||_{2,h} = O(h^2)$. Wir erhalten weiter aus (i) und der Konsistenz

$$O(h^4) = h^2||F'_h(r_h u^o) - F'_h(u_h^o)||_{l_2}||v_h^o||_{l_2}$$

$$\geq h^2 (F'_h(r_h u^o) - F'_h(u_h^o), v_h^o)$$

$$(4.3) = \int_0^1 h^2(F''_h(u_h^o + t\, v_h^o)(v_h^o), v_h^o)dt$$

$$\geq \int_0^1 C_1[h^2 \sum_{i,k=o}^{N} \nabla_x^2 v_{i,k}^o + \nabla_y^2 v_{i,k}^o]dt = C_1||\nabla_x v_{i,k}^o + \nabla_y v_{i,k}^o||_{2,h}^2$$

Die letzte Ungleichung folgt aus der glm. Elliptizität, man macht sie sich leicht klar, wenn man beachtet, daß die rechte Seite der Ungleichung abgesehen von der Elliptizitätskonstanten C_1 nichts anderes ist als die Diskretisierung (2) (für den Fehler $v_{i,k}^o$) des einfachsten quadratischen Funktionals $\int_\Omega (u_x^2 + u_y^2)dxdy$.

(4.3) zusammen mit der Aussage (i) gibt dann (ii).

Folgerung 1: Gilt in (2.4) auch noch die linke Ungleichung, dann konvergiert $F_h[r_h u^o] - F_h[u_n^o]$ wie $O(h^4)$ gegen Null.

Beweis: Wir bemerken zuerst, daß $F_h[r_h u^o] - F_h[u_h^o] \geq 0$ gilt wegen der Minimaleigenschaft von u_h^o. Man hat die Darstellung (vgl. etwa [7])

$$F_h[r_h u^o] - F_h[u_h^o]$$

$$(4.4) \quad = \int_0^1 \tau \left[\int_0^1 h^2(F''_h(u_h^o + t \cdot \tau(v_h^o))(v_h^o), v_h^o)dt\right] d\tau .$$

Wie im Beweis von Satz 2 schätzt man dann

$$F_h[r_h u^o] - F_h[u_h^o] \geq \int_0^1 C_1\, \tau||\nabla_x v_{i,k}^o + \nabla_y v_{i,k}^o||_{2,h}^2\, d\tau$$

ab.

Mit der linken Ungleichung von (2.4) erhält man schließlich aus (4.4)

$$(4.5)\ \frac{1}{2} C_2 \|\nabla_x v_{i,k}^{o} + \nabla_y v_{i,}^{o}\|_{2,h}^2 \geq F_h[r_h u^o] - F_h[u_h^o] \geq \frac{1}{2} C_1 \|\nabla_x v_{i,k}^{o} + \nabla_y v_{i,k}^{o}\|_{2,}^2$$

und somit

$$(4.6) \qquad F_h[r_h u^o] - F_h[u_h^o] = O(h^4).$$

Mit der Diskretisierung (1) erhält man ganz ähnliche Aussagen, insbesondere auch (4.6). Wendet man jedoch (1) auf das einfachste Variationsproblem $\int_\Omega (u_x^2 + u_y^2)dxdy$ an, so erkennt man, daß mit der Diskretisierung (1) auf Grund der Beweisführung von Satz 2 die ersten Differenzenquotienten ∇_x und ∇_y nicht wie in (4.3) abgeschätzt werden können.

Folgerung 2: Für eindimensionale Probleme der Form

$$\int_0^1 f(x, y, y')dx = \text{Min.},\ y(o) = y(1) = 0$$

mit $f \in C^4[o,1]$ und unter der Voraussetzung der glm. Elliptizität, d.h., es existiert eine von x und y unabhängige Konstante $\tilde{C}_1 > 0$ derart, daß für alle $z \in R^2$ gilt.

$$(4.7) \qquad \begin{pmatrix} z_1 \\ z_2 \end{pmatrix}^T \begin{pmatrix} f_{yy} & f_{yy'} \\ f_{y'y} & f_{y'y'} \end{pmatrix} \begin{pmatrix} z_1 \\ z_2 \end{pmatrix} \geq \tilde{C}_1 \ z_2^2$$

erhält man mit den Diskretisierungen (1) und (2) (sie sind im eindimensionalen Fall identisch (vgl. [5])) gleichmäßige quadratische Konvergenz.

Die Konvergenzaussage ergibt sich sofort mit dem diskreten Sobolev'schen Lemma([8])aus Satz 2.

Für zweidimensionale Probleme vierter Ordnung, also etwa

$$(4.8)\qquad \int_{\Omega} f(x,y,u_{xx}, u_{yy}, u_{xy}, u_x, u_y, u)dx\,dy = \text{Min}$$
$$\text{mit } u = 0, \quad u_\nu = 0 \text{ auf } \Gamma$$

reicht es, zum Konvergenzbeweis eine Diskretisierung der Form (2) für u_{xx} und u_{yy} anzugeben.

Diskretisierung (3):

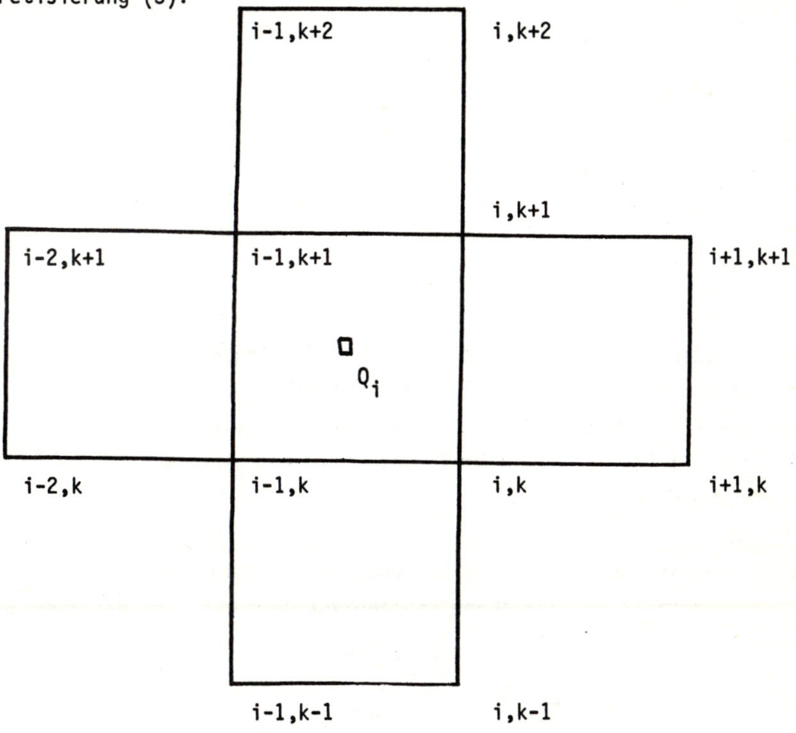

Abb. 2

$$u_{xx}(Q) = \nabla_{xx}\, u_{i,k} + O(h)$$
$$\nu = 1$$
$$u_{yy}(Q) = \nabla_{yy}\, u_{i,k+1} + O(h)$$

$$u_{xx}(Q) = \nabla_{xx}\, u_{i-1,k} + O(h)$$
$$\nu = 2$$
$$u_{yy}(Q) = \nabla_{yy}\, u_{i-1,k+1} + O(h)$$

$$u_{xx}(Q) = \nabla_{xx}\, u_{i,k+1} + O(h)$$
$$\nu = 3$$
$$u_{yy}(Q) = \nabla_{yy}\, u_{i,k} + O(h)$$

$$u_{xx}(Q) = \nabla_{xx}\, u_{i-1,k+1} + O(h)$$
$$\nu = 4$$
$$u_{yy}(Q) = \nabla_{yy}\, u_{i-1,k} + O(h)$$

Zur Approximation von $u_{xy}(Q)$ reicht es, wenn man irgendeine gleichmäßige Diskretisierung der Ordnung $O(h^2)$ nimmt. Für $u(Q)$, $u_x(Q)$ und $u_y(Q)$ kann man entweder (1) oder (2) wählen. Die Gesamtkonsistenz ist dann $O(h^2)$, was man etwa mit Satz 1 und Satz 1^*, die hier im übertragenen Sinne Gültigkeit haben, nachweist.

Folgerung 3: Existiert eine von x, y und u unabhängige positive Konstante C_1^* derart, daß für jeden reellen Vektor $z \in R^6$ und der Funktionalmatrix Φ von $f(x,y,u,u_x,u_y,u_{xy},u_{yy},u_{xx})$

(4.9) $\quad (z, \Phi z) \geq C_1^*(z_5^2 + z_6^2)$ gilt

und verwendet man die Diskretisierung (3) und diskretisiert sonst wie oben angedeutet, dann ergibt sich für den Fehler v_h^o die Konvergenzaussage $||v_h^o||_{\infty,h} = O(h^2)$.

Beweis: Die Beweisführung übernehmen wir fast wörtlich aus Satz 2. (Man beachte, daß mit einem doppelten numerischen Rand gearbeitet werden kann, vgl. [2]) Die Stabilität erhält man sofort, wenn man beachtet, daß die Diskretisierung (3) für das einfachste Problem $\int_{\bar{\Omega}} (u_{xx}{}^2 + u_{yy}{}^2)dxdy = \text{Min}$ auf den bekannten neunpunktigen Stern (vgl. [5]) führt. Wie in Satz 2 für die ersten Differenzenquotienten erhält man jetzt für ∇_{xx} und ∇_{yy} die Abschätzung

(4.1o) $$||\nabla_{xx} v_{i,k}{}^o + \nabla_{yy} v_{i,k}{}^o||_{2,h} = O(h^2)$$

Die gleichmäßige quadratische Konvergenz folgt wieder mit dem diskreten Sobolev'schen Lemma.

Zur Diskretisierung Probleme vierter und höherer Ordnung vergleiche man auch [2]. Im allgemeinen muß man noch die Forderung stellen, daß f bzw. u sechsmal stetig differenzierbar sind.

Um wie angekündigt die entsprechende Konvergenzaussage für zweidimensionale Probleme zweiter Ordnung zu machen, benötigen wir folgendes

Lemma: Für die Diskretisierung (2) läßt sich die (i,k)-te Komponente des Vektors $F''_h[u_h{}^o + t\, v_h{}^o](v_h{}^o)$ schreiben:

$$F''_h[u_h{}^o + t\, v_h{}^o](v_h{}^o)(i,k) = f_{u_x u_x}(i,k)\nabla_{xx} v^o_{i,k} + 2f_{u_x u_y}(i,k)\nabla_{xy} v^o_{i,k}$$

(4.11) $$+ f_{u_{yy}}(i,k)\nabla_{yy} v^o_{i,k} + \sum_{j,l=-1}^{1} \Big[M_{j,l}^{i,k}\, u_{i+j,k+l} + \hat{M}_{j,l}^{i,k} \nabla_x v^o_{i+j,k+l}$$

$$+ \tilde{M}_{j,l}^{i,k}\, \nabla_y\, v^o_{i+j,k+l}\Big] \qquad i = 1, 2, \ldots, N, \quad k = 1, 2, \ldots, N$$

Die Werte $M_{j,l}^{i,k}$, $\hat{M}_{j,l}^{i,k}$, $\tilde{M}_{j,l}^{i,k}$ sind hierbei unabhängig von h beschränkte Funktionen. $\nabla_{xy}\, u_{i,k}$ stellt wie üblich den Differenzenquotienten $\nabla_{xy}\, u_{i,k} = \frac{1}{4h^2}\,(u_{i+1,k+1} - u_{i-1,k+1} + u_{i-1,k-1} - u_{i+1,k-1})$ dar.

Der Beweis des Lemmas ist umfangreich, im wesentlichen besteht er aus folgendem Vorgehen:

Man bildet $F''_h[u_h^o + t\, v_h^o]$ und entwickelt nach $f_{u_x u_x}(i,k)$, $f_{u_y u_y}(i,k)$ und $f_{u_x u_y}(i,k)$. Die Restterme werden so kombiniert, daß h nicht mehr im Nenner steht. Man erhält so die Konstanten $M_{j,l}^{i,k}$, die die höheren Ableitungen von f bzw. u an Mittelwerten darstellen. Die Terme $f_{u_x u}(\,\cdot\,)$ und $f_{u_y u}(\,\cdot\,)$ liefern entsprechend die Werte $\hat{M}_{j,l}^{i,k}$ und $\tilde{M}_{i,l}^{j,k}$. Es treten z. B. allein 32 Terme der Form $f_{u_x u_y}(\,\cdot\,)$ auf. Wir verzichten deshalb auf den ausführlichen Beweis. Dieser kann in [10] nachgelesen werden.

Satz 3: Für die Differenzenquotienten $\nabla_{xx}\, v_{i,k}^o$ und $\nabla_{yy}\, v_{i,k}^o$ und eine positive Konstante K gilt die Abschätzung

$$\begin{aligned} &||\nabla_{xx}\, v_{i,k}^o||_{2,h} + ||\nabla_{yy}\, v_{i,k}^o||_{2,h} \\ (4.12)\qquad & \\ &< K\,\{||v_{i,k}^o||_{2,h} + ||\nabla_x\, v_{i,k}^o||_{2,h} + ||\nabla_y\, v_{i,k}^o||_{2,h} + O(h^2)\} \end{aligned}$$

Beweis: Die Beweisidee geht auf eine Arbeit von Nitsche-Nitsche (vgl. [6]) zurück. Wir haben

$$\int_0^1 F''_h[u_h^o + t\, v_h^o]\,(v_h^o)dt = F'_h[v_h u^o] - F'_h[u_h^o]$$

und wegen (4.11) und der Konsistenz dann nach Durchmultiplizieren mit

$$\frac{\nabla_{xx} v_{i,k}^{o}}{f_{u_y u_y}(i,k)}$$

$$\frac{1}{f_{u_y u_y}(i,k)} \Big[f_{u_x u_x}(i,k)(\nabla_{xx} v_{i,k}^{o})^2 + 2 f_{u_x u_y}(i,k) \nabla_{xx} v_{i,k}^{o} \nabla_{xy} v_{i,k}^{o}$$

$$(4.13) \quad + f_{u_y u_y}(i,k)(\nabla_{xy} v_{i,k}^{o})^2 \Big] + (\nabla_{xx} v_{i,k}^{o} \nabla_{yy} v_{i,k}^{o} - (\nabla_{xy} v_{i,k}^{o})^2)$$

$$= - \frac{\nabla_{xx} v_{i,k}^{o}}{f_{u_y u_y}(i,k)} \Big[\sum_{j,l=-1}^{1} M_{i,l}^{i,k} v_{i+j,k+l}^{o} + \hat{M}_{j,l}^{i,k} \nabla_x v_{i+j,k+l}^{o} + \tilde{M}_{j,l}^{i,k} \nabla_y v_{i+j,k+l}^{o} + O(h^2) \Big]$$

Auf Grund von (2.4) existieren zwei positive Konstante γ_1 und γ_2 mit $\gamma_1 \leqslant f_{u_y u_y}(i,k) \leqslant \gamma_2$ für alle i und k, so daß

$$\frac{\gamma_1}{\gamma_2} \Big[(\nabla_{xx} v_{i,k}^{o})^2 + (\nabla_{xy} v_{i,k}^{o})^2 \Big] + (\nabla_{xx} v_{i,k}^{o} \nabla_{yy} v_{i,k}^{o} - (\nabla_{xy} v_{i,k}^{o})^2)$$

$$\leqslant \frac{1}{\gamma_1} M^{i,k} \Big[\sum_{j,l=-1}^{1} |v_{i+j,k+l}^{o} \nabla_{xx} v_{i,k}^{o}| + |\nabla_x v_{i+j,k+l}^{o} \nabla_{xx} v_{i,k}^{o}|$$

$$+ |\nabla_y v_{i+j,k+l}^{o} \nabla_{xx} v_{i,k}^{o}| + |O(h^2) \nabla_{xx} v_{i,k}^{o}| \Big]$$

mit $M^{i,k} = \mathrm{Max}\,\{\max_{j,l} \{M_{j,l}^{i,k}\}, \max_{j,l} \{\hat{M}_{j,l}^{i,k}\}, \max_{j,l} \{\tilde{M}_{j,l}^{i,k}\}, 1\}$ gilt.

Wegen $|\alpha\beta| < \frac{\varepsilon}{2}\alpha^2 + \frac{1}{2\varepsilon}\beta^2$ für reelle α, β und $\varepsilon > 0$ erhalten wir mit

$$\varepsilon^{i,k} = \frac{\gamma_1^2}{28\gamma_2 \cdot M^{i,k}}$$

$$\frac{1}{2}(\nabla_{xx} v_{i,k}{}^{o})^2 + (\nabla_{xy} v_{i,k}{}^{o})^2 + \frac{\gamma_2}{\gamma_1}(\nabla_{xx} v_{i,k}{}^{o} \nabla_{yy} v_{i,k}{}^{o} - (\nabla_{xy} v_{i,k}{}^{o})^2)$$

(4.14)

$$\leq \frac{14M^{i,k}\gamma_2{}^2}{\gamma_1{}^4}\Big(\sum_{j,l=-1}^{1} (v^o_{i+j,k+l})^2 + (\nabla_x v^o_{i+j,k+l})^2 + (\nabla_y v^o_{i+j,k+l})^2 + O(h^2)\Big)$$

Mit $\sum_{i,k=1}^{N} (\nabla_{xx} v_{i,k}{}^{o} \nabla_{yy} v_{i,k}{}^{o} - (\nabla_{xy} v_{i,k}{}^{o})^2) \geq 0$ (vgl. [6]) ergibt sich unter Vernachlässigung von $(\nabla_{xy} v_{i,k}{}^{o})^2$, Aufsummieren und Durchmultiplizieren mir h^2 dann (ohne die Konstante K exakt auszurechnen)

$$||\nabla_{xx} v_{i,k}{}^{o}||_{2,h} < K\{||v_{i,k}{}^{o}||_{2,h} + ||\nabla_x v_{i,k}{}^{o}||_{2,h}$$

(4.15)

$$+ ||\nabla_y v_{i,k}{}^{o}||_{2,h} + O(h^2)\}$$

Dasselbe Vorgehen mit $\frac{\nabla_{yy} v_{i,k}{}^{o}}{f_{u_x u_x}(i,k)}$ ergibt dann die gewünschte Abschätzung (4.12).

Die gleichmäßige quadratische Konvergenz folgt endlich mit Satz 3, Satz 2 und wiederum dem diskreten Sobolev'schen Lemma.

Literatur

|1| Gelfand, I. M. und Fomin, S. V.: Calculus of Variations. Prentice Hall, Inc., 1963

|2| Gentzsch, W.: Zur numerischen Behandlung quasilinearer elliptischer Differentialgleichungen 4. Ordnung in zwei Dimensionen. Lecture Notes in Mathematics 395, Springer-Verlag, 1973

|3| Meis, Th. und Törnig, W.: Iterative Lösung nichtlinearer Gleichungssysteme und Diskretisierungsverfahren bei elliptischen Differentialgleichungen. Computing 5, 197o

|4| Merten, K.: Stabilität und Konsistenz bei der Diskretisierung von Variationsproblemen. Bonner Math. Schriften, 1974, erscheint demnächst

|5| Mikhlin, S. G. und Smolitskiy, K. L.: Approximate Methods for Solution of Differential and Integral Equations. American Elsevier Publ. Comp., Inc., 1967

|6| Nitsche, J. und Nitsche, J. C. C.: Error Estimates for the Numerical Solution of Elliptic Differential Equations. Arch. for Rational Mechanics and Aual., Vd. 5. 196o

|7| Ortega, J. M. und Rheinboldt, W. C.: Iterative Solution of Nonlinear Equations in Several Variables. Academic Press, 197o

|8| Sobolev, S. L.: Über eine Abschätzung gewisser Summen von Gitterfunktionen (russisch). Jswestijy Akademii Nauk SSR 4, 194o

|9| Stepleman, R.: Finite Dimensional Analognes of Variational and Ouasilinear Elliptic Dirichlet Problems. Techn. Rep. 69 - 88, Computer Science Center, University of Maryland, College Park, 1969 (Dissertation)

|1o| Merten, K.: Zur Theorie der Diskretisierung von Variationsproblemen. Dissertation, TH Darmstadt 1975, D17.

Knut Merten
Fachbereich Mathematik
der Technischen Hochschule
Darmstadt
61 Darmstadt
Kantplatz 1

ISNM 27 Birkhäuser Verlag, Basel und Stuttgart, 1975

ÜBER DIE NUMERISCHE LÖSUNG NICHTLINEARER DIFFERENTIALGLEICHUNGEN MIT SPLINES VON NIEDRIGER ORDNUNG

Gh. Micula

In vielen neuren Veröffentlichungen [1] - [3], [7] - [15] wurden verschiedene Methoden zur numerischen Lösung von Differential- und Integrodifferentialgleichungen unter Verwendung von Spline-Funktionen verwendet.

Viele von diesen Methoden sind äquivalent mit bestimmten linearen diskreten Vielstufenmethoden, aber diese Methoden konvergieren nur für Spline-Approximationsfunktionen von niedrigem Grad.

Die Divergenz der Methoden bei Verwendung von Spline-Funktionen höherer Ordnung ist eine Folge der Stetigkeitsforderungen an die Spline-Funktionen.

Es ist möglich bei Weglassung der Stetigkeitsforderungen Verfahren von höherer Konvergenzordnung anzugeben. Diese Bemerkung ist erstmals in [9] gemacht und dann in [3], [8], [1], [13] entwickelt worden. Die Ergebnisse dieser Arbeiten zeigen, daß ohne Stetigkeitsforderungen an die höheren Ableitungen der Spline-Funktionen konvergente Methoden erreicht werden können.

In dieser Arbeit (entsprechend der Idee in [1], [3]) soll ein Verfahren zur Approximation der Lösung eines Anfangswertproblems bei nichtlinearen Differentialgleichungen zweiter Ordnung mittels Spline-Funktion vom Grade $m \geq 3$ und der Klasse C^2 entwickelt werden.

Insofern ist die Methode eine konsistente Einstufenmethode der Ordnung $m \geq 3$, sie ist konvergent.

Wir betrachten das Anfangswertproblem

(1) $$y'' = f(x,y,y')$$

(2) $$y(a) = y_0, \quad y'(a) = y'_0$$

wobei $a \in I$ und $I \subset \mathbb{R}$ ein nichttriviales kompaktes Intervall ist.

Die Funktion $f: I \times \mathbb{R}^2 \to \mathbb{R}$ ist eine genügend glatte Funktion, die einer Lipschitz Bedingung

$$(3) \qquad |f(x,y_1,z_1) - f(x,y_2,z_2)| \leq L(|y_1-z_1| + |y_2-z_2|)$$

$$\forall (x,y_1,z_1),(x,y_2,z_2) \in I \times \mathbb{R}^2$$

genügt.

Diese Bedingungen garantieren die Existenz genau einer Lösung $y: [a,b] \to \mathbb{R}$ zu (1) - (2).

Gegeben sei eine Zerlegung

$$a = \xi_o < \xi_1 < \ldots < \xi_N = b$$

des Intervalls $[a,b]$.

Mit $S_m^{(2)}(Z_N)$ wird der Raum aller polynomialen Spline-Funktionen vom Grade $m \geq 3$ und der Klasse $C^2[a,b]$ mit den Knotenpunkten Z_N bezeichnet, wobei $Z_N = \{x = \xi_k : k = 0,1,\ldots,N-1\}$ ist.

Im folgenden soll eine Spline-Funktion $s \in S_m^{(2)}(Z_N)$ konstruiert werden, um die Lösung y auf dem Intervall $[a,b]$ näherungsweise zu bestimmen.

Auf dem Teilintervall $\left[\xi_k,\xi_{k+1}\right]$ wird die Spline-Funktion $s \in S_m^{(2)}(Z_N)$ definiert durch:

$$(4) \qquad s(x) = s_k(x) = \sum_{\nu=0}^{m} \frac{C_{k,\nu}}{\nu!} (x - \xi_\nu)^\nu, \quad x \in \left[\xi_k,\xi_{k+1}\right],$$

$$k = 0,1,\ldots,N-1$$

Da $s \in C^2[a,b]$, haben wir:

$$C_{k,o} = s_{k-1}(\xi_k), \quad k = 0,1,\ldots,N-1, \quad (s_{-1}(\xi_o) = y_o)$$

$$C_{k,1} = s'_{k-1}(\xi_k), \quad k = 0,1,\ldots,N-1, \quad (s'_{-1}(\xi_o) = y'_o)$$

$$C_{k,2} = s''_{k-1}(\xi_k), \quad k = 0,1,\ldots,N-1 \quad (s''_{-1}(\xi_o) = f(x_o,y_o,y'_o))$$

Die Menge der unbekannten Koeffizienten $\{C_{k,\nu} : \nu=3,\ldots,m\}$ wird so bestimmt, daß für gegebenes k, die Funktion s die Differentialgleichung (1) auf einer gegebenen Knotenmenge $\{x_{k,j}\} \subset I_k$ erfüllen soll, d.h.

(5) $$s''_k(x_{k,j}) = f(x_{k,j}, s_k(x_{k,j}), s'_k(x_{k,j})), \quad j = 1,2,\ldots,m-2$$

wobei

$$\xi_k < x_{k,1} < x_{k,2} < \ldots < x_{k,m-2} = \xi_{k+1}, \; k = 0,1,\ldots,N-1$$

Wenn die Funktionen $\{s_i : i = 0,1,\ldots,k-1\}$ bekannt sind, dann ist (5) ein algebraisches nichtlineares System mit (m-2) Gleichungen und (m-2) unbekannten Koeffizienten der s_k.

Die hier dargelegte Methode braucht im Gegensatz zu den linearen diskreten Vielstufenmethoden nicht zusätzliche Startwerte: Für gegebene Anfangswerte (2) sind die Koeffizienten $\{C_{k,\nu} : \nu = 3,\ldots,m\}$ rekursiv erzeugt, $k = 0,1,\ldots,N-1$, aus den Bedingungen (5).

Darüber hinaus kann man die Knotenpunkte Z_N, und die Punkte $\{x_{k,j}\} \subset I_k$ willkürlich wählen, wie in [1] bemerkt ist und wenn es notwendig ist, kann man den Grad m von s ändern während des Rechnungsprozesses.

Ohne Beschränkung der Allgemeinheit, aber um die Schreibungen und Rechnungen zu vereinfachen, werden wir den Fall betrachten, daß die Knotenpunkte ξ_j äquidistant sind, d.h. $\xi_j = a + j(m-2)h$, $j=0,1,\ldots,N$.

In diesem Fall sind die Knotenpunkte von s:

$$a = x_o, \; x_o + (m-2)h, \; x_o + 2(m-2)h, \ldots, \; x_o + N(m-2)h = b$$

mit der Schrittlänge (m - 2)h (wobei h die Länge des "Zwischenstufenschrittes" ist).

Die inneren Punkte $x_{k,j}$ sind:

$$x_{k,j} = \xi_j + jh = x_o + (k(m - 2) + j)h$$

Diese Bezeichnungen sind aus [3] entnommen.

Auf dem ersten Teilintervall $[x_o, x_o + (m - 2)h]$ wird die Spline-Funktion s definiert durch:

$$(6) \qquad s(x_o + \Delta) := y_o + \frac{y_o'\Delta}{1!} + \frac{y_o''\Delta^2}{2!} + \sum_{i=3}^{m} C_i\frac{\Delta^i}{i!}, \quad o \le \Delta \le (m-2)h$$

Die unbekannten Koeffizienten $C_i (i = 3,\dots,m)$ werden durch folgende Bedingungen gefunden:

$$(7) \qquad s''(x_o + jh) = f(x_o + jh, s(x_o + jh), s'(x_o + jh)), \quad j=1,\dots,m-2$$

Nun soll gezeigt werden, daß für hinreichend kleines h die Werte C_i $(i = 3,\dots,m)$ eindeutig aus (7) bestimmt werden können.

<u>Theorem 1</u>. <u>Ist die Funktion</u> $f \in C^{m-1}(I \times \mathbb{R}^2)$, <u>dann gibt es ein</u> $h_o > o$, <u>so daß für jedes</u> $h \le h_o$ <u>das System</u> (7) <u>genau eine Lösung</u> $C_i (i = 3,\dots,m)$ <u>hat, wenn die Spline-Funktion</u> s <u>durch (6) definiert ist. Außerdem gilt</u>:

$$C_i = y^{(i)}_{(x_o)} + \alpha_i h^{m+1-i}, \qquad i = 3,\dots,m$$

wobei $\alpha_i = \alpha_i(h)$ und $\{\alpha_i\}$ beschränkt für $h \to o$ sind.

<u>Beweis</u>. Da $f \in C^{m-1}$ ist, gilt für die Funktion $y \in C^{m+1}(I)$. Wir bezeichnen (entsprechend den Bezeichnungen in [3])

$$\Phi(j;\alpha_3,\alpha_4,\dots,\alpha_m) = \Phi_j = s''(x_o + jh) - f(x_o + jh, s(x_o+jh), s'(x_o + jh)) \qquad j = 1,2,\dots,m-2$$

und nach einer leichten Veränderung der Berechnung von [3], bekommen wir:

$$\frac{\Phi_j}{h^{m-1}} = \sum_{1=3}^{3} \frac{\alpha_i j^{i-2}}{(i-2)!} - \frac{y^{(m+1)}(\xi_3) j^{m-1}}{(m-1)!} + h^2 f_y(x_o+jh, y_j, y_j') \Big[\sum_{1=3}^{m} \frac{\alpha_i j^i}{i!} -$$

$$- \frac{y^{(m+1)}(\xi_1) j^{m+1}}{(m+1)!} \Big] + hf_z(x_o+jh, y_j, y_j') \Big[\sum_{i=3}^{m} \frac{\alpha_i j^{i-1}}{(i-1)!} - \frac{y^{(m+1)}(\xi_2)}{m!} \Big] + O(h^2)$$

wobei ξ_1, ξ_2, ξ_3 aus dem Intervall $[x_o, x_o + jh]$ sind und unabhängig von $\{\alpha_i\}$ sind.

Nun betrachten wir die Matrix $A = (a_{ij})$ wobei

$$a_{ij} = j^i | i! \text{ für } i = 1,\dots,m-2, \quad j = 1,2,\dots, m-2.$$

Es sei $\{\alpha_i^o\}$ die Lösung des linearen Systems

$$(8) \qquad \sum_{i=3}^{m} \frac{\alpha_i^o j^{i-2}}{(i-2)!} = \frac{y^{(m+1)}(\xi_3) j^{m-1}}{(m-1)!}, \qquad j = 1,2,\dots,m-2$$

Dann gilt

$$\Phi(j:\alpha_3^o,\dots,\alpha_n^o) = O(h^m)$$

Weiter betrachten wir die Matrix A_1 mit den Elementen $h^{m-1}(\partial\Phi_j/\partial\alpha_i)$, die gleich $\left(j^{i-2}/(i-2)!\right)+O(h)$ für die berechneten $\{\alpha_i^o\}$ sind. Wir wählen h_o so daß für $h < h_o$ die Inverse von A beschränkt ist. Damit sind die Bedingungen des Theoremes 7.6 [6, S.366] erfüllt. Für jedes $h < h_o$, gibt es genau eineLösung $\{\alpha_i\}$ des Systems (7).

Wir merken, daß wenn h gegen Null konvergiert, die Lösung $\{\alpha_i\}$ von (7) gegen die Lösung $\{\alpha_i^o\}$ von (8) konvergiert. Außerdem gilt:

$$\alpha_i = \alpha_i^o + O(h), \qquad i = 3,\dots,m.$$

2. Fehlerabschätzung und Konvergenzverhalten

Wir formulieren folgendes Lemma:

Lemma. Die folgendenGleichungen gelten:

$$|s(x_o + h\Delta) - y(x_o + h\Delta)| = h^{m+1}\Big[\sum_{i=3}^{m} \frac{\alpha_i \Delta^i}{i!} - \frac{y^{(m+1)}(\xi(x_o + h\Delta)\Delta^{m+1}}{(m+1)!}\Big]$$

$$|s'(x_o + h\Delta) - y'(x_o + h\Delta)| = O(h^m)$$

$$|s''(x_o + h\Delta) - y''(x_o)h\Delta)| = O(h^{m-1}), \quad \text{für } 0 \le \Delta \le m-2$$

Der Beweis ist ersichtlich, wenn wir die vorgehenden Berechnungen für $\{C_i\}$ benutzen.

Es ist zu bemerken, daß nur in den Punkten $\{x_o + jh\}$, $j = 0,1,\dots,m-1$ gilt:

$$s''(x_o + jh) - y''(x_o + jh) = O(h^m).$$

Das ist eine Folge der Gleichung

$$s''(x_o + jh) = f(x_o + jh, s(x_o + jh), s'(x_o + jh))$$

und der Lipschitz-Bedingung (3).

Das Theorem 1 und das Lemma versetzen uns in die Lage, eine Abschätzung für die Differenzen $|s(x) - y(x)|$, $|s'(x) - y'(x)|$, $|s''(x) - y''(x)|$ auf dem Intervall $[x_o, x_o + (m-2)h]$ zu geben.

Um die Fehlerabschätzung auf das gesamte Intervall $[a,b]$ erweitern zu können, kann man die Standardtechnik benutzen (z.B. [u]).

Theorem 2. Es sei $s \in S_m^{(2)}$ die Spline-Funktion, die vorher konstruiert wurde. Dann existieren für jedes $h \le h_o$ und für jedes $x \in [a,b]$ Konstanten K_1, K_2, K_3 so daß:

$$|s(x) - y(x)| < K_1h^m, \quad |s'(x) - y'(x)| < K_2h^{m-1},$$

$$|s''(x) - y''(x)| < K_3h^{m-1}$$

gilt, wobei y die exakte Lösung von (1) - (2) ist.

Beweis. Die gegebene Methode, um die Funktion s zu konstruieren, ist eine Einstufenmethode (mit der Schrittlänge $(m - 2)h$) von der Ordnung m. Daher gibt es eine Konstante K, so daß:

$$|s(x_o + jh(m-2)) - y(x_o + jh(m-2))| < Kh^m, \quad j = 0,1,\ldots$$

Zwischen den Knoten der Spline-Funktion hat die Differenz $s - y$ die Größenordnung $O(h^m)$.

Weil $s(x_o) = y(x_o)$ gilt, existiert eine Konstante K_1, so daß

$$|s(x) - y(x)| < K_1h^m, \quad x \in [a,b].$$

Für Ableitungen in den Knotenpunkten, haben wir:

$$|s'(x_o + jh(m - 2)) - y'(x_o + jh(m - 2))| < K'h^{m - 1}$$

Da $s'(x_o) = y'(x_o)$ folgt, daß eine Konstante K_2 existiert, so daß:

$$|s'(x) - y'(x)| < K_2h^{m-1}, \quad x \in [a,b].$$

Wegen der Lipschitz-Bedingung (3) gilt in den Knotenpunkten x_o, $x_o + (m-2)h, \ldots, x_o + (m-2)N$:

$$|s'' - y''| = |f(x,s,s') - f(x,y,y')| \leq 4(Kh + K')h^{m-1} \leq K''h^{m-1}$$

wenn h hinreichend klein ist.

Wegen $s''(x_o) = y''(x_o)$, existiert eine Konstante K_3, so daß

$$|s''(x) - y''(x)| < K_2h^{m-1}, \quad x \in [a,b].$$

Das Theorem ist bewiesen.

Aus der benutzten Methode folgt, daß nur die Funktionen s, s', s''

stetig sind.

Trotzdem ist es möglich (wie in [3]) eine Fehlerabschätzung für $s^{(i)}(x) - y^{(i)}(x)$ $(i \geq 3)$, $x \in [a,b]$ zu erhalten.

Um eine günstige Schranke zu bekommen, wollen wir annehmen, daß die Funktion $f(x,y,y')$ in den Variablen y und y' beschränkt ist.

Außerdem, damit die Ableitungen $s^{(i)}(x)$ $(i \geq 3)$ in den Knoten wohl definiert sind, setzen wir die Spline-Funktionen so zusammen, daß die einzelnen Intervallen links abgeschlossen und rechts offen sind.

<u>Theorem 3. Es existiert eine Konstante</u> K, <u>so daß für jedes</u> $h \leq h_o$ <u>und für</u> $i = 3,\dots,m$ <u>gelten</u>:

$$|s^{(i)}(x) - y^{(i)}(x)| \leq Kh^{m-i+1}$$

<u>falls</u> $x \in [a,b]$.

Der Beweis geht durch Induktion nach i. (Z.B. siehe den Beweis von Theorem 3 in [3.S.65]).

Dieses Theorem sagt aus, daß:

$$\lim_{h\to o} |\, s^{(i)}(x) - y^{(i)}(x) \,| = 0 \qquad i = 3,\dots,m;\ x \in [a,b].$$

<u>Bemerkung</u>: Genauso wie in [3], können die Bedingungen an die Spline-Approximationsfunktionen abgeschwächt werden. Zum Beispiel können wir voraussetzen, daß die Koeffizienten $\{C_{ij}\}$ aus den Bedingungen

$$s''(x_{k,j}) = f(x_{k,j}, s(x_{k,j}), s'(x_{k,j})) + K(k,j)h^{m+1}$$

bestimmt werden, wobei $K(k,j)$ eine Konstante ist. Die erhaltene Ergebnisse gelten auch für solche Spline-Funktionen:

<u>Beispiel</u> ([6])

Man betrachte das Anfangswertproblem:

$$y'' = \frac{8y^2}{1 + 2x}, \quad y(0) = 1, \quad y'(0) = -2, \quad x \in [0,2].$$

Die exakte Lösung dieses Problemes ist $y(x) = (1 + 2x)^{-1}$. Wir wählen die Knotenpunkte 0;1;2; und der Grad vom s sei 4. Auch nehmen wir $h = 1/2$. Auf [0,1] haben wir:

$$s(x) = y(o) + y'(o)x + \frac{y''(o)x^2}{2!} + \frac{a_o}{3!}x^3 + \frac{b_o}{4!}x^4$$

Aus dem System:

$$s''(0,5) = \frac{8s^2(0,5)}{1 + 2.0,5}$$

$$s''(1) = \frac{8s^2(1)}{1 + 2.1}$$

bestimmen wir: $a_o \approx - 47,96$ $b_o \approx 383,98$

Weiter für $x \in [1,2]$ haben wir:

$$s(x) = s(1) + s'(1)(x - 1) + \frac{s''(1)}{2!}(x-1)^2 + \frac{a_1}{3!}(x - 1)^3 + \frac{b_1}{4!}(x-1)^4$$

und aus dem System

$$s''(3/2) = \frac{8s^2(3/2)}{1+2.3/2}$$

$$s''(2) = \frac{8s^2(2)}{1+2.2}$$

bekommen wir $a_1 \approx -0,593$; $b_1 \approx 1,579$.

Anerkennung: Der Autor dankt Herrn Professor H. Brunner und Herrn Professor Nitsche für nutzliche Diskussionen. Der "Alexander von Humboldt Stiftung" spricht der Autor seinen Dank für die Unterstützung während der Abfassung dieser Arbeit aus.

Literatur

[1] Brunner, H.: On the numerical solution of nonlinear Volterra integro-differential equations, BIT 13, (1973) 381-390.

[2] Brunner, H.: The solution of Volterra integral equations of the first kind by piecewise polynomials, J. Inst. Maths. Applics. 12, (1973), 295-302.

[3] Callender, E.D.: Single step methods and low order splines for solutions of ordinary differential equations, SIAM J. Numer. Anal., 8, (1971), 61-66.

[4] Collatz, L.: The numerical treatment of differential equations, Springer Verlag, 1960.

[5] Guzek, A.J., G.A.Kemper, A new error analysis for a cubic spline approximate solution of a class of Volterra integro-differential equations, Math of Comput. 27, (1973), 563-570.

[6] Henrici, P.: Discrete variable method in ordinary differential equations, John Wiley, New York, 1962.

[7] Hung, H.S.: The numerical solution of differential and integral equations by spline functions, M.R.C. Tech., Summary Report 1053, Madison, 1970.

[8] Loscalzo, F.R.: On the use of spline functions for the numerical solution of ordinary differential equations, Ph. D. Thesis, Univ. of Wisconsin, Madison, 1968.

[9] Loscalzo, F.R., I.J.Schoenberg, On the use of spline functions for the approximation of solutions of ordinary differential equations, M.R.C. Tech. Summary Report 723, Madison, 1967.

[10] Micula, Gh.: Constributions to the numerical solution of differential equations by spline functions, (Rumanian), Ph. D. Thesis, Univ. of Cluj, 1971.

[11] Micula, Gh.: Approximate solution of the differential equation $y'' = f(x,y)$ with spline functions. Math. of Comput. 27, (1973) 807-816.

[12] Micula, Gh.: Die numerische Lösung nichtlinearer Differentialgleichungen unter Verwendung von Spline-Funktionen. Proc. Conf. "Numerische Behandlung nichtlinearer Integrodifferential- und Differentialgleichungen", Oberwolfach, 1973, Lecture Notes in Mathematics 395, 57-83. Berlin-Heidelberg-New York: Springer, 1974.

[13] Micula, Gh.: Deficient spline approximate solutions to linear differential equations of the second order, (To appear, Mathematica, Cluj).

[14] Netravali, A.N.: Spline approximation to the solution of the Volterra integral equation of the second kind. Math. of Comput. 27, (1973), 99-106.

[15] Tom El, M.E.A.: Numerical solution of Volterra integral equations by spline functions, BIT 13, (1973), 1-7.

Dr. Gh. Micula
Faculty of Mathematics
University of Cluj
Cluj (Romania).

z.Zt.
am Institut für Angewandte Mathematik
Albert-Ludwigs-Universität
78 Freiburg i. Br.
Hebelstr. 40
Federal Republic of Germany

STABILITÄT BEI DER METHODE DER FINITEN ELEMENTE FÜR QUASILINEARE ELLIPTISCHE RANDWERTPROBLEME

Hans Detlef Mittelmann

We consider mixed boundary value problems for elliptic differential equations of second order in the plane that are the Euler-equations of a variational problem. The boundary conditions include Dirichlet's problem and the third boundary value problem. As trial functions for the finite element method we use piecewise polynomials of arbitrary degree, which can be either Lagrange - or Hermite - interpolation polynomials. Generalizing known results stability theorems are given including the case of isoparametric elements. A minimal and a capillary surface are computed using quadratic isoparametric elements.

1. Einleitung

Es wird folgendes Variationsproblem betrachtet

$$(1.1)\qquad \begin{aligned} I[u] &= \int_R F(x,y,u,u_x,u_y)dg + \int_{C_1} G(x,y,u)ds = \text{Min} \\ u(x,y) &= f(x,y) \qquad\qquad (x,y) \in C_2 = C - C_1 \end{aligned}$$

R ist ein beschränktes Gebiet des $\mathbb{R}^2$ mit stückweise zweimal stetig differenzierbarem Rand C. Es sei $F(x,y,\cdot,\cdot,\cdot) \in C^2(\mathbb{R}^3)$ für $(x,y) \in R$, F konvex bezüglich u, u_x, u_y und gleichmäßig konvex mit der Konstanten β bezüglich u_x, u_y. $G(x,y,\cdot) \in C^2(\mathbb{R})$ und auf $C_1^{(2)} = C_1 - C_1^{(1)}$ sei G gleichmäßig konvex bezüglich u mit der Konstanten γ. Entweder C_2 oder $C_1^{(2)}$ enthalte eine nichtleere offene Teilmenge von C. Die Eulergleichung von (1.1) ist eine quasilineare gleichmäßig elliptische Differentialgleichung.

Dieses Problem wurde bereits in |16, 17| durch Diskretisierung gelöst. In |17| ergab sich leicht, daß bei Verwendung bekannter Diskretisierungen auf Quadrat- bzw. Dreiecksgittern eine unmittelbare Analogie zur Verwendung von bilinearen bzw. linearen Ansatzfunktionen für die Methode der finiten Elemente mit numerischer Integration besteht. In dieser Arbeit soll nun die Methode der finiten Elemente unter Verwendung polynomialer Ansatzfunktionen beliebigen Grades für das Problem (1.1) betrachtet werden. Die Analogie zu den Differenzenverfahren geht jedoch i.a. verloren.

In §2 werden die finiten Elemente beschrieben, mit denen (1.1) diskretisiert wird. Dies sind im wesentlichen beliebige stetige und stückweise polynomiale Ansatzfunktionen auf einer regulären Triangulation. Ein einfaches Vergleichsproblems für den Laplaceoperator wird in §3 angegeben und anschließend wird in Verallgemeinerung von Ergebnissen aus |11| ein erster Stabilitätssatz angegeben. Die Voraussetzungen an die verwendeten Integrationsformeln sind für eine Klasse linearer Probleme sogar hinreichend für die Konvergenz der Näherungslösung |8|. Schwächere Bedingungen erweisen sich in §4 in Verallgemeinerung von Resultaten aus |8| als hinreichend für die gleichmäßige positive Definitheit des diskreten Funktionals auch bei Verwendung isoparametrischer Elemente.

Die beiden Bedingungen an die Kubatur- bzw. Quadraturformel werden in §5 verglichen. In §6 werden die isoparametrischen quadratischen Elemente beschrieben, mit deren Hilfe im letzten Paragraphen eine Minimal- und eine Kapillarfläche berechnet werden. Bei der Auswertung der numerischen Ergebnisse wurde insbesondere die sich ergebende Konvergenzordnung festgestellt.

§2 Diskretisierung des Variationsproblems

Das Gebiet R wird zunächst regulär trianguliert (s. z.B. |22|), d.h. $\bar{R} = R \cup C$ wird näherungsweise durch

$$e = \bigcup_{j=1}^{L} e_j \tag{2.1}$$

ersetzt. Hierbei sind die Teilbereiche e_j abgeschlossene Dreiecke. Wird der kleinste Winkel aller Dreiecke aus e mit α_e und eine beliebige Seite mit S_e bezeichnet, so gelte für eine Gitterkonstante $h = h(e)$

$$c_1 h \leqslant |S_e| \leqslant c_2 h, \quad \alpha_e \geqslant \alpha_0 > 0 \tag{2.2}$$

mit nur von R abhängenden Konstanten c_1, c_2 und α_0. $|\cdot|$ wird hier und im folgenden zur Bezeichnung der Länge einer Kurve, der Mächtigkeit einer Menge oder der Ordnung eines Differentialoperators verwendet.

Beispiel: In |17| wurde bereits eine in |25| angegebene Triangulation benutzt. Über $\bar{R}$ wird zunächst ein Gitter aus gleichseitigen Dreiecken der Seitenlänge h gelegt. Anschließend werden am Rand nach einer wohldefinierten Vorschrift Bewegungen von Gitterpunkten vorgenommen, bis man eine Dreieckszerlegung erhält, für die gilt

$$\alpha_0 = \frac{\operatorname{arccot} 5}{\sqrt{3}}, \quad c_1 = \frac{\sqrt{3}}{4}, \quad c_2 = 2 \tag{2.3}$$

R wird nun durch den offenen Kern $\mathring{e}$ und C_i, $i = 1, 2$ durch die entsprechenden Randteile $\mathcal{P}_i$ von e ersetzt. $\mathcal{P} = \mathcal{P}_1 \cup \mathcal{P}_2$. Später sollen die Dreiecke e_j mit $e_j \cap \mathcal{P} \neq \emptyset$ durch sogenannte "gekrümmte Elemente" (curved elements) ersetzt werden. $\mathcal{P}$ ist dann kein Polygonzug mehr. Außerdem gilt auch für e aus (2.1) i.a. nicht $\bar{e} \subset \bar{R}$. Zunächst seien jedoch alle e_j Dreiecke.

Im folgenden werde mit $P_M(r)$ die Menge aller Polynome p vom Maximalgrad r mit dem Definitionsbereich M bezeichnet. Die Fälle $M_1 \subset \mathbb{R}$ und $M_2 \subset \mathbb{R}^2$ sollen betrachtet werden. Die Elemente p haben dann die Form

(2.4)
$$p(s) = \sum_{i=0}^{r} a_i s^i, \qquad s \in M_1,\ a_i \in \mathbb{R}$$

$$p(x,y) = \sum_{\substack{i_1+i_2 \leq r \\ i_1,i_2 \geq 0}} a_{i_1,i_2} x^{i_1} y^{i_2}, \qquad (x,y) \in M_2,\ a_{i_1,i_2} \in \mathbb{R}$$

p(x,y) hat $d_r := (r+1)(r+2)/2$ Koeffizienten. Für die Anwendung der Methode der finiten Elemente soll nun folgende Funktionenmenge zugrundegelegt werden $(r \geq 1)$

(2.5) $$V_h = \{v_h \in C(e),\ v_h|_{e_j} \in P_{e_j}(r),\ v_h \text{ erf. Randbedingungen auf } \mathcal{P}_2\}$$

Es wird noch zu klären sein, in welchem Sinne die Erfüllung der Randbedingungen zu verstehen ist. $v_h|_{e_j}$ sei eindeutig durch das Vorschreiben des Wertes der Funktion v_h bzw. einer ihrer Ableitungen $D_i v_h$ an den nicht notwendigerweise verschiedenen Punkten $P_{ji} \in e_j$, $i = 1, \ldots, d_r$, festgelegt. Es sei N die Anzahl der verschiedenen Punkte $P_{ji} \in e$

(2.6) $$\bigcup_{i=1}^{N} P_i = \bigcup_{j=1}^{L} \bigcup_{i=1}^{d_r} P_{ji}$$

$v_h \in V_h$ läßt sich als Linearkombination von Elementen der folgenden lokalen Basis darstellen

(2.7) $$B_h = \{\phi_j \in V_h,\ D_i\phi_j(P_i) = \delta_{ij},\ i,j = 1, \ldots, N\}$$

Diese Basis heißt lokal, da

$$P_i \notin e_j \Rightarrow e_j \cap Tr(\phi_i) = \emptyset$$

Es gilt dann

(2.8) $$v_h(x,y) = \sum_{i=1}^{N} v_{hi}\phi_i(x,y), \quad v_{hi} = D_i v_h(P_i)$$

Auf Grund dieser Darstellung kann leicht von der Funktion $v_h(x,y)$ zu einem Vektor $v_h = (v_{hi})$, der ebenso bezeichnet werden soll, übergangen werden und umgekehrt.

Beispiele

1. Lagrange-Interpolation ($|D_i| = 0$)

Werden die Ecken des Dreiecks e_j mit P_{oi}, i = 1,.,3 bezeichnet und ist

(2.9) $$Z_r = \{0, 1/r, \ldots, 1\}$$

so ist die Interpolationsaufgabe vom Grade r auf der Menge

(2.1o) $$B_r^j = \{P \in e_j \mid P = \sum_{i=1}^{3} \lambda_i P_{oi}, \lambda_i \in Z_r, \sum_{i=1}^{3} \lambda_i = 1\}$$

eindeutig lösbar, s. |19|. Dort wird auch ein Konstruktionsverfahren für die Basisfunktionen ϕ_i aus (2.7) angegeben. Es bleibt nun lediglich zu zeigen, daß eine aus solchen stückweise definierten Polynomen zusammengesetzte Funktion $v_h : e \to \mathbb{R}$ stetig ist. Dies folgt unmittelbar aus folgendem Lemma.

Lemma 1: Ist S_j eine Seite des Dreieckes e_j, so enthält $S_j \cap B_r^j$ r + 1 äquidistante Punkte einschließlich der beiden Endpunkte.

Beweis: Seien die Endpunkte von S_j o.B.d.A. P_{o1}, P_{o2}.

$$S_j \cap B_r^j = \{P_{o1}, \frac{1}{r} P_{o1} + \frac{r-1}{r} P_{o2}, \dots, P_{o2}\}$$

Hieraus folgt ebenfalls, daß auf $e_j \cap \mathcal{P} \cap B_r^j$ die eindimensionale Interpolationsaufgabe vom Grad r eindeutig lösbar ist.

2. Hermite-Interpolation ($|D_i| \geq 0$)

Die Lösung der Hermiteschen Interpolationsaufgabe auf einem Dreieck wurde z. B. in |6, 15, 31| behandelt. Hier soll ein Ergebnis aus |15| zitiert werden (s. auch |33|).

Bezeichnet P_{oo} den Schwerpunkt von e_j, so ist durch die d_{2r-1} Werte

$$\text{(2.11)} \quad \begin{aligned} &D^i p\,(P_{oj}), \qquad |i| \leq r-1, \quad j = 1,.,3 \\ &D^i p\,(P_{oo}), \qquad |i| \leq r-2 \end{aligned}$$

ein Polynom $p \in P_{e_j}(2r-1)$ eindeutig bestimmt. Hierbei ist $i = (i_1, i_2)$, $|i| = i_1 + i_2$ und

$$\text{(2.12)} \qquad D^i p = \frac{\partial^{|i|} p}{\partial x^{i_1} \, \partial y^{i_2}}$$

Auch hier folgt die Stetigkeit der Ansatzfunktion v_h aus der eindeutigen Lösbarkeit der Interpolationsaufgabe vom Grade 2r - 1 auf einer beliebigen Seite S_j eines Dreiecks e_j (s. |33|).

Bemerkung 1: Durch die Vorschrift (2.11) kann in Punkten aus $\mathcal{P}_2$, etwa in $\mathcal{P}_2 \cap C_2$ eine Ableitung von v_h auftreten, während dort nur die Funktionswerte bekannt sind. In diesem Fall kann eine Kombination aus Lagrange- und Hermiteinterpolation verwendet werden. In |3| wird z. B. angegeben, wie das sich für r = 3 aus (2.3) ergebende kubische Element in Randdreiecken entsprechend modifiziert werden kann.

Mit $I_e[v_h]$ werde das Funktional bezeichnet, in dem R durch e und C_1 durch $\mathcal{P}_1$ ersetzt ist. Da dieses Funktional i.a. nicht exakt ausgewertet werden kann, sollen numerische Integrationsformeln mit positiven Koeffizienten der Gestalt ("$\doteq$" bedeutet "näherungsweise gleich")

(2.13)
$$\int_e \Phi(x,y)dg \doteq \sum_{j=1}^{L} \sum_{i=1}^{m_j} \beta_{ji}\, \Phi(Q_{ji})$$

$$\int_{\mathcal{P}_1} \psi(s)\, ds \doteq \sum_{j=1}^{L} \sum_{i=1}^{n_j} \gamma_{ji}\, \psi(Q^{\partial}_{ji})$$

verwendet werden mit $Q_{ji} \in e_j$ und $Q^{\partial}_{ji} \in e_j \cap \mathcal{P}_1$, falls $e_j \cap \mathcal{P}_1 \neq \emptyset$. Es ist also nicht notwendigerweise $m_k = m_j$, $n_k = n_j$ für $k \neq j$. Diese Möglichkeit der Verwendung von Integrationsformeln mit einer verschiedenen Anzahl von Punkten soll im folgenden erhalten bleiben. Es ist jedoch nicht notwendig, daß die Kubatur- bzw. Quadraturpunkte in allen Dreiecken verschieden liegen können. Es sollen daher wie in |8| die Integrationsformeln auf einer Bezugsmenge definiert werden. T_o bezeichne das abgeschlossene Dreieck mit den Eckpunkten $P_{o1} = (0,0)$, $P_{o2} = (1,0)$, $P_{o3} = (0,1)$. Ein beliebiges Dreieck $e_j \subset e$ mit den Ecken P_i, $i = 1,\cdot,3$ ist das Bild von T_o unter der linearen Abbildung $\Phi_j : T_o \to e_j$, $P_i = (x_i, y_i)$

(2.14)
$$x = x_1 + (x_2 - x_1)\xi + (x_3 - x_1)\eta$$
$$y = y_1 + (y_2 - y_1)\xi + (y_3 - y_1)\eta$$

Auf T_o werden die Kubaturformeln

(2.15 a) $$\int_{T_o} \Phi(x,y)dg \doteq \sum_{i=1}^{m_j} \beta^o_{ji}\, \Phi(Q^o_{ji}), \qquad Q^o_{ji} \in T_o,\ \beta^o_{ji} > 0$$

sowie auf einer Seite S von T_o die Quadraturformeln

$$(2.15\text{ b})\qquad \int_S \psi(s)ds \doteq \sum_{i=1}^{n_j} \gamma^o_{ji}\, \psi\,(Q^{o\partial}_{ji}), \qquad Q^{o\partial}_{ji} \in S,\ \gamma^o_{ji} > 0$$

betrachtet. Die konstante Funktionalmatrix J_{Φ_j} von Φ_j hat die Determinante $2f_j$, wobei f_j die Fläche von e_j ist. Für hinreichend kleines h liegt höchstens eine Seite jedes Teilbereichs e_j auf $\mathfrak{P}$. Dies sei hier und im folgenden o.B.d.A. die Seite $S_j = \Phi_j(S)$, $S = \overline{P_{o2}\,P_{o3}} \subset T_o$. Damit wird schließlich das Funktional $I_e[v_h]$ ersetzt durch $(\bar{v} = (v, v_x, v_y))$

$$(2.16)\qquad I_h[v_h] = \sum_{j=1}^{L} \sum_{i=1}^{m_j} \beta_{ji}\, F(Q_{ji}, \bar{v}_h(Q_{ji})) + \sum_{j=1}^{L} \sum_{i=1}^{n_j} \gamma_{ji}\, G(Q^{\partial}_{ji}, v_h(Q^{\partial}_{ji}))$$

mit $\beta_{ji} = \beta^o_{ji} \det J_{\Phi_j}$ und $\gamma_{ji} = \gamma^o_{ji}\, \bar{s}$, $\bar{s} = |\Phi_j(S)|/\sqrt{2}$, $Q_{ji} = \Phi_j(Q^o_{ji})$, $Q^{\partial}_{ji} = \Phi_j(Q^{o\partial}_{ji})$, und das Variationsproblem (1.1) durch

$$(2.17)\qquad I_h[v_h] = \text{Min}, \quad v_h \in V_h$$

Hierbei ist $I_h[v_h]$ ein diskretes Funktional, das abhängt von den Werten v_{hi} aus (2.8) und zwar von v_{hi}, $i = 1, \ldots, M$, $M \leq N$, wenn etwa die restlichen Werte durch die Randbedingung auf C_2 festgelegt sind. Im folgenden sollen nun entweder Q^o_{ji}, $Q^{o\partial}_{ji}$, β^o_{ji}, γ^o_{ji} für alle j gleich sein, oder es sollen auf wenigen Teilmengen jeweils gleiche Integrationspunkte und -gewichte verwendet werden. Weiterhin sollen in jedem Teilgebiet nicht nur die gleiche Anzahl d_r von Knotenpunkten sondern auch gleiche Bedingungen (s. (2.8)) an entsprechenden Punkten der Teilgebiete e_j, $j = 1, \ldots, L$ betrachtet werden. Diese Voraussetzung ist nicht notwendig, sondern sie dient nur der Vereinfachung der Schreibweise. Es kann sinnvoll sein, verschiedene Bedingungen an den Knotenpunkten einzelner Dreiecke zu betrachten, s. Bemerkung 1. Mit Hilfe der sich für T_o ergebenden Basisfunktionen ϕ_i^o, i = 1, ..., d_r lassen sich dann die Basisfunktionen ϕ_{ji}, i = 1, ..., d_r , die zu Knoten $P_{ji} = \Phi_j(P_{oi})$ gehören, schreiben als

(2.18) $$\phi_{ji} = \phi_i^o \circ \Phi_j^{-1};\ i = 1, \ldots, d_r;\ \ j = 1, \ldots, L$$

(2.19) $$T_h[v_h] = (t_{hi}[v_h])_{\,i = 1, \ldots, M} := \left(\frac{\partial I_h}{\partial v_{hi}} [v_h]\right)_{i = 1, \ldots, M} = 0$$

ist die diskrete Eulergleichung des Problems (2.17). Aus diesem nichtlinearen Gleichungssystem kann eine Lösung von (2.17) berechnet werden, wenn die Funktionalmatrix

(2.2o) $$dT_h[v_h] := \left(\frac{\partial t_{hi}}{\partial v_{hj}} \right)_{i,\, j = 1, \ldots, M}$$

positiv semidefinit ist. Ist dT_h sogar positiv bzw. gleichmäßig positiv definit, so kann mehr gefolgert werden. Darauf wird im nächsten Paragraphen eingegangen.

§3 Ein Stabilitätssatz

Zum Variationsproblem (1.1) werde folgendes Vergleichsproblem betrachtet. Im Funktional $I[u]$ sei F durch $\tilde{F} = \frac{1}{2}(u_x^2 + u_y^2)$ ersetzt und G durch

$$\tilde{G} = \begin{cases} u^2/2 \text{ auf } C_1^{(2)} \\ 0 \text{ auf } C_1^{(1)} \end{cases}$$

Lemma 2: Sind $dT_h[v_h]$ bzw. $d\tilde{T}_h$ die gemäß (2.19), (2.2o) zu I bzw. $\tilde{I}$ gebildeten Funktionalmatrizen, so gilt mit $c = \min(\beta, \gamma)$

(3.1) $$w^T dT_h[v_h]\, w \geq c\, w^T d\tilde{T}_h w, \quad v_h \in V_h, \; w \in \mathbb{R}^M$$

Das Lemma folgt unmittelbar aus der gleichmäßigen Konvexität von F und G, der Positivität der Integrationsgewichte auf T_o und der Regularität der Triangulation. Es genügt also,die (konstante) Funktionalmatrix $d\tilde{T}_h$ zu untersuchen.

Satz 1: Es gelte $\lambda_1(\Delta) > 0$, wobei λ_1 der kleinste Eigenwert des Laplace-operators ist mit den homogenen Randbedingungen, die sich aus dem Verschwinden der ersten Variation von $\tilde{I}$ ergeben. Die verwendeten Integrationsformeln sollen das Vergleichsproblem exakt integrieren

(3.2) $$\tilde{I}_e[v_h] = \tilde{I}_h[v_h], \quad v_h \in V_h$$

Dann gilt für den kleinsten Eigenwert $\lambda_1{}^h(d\tilde{T}_h)$ von $d\tilde{T}_h$

(3.3) $$\lambda^h{}_1(d\tilde{T}_h) \geq ch^2$$

und $c > 0$ ist unabhängig von h.

Bemerkung 2: An die verwendeten Integrationsformeln wird in Satz 1 die Bedingung gestellt (Der Index j wird im folgenden weggelassen)

(A) $\{Q^o{}_i\}$ bzw. $\{Q_i^{o\partial}\}$ enthält eine Punktmenge M_A bzw. M_A^∂, auf der mit den verwendeten positiven Gewichten ein Polynom aus $P_{T_o}(2r-2)$ bzw. aus $P_S(2r)$ exakt integriert wird.

Die Voraussetzung $\lambda_1(\Delta) > 0$ ist nach |18| unter den für (1.1) genannten Voraussetzungen erfüllt.

<u>Beweis des Satzes:</u> $\lambda_1 = \lambda_1(\Delta)$ ist durch folgendes Variationsproblem gekennzeichnet

(3.4) $$\lambda_1 = \min_{v \in V} R(v) = \min_{v \in V} \frac{\int_R (v_x{}^2 + v_y{}^2) dg + \int_{C_1^{(2)}} v^2 \, ds}{\int_R v^2 \, dg}$$

R(v) ist der Rayleigh-Quotient des Problems und

(3.5) $$V = \{v \in W^{1,2}(R),\ v|_{C_2} = 0\}$$

Ist $\lambda_1{}^e$ das Minimum des Rayleigh-Quotienten $R_e(v)$, bei dem R durch e und C durch $\mathfrak{P}$ ersetzt ist, so gilt für hinreichend kleines h jedenfalls

(3.6) $$\lambda_1{}^e \geqslant \varrho > 0,\ \varrho \text{ unabhängig von } h$$

Ist $V_h{}^o$ die Funktionenmenge, die man erhält, wenn man in (2.5) homogene Randwerte auf $\mathfrak{P}_2$ fordert, so gilt für

(3.7) $$\lambda_1{}^{e,h} := \min_{v_h \in V_h{}^o} R_e(v_h)$$

jedenfalls $\lambda_1^{e,h} \geqslant \lambda_1{}^e$. Definiert man den diskreten Rayleigh-Quotienten

(3.8) $$R_h(v'_h) := \frac{v'^T_h \, d\tilde{T}_h \, v'_h}{v'^T_h \, M^h \, v'_h}$$

mit $v'_h = (v_{h1}, \ldots, v_{hM})^T$, v_{hi} nach (2.8), wobei M^h die Gram'sche Matrix der Basisfunktionen aus (2.7) ist

(3.9) $$(M^h)_{i,j} = \int_e \phi_i \phi_j \, dg,\ i,\ j = 1, \ldots, M,$$

so gilt wegen der Forderung (A)

$$R_h(v'_h) = R_e(v_h), \quad v_h \in V_h^o, \tag{3.1o}$$

und daher ist $\lambda_1^{e,h}$ auch der kleinste Eigenwert des allgemeinen Matrix-Eigenwertproblems

$$d\widetilde{T}_h\, w = \lambda\, M^h w, \qquad w \in R^M \tag{3.11}$$

Schließlich erhält man

$$\lambda_1^h\,(d\widetilde{T}_h) = \min_{w\neq 0} \frac{w^T d\widetilde{T}_h w}{w^T w} \geqslant$$
$$\min_{w\neq 0} \frac{w^T d\widetilde{T}_h w}{w^T M^h w} \cdot \min_{w\neq 0} \frac{w^T M^h w}{w^T w} \geqslant \lambda_1^e\ \lambda_1^h\,(M^h) \tag{3.12}$$

Es genügt also, eine untere Schranke für den kleinsten Eigenwert $\lambda_1^h\,(M^h)$ von M^h zu finden.

M^h sei zusammengesetzt aus den Elementmatrizen

$$M_j^h = \Big(\int_{e_j} \phi_i \phi_k \, dxdy\Big), \quad P_i,\, P_k \in e_j \tag{3.13}$$

Mit der Transformation Φ_j aus (2.14) folgt

$$M_j^h = \det J_{\Phi_j} \quad \Big(\int_{T_o} \phi_i^o\,(\xi,\eta)\ \phi_k^o\,(\xi,\eta)\,d\xi d\eta\Big) =: 2f_j\ M_o \tag{3.14}$$

Wegen der Regularität der Triangulation gilt

$$f_j \geqslant \bar{c}\ h^2, \quad \bar{c} > 0 \text{ unabh. von } h \tag{3.15}$$

Da auf den Knotenpunkten von T_o ein Polynom r-ten Grades eindeutig definiert ist, sind die Basisfunktionen ϕ_i^o linear unabhängig, und der kleinste Eigenwert von M_o ist größer als Null.

Es sei

$$(3.16) \qquad w^T M^h w = \sum_{j=1}^{L} w_j^T M_j^h w_j ,$$

wobei $w_j \in \mathbb{R}^{d_r}$ der Vektor ist, der nur die Komponenten von w enthält, die zu Knotenpunkten von e_j gehören.

$$(3.17) \qquad w^T M^h w \geqslant 2\bar{c}\lambda_1(M_o)h^2 \sum_{j=1}^{L} w_j^T w_j$$

Ist $s \geqslant 1$ die Mindestzahl von Elementen e_j, die an einem Knoten zusammenstoßen, so folgt

$$(3.18) \qquad \sum_{j=1}^{L} w_j^T w_j \geqslant s\, w^T w$$

und mit (3.6), (3.12), (3.14), (3.15), (3.17) und (3.18) ergibt sich schließlich (3.3) für

$$c = 2\bar{c}\, s \varrho\, \lambda_1(M_o) > 0$$

Es ist zu vermuten, daß die Bedingung (A) abgeschwächt werden kann, wenn nur die Stabilität im Sinne der positiven Definitheit des diskreten Funktionals I_h bewiesen werden soll. Außerdem ist die Methode im Beweis von Satz 1 nicht anwendbar auf den Fall isoparametrischer Elemente, die im nächsten Paragraphen eingeführt werden.

§4 Isoparametrische Elemente

Als Abbildung $\Phi_j : T_o \to e_j$ sei eine allgemeinere Klasse von Funktionen zugelassen. Jeder Teilbereich $e_j \subset e$ sei im folgenden das Bild von T_o unter einer Abbildung Φ_j mit

(4.1) $$\Phi_j \in [P_{T_o}(r)]^2$$

Durch diese Schreibweise werde angedeutet, daß jede der beiden Komponenten von Φ_j aus $P_{T_o}(r)$ ist und damit ein Polynom von demselben Maximalgrad wie die Ansatzfunktionen. Da diese auf den Knotenpunkten $P_{oi} \in T_o$ eindeutig definiert sind, ist Φ_j eindeutig festgelegt durch

(4.2) $$\Phi_j(P_{oi}) = P_{ji}, \qquad i = 1, \ldots, d_r$$

Weiterhin sei Φ_j, $j = 1, \ldots, L$ ein C^1-Diffeomorphismus, und es gelte in der Norm (s. |8|)

(4.3) $$||f||_{C^1(M)} := \sup_{(x,y)\in M} \max \{|f_x(x,y)|, |f_y(x,y)|\}$$

$$||\Phi_j||_{C^1(T_o)} \leq C_1 h$$

(4.4) $$||\Phi_j^{-1}||_{C^1(e_j)} \leq C_2 h^{-1}$$

$$0 < \frac{1}{C_o} \leq \frac{\det J_{\Phi_j}(P_1)}{\det J_{\Phi_j}(P_2)} \leq C_o, \quad \det J_{\Phi_j}(P) > 0$$

für $P, P_1, P_2 \in T_o$. Die Konstanten C_o, C_1, C_2 seien unabhängig von j und h. Falls e_j ein Dreieck ist, so ist Φ_j die Abbildung aus (2.14) und die Forderungen (4.4) sind wegen der Regularität der Triangulation erfüllt.

Verwendet man auf T_o die Ansatzfunktionen $p \in P_{T_o}(r)$, so ergeben sich auf e_j die Funktionen $v = p \circ \Phi_j^{-1}$ (s. (2.18)), die i. a. keine Polynome sind. Aus diesem Grund kann die Forderung (A) nicht gestellt werden, sondern sie wird im folgenden Satz durch eine andere Voraussetzung ersetzt. Es ist nicht notwendig, solche isoparametrischen Abbildungen für alle Teilbereiche e_j zuzulassen, sondern es genügt, einen Spezialfall zu betrachten. Ausgehend von einer regulären Triangulation (2.1) soll für die e_j, die zwei Ecken auf C besitzen, die Randkurve zwischen diesen Punkten besser als durch die Verbindungsstrecke approximiert werden.

<u>Satz 2:</u> (B) Es enthalte $\{Q_i^o\}$ bzw. $\{Q_i^{o\partial}\}$ eine Menge M_B bzw. M_B^∂, auf der die Lagrange-Interpolationsaufgabe vom Grade r-1 bzw. r eindeutig lösbar ist. Dann und für die zweite Ungleichung auch nur dann gilt mit den Bezeichnungen von (2.16)

$$\left\{\sum_{i=1}^{m_j} \beta_{ji}\left(v_{hx}^2(Q_{ji}) + v_{hy}^2(Q_{ji})\right)\right\}^{1/2} \geq \beta |v_h|_{1,2,e_j}$$

(4.5)

$$\left\{\sum_{i=1}^{n_j} \gamma_{ji}\, v_h^2(Q_{ji}^\partial)\right\}^{1/2} \geq \gamma\, ||v_h||_{o,2,e_j \cap \mathcal{P}_1}$$

Im allgemeinen Fall hat hier $\bar{s}$ den Wert

$$\bar{s}\ (\xi,\eta) = \sqrt{(x_\eta - x_\xi)^2 + (y_\eta - y_\xi)^2}\ / \sqrt{2}\ ,$$

falls S durch

$$\xi(t) = \xi_{o2} + t(\xi_{o3} - \xi_{o2})\ , \quad 0 \leq t \leq 1$$

$$\eta(t) = \eta_{o2} + t(\eta_{o3} - \eta_{o2})\ , \quad P_{oi} = (\xi_{oi}, \eta_{oi})$$

parametrisiert wird.

Die Konstanten β, γ sind unabhängig von h und nicht mit den Elliptizitätskonstanten von F bzw. G in (1.1) identisch. $|v|_{1,2,M}$ bezeichnet die L^2-Norm der ersten partiellen Ableitungen von v auf M und $||\cdot||_{0,2,\cdot}$ die L^2-Norm.

Bemerkung 3: $\mathcal{P}$ ist bei Verwendung isoparametrischer Elemente vom Grad $r > 1$ i.a. kein Polygonzug, sondern zusammengesetzt aus den Parabeln r-ter Ordnung $e_j \cap \mathcal{P}$.

Beweis des Satzes: Die Ungleichung (4.5a) wurde in |8| bewiesen. Dort werden die Voraussetzungen (4.4) benutzt. Die linke Seite von (4.5b) soll mit $|||v_h|||_2$ bezeichnet werden. Es sei $v_h = p \circ \Phi_j^{-1}$, $p \in P_{T_o}(r)$. Dann gilt mit den Bezeichnungen aus (2.16)

$$(4.6) \qquad |||v_h|||_2^2 = \sum_{i=1}^{n_j} \gamma_i^o\ \bar{s}\ p^2(Q_i^{o\partial})$$

Auf Grund der Voraussetzungen an (1.1), der Regularität der Triangulation und (4.4) gibt es positive Konstanten C_1, C_2 mit

$$(4.7) \qquad C_1 h \leq \bar{s} \leq C_2 h$$

Zunächst werden die Ungleichungen (γ_o, $\gamma_1 > 0$)

$$(4.8) \qquad \gamma_o \, ||p||^2_{o,2,S} \leq \sum_{i=1}^{n_j} \gamma_i^o \, p^2(Q_i^{o\partial}) \leq \gamma_1 ||p||^2_{o,2,S}$$

hergeleitet. Diese folgen aus der Äquivalenz von Normen auf endlichdimensionalen Räumen, wenn der mittlere Ausdruck in (4.8) eine Norm ist auf $P_S(r)$. Da alle anderen Axiome erfüllt sind, bleibt nur die positive Definitheit zu zeigen. Es sei $p \not\equiv 0$. Wegen der eindeutigen Lösbarkeit der Interpolationsaufgabe vom Grad r auf $\{Q_i^{o\partial}\}$ gibt es mindestens ein i_o mit $p(Q_{i_o}^{o\partial}) \neq 0$. Hieraus folgt die Behauptung. Weiter erhält man

$$|||v_h|||_2^2 \geq C_1 \, h \, \gamma_o ||p||^2_{o,2,S} \geq \frac{C_1}{C_2} \, \gamma_o ||v_h||^2_{o,2,e_j \cap \mathcal{P}_1}$$

(4.5b) gilt also mit der von h unabhängigen Konstanten $\gamma = (\frac{C_1}{C_2} \gamma_o)^{1/2}$.

Um die Notwendigkeit zu beweisen, werde angenommen, daß es auf $\{Q_i^{o\partial}\}$ein Polynom $p \in P_S(r)$ gibt mit $p(Q_i^{o\partial}) = 0$, $i = 1, \ldots, n_j$ und $p \not\equiv 0$. Es gilt daher

$$\int_S p^2 \, d\xi d\eta > 0 \text{ während } \sum_{i=1} \gamma_i^o \, p^2(Q_i^{o\partial}) = 0.$$

Summiert man die Ungleichungen (4.5) auf, so folgt wegen der Konformität der verwendeten Elemente, daß es eine positive von h unabhängige Konstante C gibt mit

$$(4.9) \qquad R_h(v'_h) \geq C \, R_e(v_h), v_h \in V_h^o$$

s. (3.7), (3.8). Hier wird die Beziehung zwischen Satz 1 und Satz 2 deutlich. An die Stelle der Gleichheit in (3.1o) unter der Voraussetzung (A) tritt die Ungleichung (4.9) unter der Voraussetzung (B). Es folgt also aus Satz 2 mit

$\lambda_1(\Delta) > 0$ die Behauptung des Satzes 1 und in §5 wird bewiesen, daß die Voraussetzung (A) für die Stabilität hinreichend aber nicht notwendig ist. Für einen Konvergenzbeweis bei einer Klasse linearer Probleme wird in |8| jedoch (A) benötigt, und ein Vergleich der beiden Bedingungen zeigt, wieviel mehr von den Integrationsformeln zu fordern ist, um außer der Stabilität auch noch die Konvergenz zu erhalten.

Aus (4.8) läßt sich eine entsprechende Äquivalenzrelation für die linke Seite von (4.5b) herleiten. Ebenso folgt, daß

$$\{\sum_{i=1}^{k_j} \alpha_{ji}\, v_h^2\,(Q_{ji})\}^{1/2} \tag{4.1o}$$

äquivalent ist zu $||v_h||_{o,2,e_j}$, falls $\{Q_{ji}^{o}\}$ eine Menge enthält, auf der ein Polynom (2.4b) vom Grad r eindeutig definiert ist und

$$C_1\, h^2 \leq \alpha_{ji} \leq C_2 h^2,\ j = 1, \ldots, L,\quad i = 1, \ldots, k_j$$

C_1, C_2 unabhängig von h. Durch eine geringfügige Modifikation der Schlußweise in |8| erhält man schließlich aus den Voraussetzungen (4.4), daß auch für (4.5a) die Äquivalenz gilt. Die Ergebnisse werden in einem Lemma zusammengefaßt.

Lemma 3: Die durch Summation aus (4.1o), (4.5a) und (4.5b) erhaltenen Normen bzw. Seminormen werden mit $|||\cdot|||_o$, $|||\cdot|||_1$, $|||\cdot|||_2$ bezeichnet. Auf V_h sind diese Normen unter den angegebenen Voraussetzungen äquivalent zu $||\cdot||_{o,2,e}$, $|\cdot|_{1,2,e}$ bzw. $||\cdot||_{o,2,\mathcal{P}_1}$ mit von h unabhängigen Konstanten.

Aus Satz 1 und Satz 2 können weitere Folgerungen gezogen werden. Existenz und Eindeutigkeit der Lösung u_h von (2.17) ergeben sich aus der gleichmäßigen Konvexität des diskreten Funktionals I_h. Hierzu würden auch strikte Konvexität von F und G sowie bestimmte Wachstumsbedingungen ausreichen (s. |16|). Unter diesen Voraussetzungen bzw. unter der alleinigen Voraussetzung der positiven Definitheit von $dT_h[v_h]$ folgt (s. |16|) die globale bzw. lokale Konvergenz des SOR-Newton-Verfahrens (s. |24|) zur Lösung des nichtlinearen Gleichungssystems (2.19). Schließlich folgt aus der Stabilität zusammen mit verschiedenen anderen Voraussetzungen |7, 8, 17| die Konvergenz der Näherungslösung u_h gegen die Lösung u von (1.1).

§5 Vergleich der Bedingungen an die Integrationsformeln

Im folgenden Satz werden die erhaltenen Ergebnisse zusammengefaßt.

Satz 3: Bezeichnet M_A, M_A^∂ bzw. M_B, M_B^∂ die Punktmengen aus Voraussetzung (A) in Bemerkung 2 bzw. (B) in Satz 2, und seien $|M_A|$, $|M_A^\partial|$, $|M_B|$, $|M_B^\partial|$ minimal, dann gilt

$$\begin{aligned} &M_A \supset M_B , && M_A^\partial \supset M_B^\partial \\ &|M_A| \geq |M_B| = d_{r-1} , && |M_A^\partial| = |M_B^\partial| = r+1 \end{aligned} \tag{5.1}$$

und i.a. ist $|M_A| \neq |M_B|$.

Beweis: Angenommen $\phi_1, \phi_2 \in P_{T_o}(r-1)$ und $\phi_1|_{M_A} = \phi_2|_{M_A}$. Es ist $(\phi_1 - \phi_2)^2 \in P_{T_o}(2r-2)$ und $(\phi_1 - \phi_2)^2|_{M_A} = 0$.

$$\int_{T_o} (\phi_1 - \phi_2)^2 \, dg = \sum_{i=1}^{|M_A|} \beta_i^o (\phi_1 - \phi_2)^2 (Q_i^o) = 0$$

Daher sind ϕ_1 und ϕ_2 identisch und es folgt $M_A \supset M_B$. Auf dieselbe Weise schließt man $M_A^\partial \supset M_B^\partial$. Es gelten jedoch nicht die Umkehrungen. Ein einfaches

Gegenbeispiel im zweidimensionalen Fall ist für $r = 2$ die Menge M_B aus den drei Eckpunkten von T_o. Im Eindimensionalen kann man für $r = 1$ z.B. die Menge aus den beiden Eckpunkten der Seite S wählen.

Es gelten offenbar die Beziehungen

$$(5.2) \qquad |M_B| = d_{r-1} = \frac{r(r+1)}{2}, \qquad |M_B{}^{\partial}| = r+1$$

Um zu zeigen, daß $|M_A{}^{\partial}| = |M_B{}^{\partial}|$ ist, genügt es, für $M_A{}^{\partial}$ die Menge der Gauß'schen Quadraturpunkte zu betrachten. Auf $r+1$ Punkten ist mit Hilfe dieser Formeln mit positiven Gewichten ein Polynom vom Grad $2r+1$ exakt integrierbar.

Wegen der Ungleichung $|M_A| \geqslant |M_B|$ ist d_{r-1} die Minimalzahl für eine Kubaturformel vom Grad $2(r-1)$. Die allgemeine Formel für die Minimalzahl in n Dimensionen und den Grad 2r lautet

$$(5.3) \qquad N(n, r) := \binom{n+r}{r}$$

s. |28|, S. 118. Es ist interessant, daß noch nicht bewiesen wurde, daß für $n \geqslant 2$, $r > 2$ stets eine Formel mit $N(n,r)$ Punkten existiert. Bekannt ist lediglich, daß stets eine Integrationsformel vom Grad r existiert, die auch die in (2.15) enthaltenen Voraussetzungen erfüllt und $N(n,r)$ Punkte benötigt (s. |13|).

Die folgende Tabelle zeigt für $r = 1, \ldots, 4$ die nach Kenntnis des Autors bezüglich der Anzahl der Punkte minimalen bekannten Formeln für das Dreieck.

r	$\|M_A\|$	$\|M_B\|$
1	1	1
2	3	3
3	6	6
4	12	1o

Tabelle I

Die Formeln für $r = 1, 2$ sind bekannt; die für $r = 3, 4$ sind z.B. in |27|, S. 184 zu finden. Die Formel für $r = 4$ wurde zuerst in |9| angegeben. Für $r > 4$ sind dem Autor nur die konischen Produkt-Gauß-Formeln bekannt, die r^2 Punkte enthalten, sowie Formeln mit einer noch größeren Anzahl von Punkten (s. z.B. |26|).

§6 Isoparametrische quadratische Elemente

Für die numerischen Beispiele in §7 werden quadratische isoparametrische Elemente verwendet. Diese sollen hier ähnlich wie in |27|, S. 158 f eingeführt werden. Zunächst wird R trianguliert. Für die Dreiecke e_j, die höchstens einen Eckpunkt auf C besitzen, ist jedenfalls auf der Menge B_2^j aus (2.1o) ein quadratisches Polynom (2.4b) eindeutig definiert, ebenso auf $B_2^j \cap \mathcal{P}$ ein quadratisches Polynom (2.4a). Man betrachtet ein Dreieck, dessen zwei Eckpunkte P_2, P_3, die Endpunkte der Seite S_j sind, auf C liegen. Es wird ein Punkt $\bar{P} = (\bar{X}, \bar{Y}) \in S_j$ gewählt. Sei

(6.1) $$e_j = \Phi_j\,(\psi_j(T_o))\ .$$

Φ_j ist die lineare Abbildung aus (2.14), die $e_j' = \psi_j(T_o)$ in der (x', y')-Ebene abbildet auf e_j in der (x, y)-Ebene.

(6.2) $$\bar{P} = \Phi_j(P'), \quad P' = (X', Y')$$

ψ_j ist eine nichtlineare Abbildung aus $[P_{T_o}(2)]^2$

(6.3) $$\begin{aligned} x' &= \xi(1 + (4X' - 2)\eta) \\ y' &= \eta(1 + (4Y' - 2)\xi) \end{aligned}$$

mit $P' = \psi_j\,(1/2, 1/2)$. Wird $\bar{P}$ geeignet gewählt |27|, so sind die Voraussetzungen (4.4) für die Abbildung $\Phi_j \circ \psi_j$ erfüllt.

Da der Rand C als hinreichend glatt vorausgesetzt wurde, eventuelle Ecken von C sollen mit Eckpunkten eines Teilbereichs e_j zusammenfallen, genügt es nach |8|, S. 453 als $\bar{P}$ den Schnittpunkt der äußeren Normalen auf der Strecke $\overline{P_2P_3}$ im Mittelpunkt von $\overline{P_2P_3}$ mit dem Rand C zu wählen. Auf $\mathfrak{P}_2$ sind die wesentlichen Randbedingungen zu berücksichtigen. Es wurden verschiedene Methoden für die Behandlung des Dirichletproblems mit finiten Elementen entwickelt (|1, 4, 12, 21, 23, 27, 29, 33|). Hier sollen die Randbedingungen interpoliert werden. Sind $C_h := \{P_i^\partial\}, i = 1, \ldots, N^\partial, \subset \bar{R}_h := \{P_i\}, i = 1, \ldots, N$, $C_h = C_{1h} \cup C_{2h}$, die Knotenpunkte, die auf dem Rand von e liegen, so werde auf den Punkten $P_i^\partial \in C_2$, $v_h(P_i^\partial) = f(P_i^\partial)$ gesetzt und, falls keine isoparametrischen Elemente benutzt werden, an den anderen Punkten aus C_{2h} linear zwichen benachbarten Werten aus C_2 interpoliert. Wird die entsprechende diskrete Funktion mit f_h bezeichnet, so ist die Menge der zugelassenen Funktionen in (2.17)

$$(6.4) \qquad V_h = \{v_h \in C(e),\ v_h|_{e_j} = p \circ \psi_j^{-1} \circ \Phi_j^{-1},\ p \in P_{T_o}(2), v_h|_{C_{2h}} = f_h\}$$

Als Intergrationsformeln wurden für das Gebietsintegral entweder die 3-Punkte-Formel vom Grad 2 oder die 6-Punkte-Formel vom Grad 4 aus Tabelle I gewählt. Bei den Beispielen tritt die Funktion u, auch im Randintegral, nur linear auf. Auf der Seite S von T_o wurde die Simpson-Formel benutzt. Diese Formeln erfüllen für r = 2 die Voraussetzung (A) aus Bemerkung 2 und daher auch (B) aus Satz 2.

Zur Auswertung der Ergebnisse wurden folgende diskrete Normen bzw. Seminormen berechnet, $e_h := u - u_h$

$$||e_h||_{o,2,\bar{R}_h} := (h^2 \sum_{i=1}^{N} e_h^2 (P_i))^{1/2}$$

$$||e_h||_{o,2,C_{1h}} := (h \sum_{P_i^\partial \in C_{1h}} e_h^2(P_i^\partial))^{1/2}$$

$|||e_h|||_1$ nach Lemma 3

$$||e_h||_\infty, R_h \cup C_{1h} := \max_{i=1,\ldots,M} | e_h(P_i)|$$

Ist nicht $e \subset \bar{R}$, so denke man sich u auf e fortgesetzt.

<u>Satz 4:</u> Sind die Ansatzfunktionen p auf T_o Lagrange-Interpolationspolynome, so sind auf V_h folgende Normen äquivalent gleichmäßig bzgl. h

a) $||\cdot||_{o,2,\bar{R}_h}$ und $||\cdot||_{o,2,e}$

b) $||\cdot||_{o,2,C_{1h}}$ und $||\cdot||_{o,2,\mathcal{P}_1}$

<u>Beweis:</u> Die Quadrate der diskreten Normen können als Integrationsformeln aufgefaßt werden. Auf der Menge der Knotenpunkte, die in e_j bzw. auf $e_j \cap \mathcal{P}_1$ liegen, ist nach Voraussetzung ein Polynom r-ten Grades eindeutig definiert. Da auch die Kubatur- bzw. Quadraturgewichte die geforderten Voraussetzungen erfüllen, folgt die Behauptung ähnlich wie in Lemma 3.

Bezeichnet u_I die V_h-Interpolierende von u, so sind also $||u_h - u_I||_{o,2,\bar{R}_h}$ und $||u_h - u_I||_{o,2,e}$, $||u_h - u_I||_{o,2,C_{1h}}$ und $||u_h - u_I||_{o,2,\mathcal{P}_1}$ sowie nach Lemma 3 $|||u_h - u_I|||_1$ und $|u_h - u_I|_{1,2,e}$ äquivalent. Enthält $\{Q_i^o\}$ eine Menge M_A nach Voraussetzung (A), und sind alle e_j Dreiecke, j = 1, ..., L, so gilt sogar

(6.6) $$|||u_h - u_I|||_1 = |u_h - u_I|_{1,2,e}$$

Dieser Fall tritt auf in den Tabellen II und IV. Da für $u - u_I$ in den Normen $||\cdot||_{o,2,e}$, $|\cdot|_{1,2,e}$ und $||\cdot||_{o,2,\mathcal{P}_1}$ Abschätzungen bekannt sind, kann auf die Konvergenzordnung von $u - u_h$ geschlossen werden.

Mit Hilfe von Integrationsformeln höherer Ordnung können auch die Normen $||u_h - u_I||_{o,2,e}$, $||u_h - u_I||_{o,2,\mathcal{P}_1}$ sowie mit hinreichender Genauigkeit

$$||u - u_h||_{o,2,e}, \quad |u - u_h|_{1,2,e}, \quad ||u - u_h||_{o,2,\mathcal{P}_1}$$

berechnet werden (s. z.B. |1o|).

Numerische Ergebnisse bei Verwendung finiter Elemente werden u.a. in |2, 1o, 14, 16, 32| angegeben. Außer in |14| handelt es sich hierbei um lineare Randwertprobleme, und |2, 32| gehören zu den wenigen Arbeiten, in denen ein "gekrümmter" Rand behandelt wird.

§7 Numerische Ergebnisse

Als erstes Beispiel wurde eine Minimalfläche berechnet. Das zugehörige Variationsproblem erhält man aus (1.1) mit

$$F(u_x, u_y) = (1 + u_x^2 + u_y^2)^{1/2}$$

(7.1) $$f(x,y) = \log(\cos y) - \log(\cos x), \; C = C_2$$

$$R = \{(x, y), \; \frac{x^2}{a^2} + \frac{y^2}{b^2} < 1 \text{ und } \frac{x^2}{c^2} + \frac{y^2}{d^2} > 1\}$$

mit a = 0.6, b = 0.4, c = 0.3 und d = 0.2.

Die exakte Lösung ist $u(x,y) = \log(\cos y) - \log(\cos x)$. Die für verschiedene Gitterkonstanten h mit der Triangulation aus |25|, s. auch (2.3), erhaltenen Ergebnisse sind in den Tabellen II, III zu finden.

Ein ähnliches Problem, bei dem zusätzlich ein Randintegral auftritt, ist das Variationsproblem der Kapillarfläche (s. |16, 3o|).

$$F(u, u_x, u_y) = \kappa\frac{u^2}{2} + (1 + u_x^2 + u_y^2)^{1/2} + 2H_0 u$$

(7.2)

$$C_1 = C_1^{(1)}, \quad G(u) = -\cos(\gamma)u$$

Die exakte Lösung ist nur in wenigen Fällen bekannt. Für $\kappa = 0$ ist u auf dem Quadrat und dem Kreis bekannt (s. |16, 17|). Betrachtet man

$$R = \{(x, y), \; x^2 + y^2 < r^2\},$$

so ist die exakte Lösung

(7.3) $$u(x, y) = - \text{sign}(\cos\gamma)\left(\frac{r^2}{\cos^2\gamma} - x^2 - y^2\right)^{1/2}$$

für $\gamma \neq \frac{\pi}{2}$ und $H_0 = \cos(\gamma)/r$. Es wurde der Fall $r = 1/2$, $\gamma = 128^0$, $C_2 = \{(x, y) \in C, y > 0\}$ durchgerechnet, s. Tabellen IV, V.

Sowohl die Minimal- wie die Kapillarfläche wurden ohne Ausnutzung der Symmetrie auf den angegebenen Gebieten berechnet, um die Auswirkung der Randapproximation deutlich werden zu lassen. Existenzsätze für klassische Lösungen des Minimal- und des Kapillarflächenproblems werden u. a. in |3o| angegeben.

Die Norm $|||\cdot|||_{\bar{1}}$ wurde jeweils mit denselben Kubaturformeln berechnet, die zur Integration des Funktionals verwendet wurden. In der Spalte rechts von jeder Norm ist die gemäß

(7.4) $$p = \log(||e_{h_1}||/||e_{h_2}||)/\log(h_1/h_2)$$

erhaltene Konvergenzordnung angegeben.

Das Konvergenzverhalten wird an anderer Stelle theoretisch untersucht werden.

h	M	$\|\|e_h\|\|_{o,2,\bar{R}_h}$	p	$\|\|\|e_h\|\|\|_1$	p	$\|\|e_h\|\|_{\infty,R_h}$	p
0.09	255	$0.624_{10} - 3$		$0.654_{10} - 2$		$0.566_{10} - 3$	
0.06	646	$0.278_{10} - 3$	2.0	$0.346_{10} - 2$	1.6	$0.268_{10} - 3$	1.8
0.045	1177	$0.149_{10} - 3$	2.2	$0.221_{10} - 2$	1.6	$0.136_{10} - 3$	2.4

Tabelle II: Minimalfläche, keine isoparametrische Elemente, 3-Punkte-Kubaturformel

h	M	$\|\|e_h\|\|_{o,2,\bar{R}_h}$	p	$\|\|\|e_h\|\|\|_1$	p	$\|\|e_h\|\|_{\infty,R_h}$	p
0.09	255	$0.105_{10} - 4$		$0.576_{10} - 3$		$0.291_{10} - 4$	
0.06	646	$0.290_{10} - 5$	3.2	$0.215_{10} - 3$	2.4	$0.150_{10} - 4$	1.6
0.045	1177	$0.853_{10} - 6$	4.3	$0.103_{10} - 3$	2.6	$0.477_{10} - 5$	4.0

Tabelle III: Minimalfläche, isoparametrische Elemente, 3-Punkte-Kubaturformel auf Dreiecken, 6-Punkte-Kubaturformel auf isoparametrischen Elementen

h	M	$\|\|e_h\|\|_{o,2,\bar{R}_h}$	p	$\|\|e_h\|\|_{o,2,C_{1h}}$	p	$\|\|\|e_h\|\|\|_1$	p	$\|\|e_h\|\|_{\infty,R_h\cup C_{1h}}$	p
0.24	65	$0.342_{10}-1$		$0.398_{10}-1$		$0.404_{10}-1$		$0.253_{10}-1$	
0.12	256	$0.704_{10}-2$	2.3	$0.933_{10}-2$	2.1	$0.113_{10}-1$	1.8	$0.584_{10}-2$	2.1
0.06	1017	$0.178_{10}-2$	2.0	$0.244_{10}-2$	1.9	$0.397_{10}-2$	1.5	$0.153_{10}-2$	1.9

Tabelle IV: Kapillarfläche, keine isoparametrischen Elemente, 3-Punkte-Kubaturformel

h	M	$\|\|e_h\|\|_{o,2,\bar{R}_h}$	p	$\|\|e_h\|\|_{o,2,C_{1h}}$	p	$\|\|\|e_h\|\|\|_1$	p	$\|\|e_h\|\|_{\infty,R_h\cup C_{1h}}$	p
0.24	65	$0.709_{10}-3$		$0.114_{10}-2$		$0.939_{10}-2$		$0.109_{10}-2$	
0.12	256	$0.102_{10}-3$	2.8	$0.239_{10}-3$	2.3	$0.249_{10}-2$	1.9	$0.298_{10}-3$	1.9
0.06	1017	$0.981_{10}-5$	3.4	$0.318_{10}-4$	2.9	$0.629_{10}-3$	2.0	$0.406_{10}-4$	2.9

Tabelle V: Kapillarfläche, isoparametrische Elemente, 3-Punkte-Kubaturformel auf Dreiecken, 6-Punkte-Kubaturformel auf isoparametrischen Elementen

Literatur

|1| Babuska, I.: The finite element method with Lagrangian multipliers. Num. Math. 2o, 179 - 192 (1973)

|2| Berger, A. E.: Two Types of Piecewise Quadratic Spaces and Their Order of Accuracy for Poisson's Equation, in "The Mathematical Foundations of the Finite Element Method with Applications to Partial Differential Equations", ed. A. K. Aziz. Academic Press, New York and London (1972)

|3| Berger, A. E.: L^2 Error Estimates for Finite Elements with Interpolated Boundary Conditions. Num. Math. 21, 345 - 349 (1973)

|4| Bramble, J. H. and Schatz, A. H.: Rayleigh - Ritz - Galerkin methods for Dirichlet's problem using subspaces without boundary conditions. Comm. Pure Appl. Math. 23, 653 - 675 (197o)

|5| Bramble, J. H. and Zlamal, M.: Triangular elements in the finite element method. Math. Comp. 24, 8o9 - 821 (197o)

|6| Ciarlet, P. G. and Raviart, P. A.: General Lagrange and Hermite interpolation in $\mathbb{R}^n$ with applications to the finite element method. Arch. Rat. Mech. Anal. 46, 177 - 199 (1972)

|7| Ciarlet, P. G. and Raviart, P. A.: Interpolation theory over curved elements, with applications to finite element methods. Comp. Meth. Appl. Mech. Engin. 1, 217 - 249 (1972)

|8| Ciarlet, P. G. and Raviart, P. A.: The Combined Effect of Curved Boundaries and Numerical Integration in Isoparametric Finite Element Methods, in "The Mathematical Foundations of the Finite Element Method with Applications to Partial Differential Equations", ed. A. K. Aziz. Academic Press, New York and London (1972)

|9| Cowper, G. R.: Gaussian quadrature formulas for triangles. Int. J. Num. Meth. Engin. 7, 4o5 - 4o8 (1973)

|1o| Eisenstat, S. C. and Schultz, M. H.: Computational Aspects of the Finite Element Method. In demselben Buch wie |2| (1972)

|11| Fried, I.: Condition of finite element matrices generated from nonuniform meshes. AIAA J. 1o, 219 - 221 (1971)

|12| Gordon, W. J. and Hall, C. A.: Geometric Aspects of the Finite Element Method. In demselben Buch wie |2| (1972)

|13| Haber, S.: Numerical Evaluation of multiple integrals. SIAM Rev. 12, 481 - 526 (197o)

|14| Hinata, M. et. al.: Numerical Solution of Plateau's Problem by a Finite Element Method. Math. Comp. 28, 45 - 6o (1974)

|15| Koukal, S.: Piecewise polynomial interpolations and their applications to partial differential equations. Sbornik VAAZ, Brno, 29 - 38 (197o) (In Tschechisch)

|16| Mittelmann, H. D.: Die Approximation der Lösungen gemischter Randwertprobleme quasilinearer elliptischer Randwertprobleme. Erscheint demnächst in Computing (1974)

|17| Mittelmann, H. D.: Finite-Element Verfahren bei quasilinearen elliptischen Randwertproblemen. Lecture Notes 395, S. 199 - 214, Springer-Verlag, Berlin (1974)

|18| Necas, J.: Les Methodes directes en theorie des equations elliptiques. Academia, Prag (1967)

|19| Nicolaides, R. A.: On a class of finite elements generated by Lagrange interpolation. SIAM J. Num. Anal. 9, 435 - 445 (1972)

|2o| Nicolaides, R. A.: On a class of finite elements generated by Lagrange interpolation. II. SIAM J. Num. Anal. 1o, 182 - 189 (1973)

|21| Nitsche, J.: Über ein Variationsprinzip zur Lösung von Dirichlet Problemen bei Verwendung von Teilräumen, die keinen Randbedingungen unterworfen sind. Abh. Math. Sem. Univ. Hamburg 36 (197o)

|22| Nitsche, J.: Lineare Spline-Funktionen und die Methoden von Ritz für elliptische Randwertprobleme. Arch. Rat. Mech. Anal. 36, 348 - 355 (197o)

|23| Nitsche, J.: On Dirichlet Problems Using Subspaces with Nearly Zero Boundary Conditions. In demselben Buch wie |2| (1972)

|24| Ortega, J. M. and Rheinboldt, W. C.: Iterative Solution of nonlinear equations in several variables. Academic Press, New York and London (197o)

|25| Reid, J. K.: On the Construction and Convergence of a Finite-Element Solution of Laplace's Equation. J. Inst. Math. Appl. 9, 1 - 13 (1972)

|26| Silvester, P.: Symmetric quadrature formulae for simplexes. Math. Comp. 24, 95 - 1oo (197o)

|27| Strang, G. and Fix, G. J.: An Analysis of the Finite Element Method. Prentice Hall, Inc., Englewood Cliffs, N. J. (1973)

|28| Stroud, A. H.: Approximate Calculation of Multiple Integrals. Prentice Hall, Inc., Englewood Cliffs, N. J. (1971)

|29| Thomee, V.: Polygonal domain approximation in Dirichlet's problem. J. Inst. Math. Appl. 11, 33 - 44 (1973)

|3o| Uraltseva, N. N.: Nonlinear Boundary Value Problems for Equations of Minimal-Surface Type. Proc. Steklov Inst. Math. 116, 227 - 237 (1971)

|31| Zenisek, A.: Interpolation polynomials on the triangle. Num. Math. 15, 283 - 296 (197o)

|32| Zlamal, M.: The finite element method in domains with curved boundaries. Int. J. Num. Meth. Engin. 5, 367 - 373 (1973)

|33| Zlamal, M.: Curved elements in the finite element method. SIAM J. Num. Anal. 1o, 229 - 24o (1973)

Hans Detlef Mittelmann
Fachbereich Mathematik
der TH Darmstadt

61 Darmstadt

Kantplatz 1

ISNM 27 Birkhäuser Verlag, Basel und Stuttgart, 1975 227

STABILITÄTSUNGLEICHUNGEN FÜR LINEARE DIFFERENZENOPERATOREN

Karl Hans Müller

In this paper we characterize by means of so called root conditions the validity of a class of stability inequalities for linear difference operators. These stability inequalities play a central rôle in proving the convergence of linear multistep methods for initial value problems of first or higher order, where the inhomogeneity satisfies an appropriate Lipschitz condition. Various stability inequalities, concerning the convergence of the solution of the difference equations, are obtained as special cases of our theorems, whereas those used in proving the convergence of higher difference quotients of the solutions of the difference equations are treated with in a subsequent paper. It ist also possible to generalize with analogous methods a so called coerciveness inequality used by GRIGORIEFF [5,6].

0. EINLEITUNG

Die Konvergenz von linearen Mehrschrittverfahren zur numerischen Integration von Anfangswertaufgaben gewöhnlicher Differentialgleichungen wurde in den grundlegenden Arbeiten von DAHLQUIST [1,2] und den Büchern von HENRICI [8,9] untersucht. Anschließend konnte auch die Konvergenz höherer Differenzenquotienten der Lösungen der Differenzengleichungen, bis hin zur Ordnung der approximierten Differentialgleichung, charakterisiert werden; hier sind insbesondere die Untersuchungen von DEJON [3] und GRIGORIEFF [5,6,7] zu nennen. Ein wesentliches Hilfsmittel bilden in diesen Arbeiten dabei Stabilitätsungleichungen für gewöhnliche lineare Differenzenoperatoren. In der vorliegenden Arbeit wird die Gültigkeit verschiedener Stabilitätsungleichungen, die zur Untersuchung der Konvergenz der Lösungen der Differenzengleichungen benutzt wurden, in einheitlicher Weise bewiesen. Grundlage ist dabei die Charakterisierung einer entsprechenden Abschätzung im Folgenraum ℓ. Weiter wird gezeigt, daß Aussagen über die k-Stabilität im Sinne von SPIJKER [13,14] sowie Abschätzungen mittels der SPIJKERschen Norm (vgl. [15]) ebenfalls mit diesen Methoden abgeleitet werden können. Die zur Untersuchung der Konvergenz höher Differenzenquotienten der Lösungen benötigten Stabilitätsungleichungen sowie eine Verallgemeinerung der Koerzitivitätsungleichung von GRIGORIEFF [5,6] werden wir mit Hilfe dieser Ergebnisse an anderer Stelle behandeln.

1. DER NULLRAUM EINES LINEAREN DIFFERENZENOPERATORS

Wie üblich bezeichnen wir mit $\mathbb{R}$ den Körper der reellen Zahlen und mit $\mathbb{C}$ den Körper der komplexen Zahlen; im folgenden gelte für den Körper $\mathbb{K}$ entweder stets $\mathbb{K} = \mathbb{R}$ oder stets $\mathbb{K} = \mathbb{C}$. Sei weiter $V \neq \{o\}$ ein Vektorraum über $\mathbb{K}$ von beliebiger (endlicher oder unendlicher) Dimension; wir definieren den Vektorraum ℓ über $\mathbb{K}$ aller unendlicher Folgen von Vektoren aus V durch

$$\ell = \{u;\ u = (u_o, u_1, u_2, \ldots),\ u_j \in V,\ j = o,1,2,\ldots\},$$

wobei die Addition in ℓ und die Multiplikation mit Skalaren aus $\mathbb{K}$ komponentenweise erklärt wird. Der lineare Verschiebungsoperator $E: \ell \to \ell$ wird eingeführt durch die Festsetzung $(Eu)_j = u_{j+1}$, $j = o,1,\ldots$, $u \in \ell$, und mit I bezeichnen wir den identischen Operator in ℓ: $Iu = u$, $u \in \ell$.

Sei $\mathbb{K}[X]$ die Algebra über $\mathbb{K}$ der Polynome mit Koeffizienten aus $\mathbb{K}$, und sei $q \in \mathbb{K}[X]$ ein vorgegebenes normiertes Polynom mit $\nu = \operatorname{grad} q \geq o$,

(1) $\quad q = \sum_{j=o}^{\nu} a_j X^j, \; a_\nu = 1, \; a_j \in \mathbb{K}, \; o \leq j \leq \nu.$

Der Operator $A: \ell \to \ell$ wird definiert durch $A = q(E)$, so daß also gilt $(Au)_j = \sum_{k=o}^{\nu} a_k u_{j+k}$, $j = o,1,2,\ldots, u \in \ell$. Die Menge $K(q) = \{u;\; u \in \ell,\; Au = o\}$ der von A annullierten Vektoren aus ℓ ist offensichtlich ein linearer Unterraum von ℓ. Sind Vektoren $u_o,\ldots,u_{\nu-1}$ aus V beliebig vorgegeben, so gibt es einen Vektor v in ℓ mit $Av = o$ und $v_j = u_j$, $o \leq j \leq \nu-1$, und v ist durch diese Forderungen eindeutig und linear bestimmt; im Fall $\nu = o$ folgt $v = o$ aus $Av = o$. Daher gilt $\dim K(q) = \nu \cdot \dim V$.

Wir wollen nun eine für unsere Zwecke geeignete Basis von $K(q)$ konstruieren und nehmen dazu zunächst $\mathbb{K} = \mathbb{C}$ an. Sei α eine komplexe Zahl und $v \neq o$ ein Vektor aus V. Dann definieren wir Vektoren $v(k,\alpha) \in \ell$, $k = o,1,2,\ldots$, durch $v(o,\alpha) = o \in \ell$ und

(2) $\quad v(k,\alpha)_j = \binom{j}{k-1} \alpha^{j+1-k} v, \; j = o,1,2,\ldots, \; k = 1,2,\ldots,$

was im Fall $\alpha = o$ als $v(k,o)_j = \delta_{k-1,j} v$ zu lesen ist. Damit gilt

(3) $\quad (E - \alpha I) v(k,\alpha) = v(k-1,\alpha), \; k = 1,2,\ldots;$

$v(k,\alpha)$ ist also Hauptvektor der Stufe k von E zum Eigenwert α.

Seien die n komplexen Zahlen α_j, mit $\alpha_j \neq \alpha_k$, $j \neq k$, $1 \leq j,k \leq n$, die verschiedenen Nullstellen des Polynoms q, mit den Vielfachheiten $n_j > 0$, so daß also gilt

(4) $$q = \prod_{j=1}^{n} (X - \alpha_j)^{n_j}; A = \prod_{j=1}^{n} (E - \alpha_j I)^{n_j}.$$

Dann liegen die $\nu = \sum_{j=1}^{n} n_j$ Vektoren $v(k, \alpha_j)$, $1 \leq k \leq n_j$, $1 \leq j \leq n$, in K(q) und sind linear unabhängig; läßt man v die Elemente einer Basis von V durchlaufen, so bilden die so erhaltenen $\nu \cdot \dim V$ Vektoren eine Basis von K(q). Im Fall $\mathbb{K} = \mathbb{R}$ hat das Polynom q reelle Koeffizienten, so daß mit jeder Nullstelle α von q auch die konjugiert-komplexe Zahl $\bar{\alpha}$ eine Nullstelle gleicher Vielfachheit von q ist. Für eine nicht reelle Nullstelle α von q lassen sich entsprechend (2) in ℓ die Vektoren $\frac{1}{2}(v(k, \alpha) + v(k, \bar{\alpha}))$ und $\frac{1}{2i}(v(k, \alpha) - v(k, \bar{\alpha}))$ definieren; man erhält damit auch für $\mathbb{K} = \mathbb{R}$ eine analoge Basis von K(q).

Sei nun k eine natürliche Zahl und seien k Polynome s_j, aus $\mathbb{K}[X]$, $1 \leq j \leq k$, gegeben. Bezeichnen wir mit $\|\cdot\|$ eine vorgegebene Norm auf dem Raum V^k, so ist die durch

(5) $$(\sigma u)_j = (s_j(E)u)_0, \quad 1 \leq j \leq k, \quad u \in \ell,$$

definierte Abbildung $\sigma: \ell \rightarrow V^k$ linear, und durch die Vorschrift $g(u) = \|\sigma u\|$, $u \in \ell$, wird eine Halbnorm g auf ℓ definiert. Im Hinblick auf spätere Anwendungen in 3. wollen wir untersuchen, wann g eine Norm in K(q) induziert. Dazu definieren wir Polynome t_j und q_j aus $\mathbb{K}[X]$, $1 \leq j \leq k$, durch die Darstellung

$s_j = q_j q + t_j$, grad $t_j <$ grad $q = \nu$.

Mit Hilfe elementarer linearer Algebra folgt nun leicht, daß die folgenden Aussagen paarweise zueinander äquivalent sind:

a) Die Abbildung $u \to g(u) = \|\sigma u\|$ induziert eine Norm auf K(q).

b) Die Abbildung $u \to \|\tau u\|$, $u \in \ell$, wobei $\tau: \ell \to V^k$ definiert ist durch $(\tau u)_j = (t_j(E)u)_o$, $1 \leq j \leq k$, induziert eine Norm auf K(q).

c) Jedes Polynom r in $\mathbb{K}[X]$ mit grad $r < \nu$ läßt sich mit Zahlen $\mu_j \in \mathbb{K}$ darstellen in der Form $r = \sum_{j=1}^{k} \mu_j t_j$.

d) Zu jedem Polynom t in $\mathbb{K}[X]$ gibt es Zahlen μ_j in $\mathbb{K}$ und ein Polynom s in $\mathbb{K}[X]$ mit

$$t = sq + \sum_{j=1}^{k} \mu_j s_j.$$

Nach einer Definition von GRIGORIEFF [6, p. 199] bedeutet die Aussage d), daß die Polynome s_j, $1 \leq j \leq k$, das Polynom q aufspannen. Notwendig hierfür ist offenbar $k \geq \nu$. Aus der Äquivalenz von a) und d) ergibt sich nun der folgende Satz.

(6) Genau dann induziert die Halbnorm g: $\ell \to \mathbb{R}$ eine Norm in K(q), wenn die Polynome s_j, $1 \leq j \leq k$, das Polynom q aufspannen.

2. EINE STABILITÄTSUNGLEICHUNG FÜR DEN OPERATOR A

Wir wollen in diesem Paragraphen die für die vorliegende Arbeit zentrale Aussage (2) beweisen. In diesem Satz wird die Stabilität des Operators A (in dem durch (2)(a) gegebenen Sinne) bei trivialen Anfangswerten mittels "Wurzelbedingungen", d.h. durch die Beträge und Vielfachheiten der Nullstellen α_j des Polynoms q, charakterisiert. Anwendungen von Satz (2) sowie seine Beziehungen zu in der Literatur bereits behandelten Sonderfällen werden in 3. erläutert.

Auf dem Vektorraum V über $\mathbb{K}$ sei nun eine Norm $|\cdot|$ erklärt, also $(V,|\cdot|,\mathbb{K})$ ein normierter Raum. Ist p eine reelle Zahl oder das Symbol ∞, so setzen wir

$$\ell^p = \{u; u \in \ell, \sum_{j=o}^{\infty} |u_j|^p < \infty\},\ 1 \leq p < \infty,$$

bzw.

$$\ell^p = \{u; u \in \ell,\ \sup\{|u_j|,\ j = o,1,2,\ldots\} < \infty\},\ p = \infty .$$

Durch Einführung der Normen

$$\|u\|_p = (\sum_{j=o}^{\infty} |u_j|^p)^{1/p}, u \in \ell^p,\ 1 \leq p < \infty,$$

bzw.

$$\|u\|_p = \sup\{|u_j|,\ o \leq j < \infty,\ u \in \ell^p,\ p = \infty,$$

auf den Räumen ℓ^p erhalten wir die normierten Räume $(\ell^p, \|\cdot\|_p, \mathbb{K})$, $1 \leq p \leq \infty$. Im folgenden werden wir, wenn keine Mißverständnisse zu befürchten sind, in der Bezeichnungsweise keine Unterschiede zwischen den Fällen $1 \leq p < \infty$ und $p = \infty$ machen; Ausdrücke wie $N^{1/p}$ oder $(\sum |u_j|^p)^{1/p}$ sind dann im Fall $p = \infty$ stets in der üblichen Weise zu interpretieren.

Für jede ganze Zahl N werden die Projektionsoperatoren P_N und $Q_N = I - P_N : \ell \to \ell$ definiert durch

$$(P_N u)_j = \begin{cases} u_j, & o \leq j \leq N \\ o, & j > N \end{cases}, \quad u \in \ell.$$

Ein Vektor v aus ℓ liegt genau dann in $Q_N\ell$, wenn $v_j = o$, $o \leq j \leq N$, ist. Seien weiter p_1 und p_2 Zahlen mit $1 \leq p_1, p_2 \leq \infty$. Für jede ganze Zahl $N \geq o$ definieren wir Halbnormen $\|\cdot\|_{1,N}$ und $\|\cdot\|_{2,N}$ auf ℓ durch

(1) $\|u\|_{1,N} = \|P_N u\|_{p_1}$, $\|u\|_{2,N} = \|P_{N-\nu} u\|_{p_2}$, $u \in \ell$.

Zur Berechnung von $\|Au\|_{2,N}$ werden also nur die Koordinaten $u_o,\dots,u_N$ von u benötigt. Jeder Vektor u aus ℓ mit $Au = o$ ist nach 1. durch seine Koordinaten u_j, $o \leq j \leq \nu-1$, eindeutig bestimmt. Setzen wir

$$U = Q_{\nu-1}\ell = \{u; u \in \ell, u_j = o,\ o \leq j \leq \nu-1\},$$

so hat die Restriktion $A_{|U}$ von A auf U, $A_{|U}: U \to \ell$, eine auf ganz ℓ definierte Inverse. In dem anschließenden Hauptsatz (2) über die Stabilität gewöhnlicher linearer Differenzenoperatoren im Halbraum ℓ nennen wir das Polynom q

a) <u>schwach stabil</u>, falls für jede Nullstelle α von q gilt $|\alpha| \leq 1$;

b) <u>stabil</u>, falls q schwach stabil ist und jede Nullstelle α von q mit $|\alpha| = 1$ einfach ist;

c) <u>stark stabil</u>, falls für jede Nullstelle α von q gilt $|\alpha| < 1$.

(2) Sei r eine reelle Zahl. Genau dann gibt es eine Konstate K mit

(a) $\|u\|_{1,N} \leq K(N+1)^r \|Au\|_{2,N}$, $u \in U$, $N \geq o$,

wenn die folgenden Bedingungen erfüllt sind:

(b) (i) Es ist $r \geq \max\{o, 1/p_1 - 1/p_2\}$.

(ii) Das Polynom q ist schwach stabil.

(iii) Ist α eine Nullstelle von q mit $|\alpha| = 1$ und mit der Vielfachheit k, so ist

$$k \leq r + 1/p_2 - 1/p_1.$$

Wir skizzieren zunächst kurz den Gedankengang des Beweises von Satz (2). Da sich aus dem Beweis für den Fall $\mathbb{K} = \mathbb{C}$ mit Hilfe der üblichen Methoden auch ein Beweis für den Fall $\mathbb{K} = \mathbb{R}$ ableiten läßt (vgl. [1o, Kap. XIII, 2]), nehmen wir im folgenden stets stillschweigend $\mathbb{K} = \mathbb{C}$ an. Die Notwendigkeit der angegebenen Bedingungen beweist man durch die Wahl spezieller Folgen von Vektoren aus ℓ, die mit Hilfe der in 1. angegebenen Hauptvektoren $v(k, \alpha_j)$ gebildet weden. Zum Beweis der umgekehrten Richtung gehen wir von der folgenden Bemerkung aus.

(3) Seien G und H normierte Räume über $\mathbb{K}$, und für die Operatoren $B: G \longrightarrow H$ und $C: H \longrightarrow G$ gelte $u = CBu$, $u \in G$, und $\|Cu\|_G \leq K\|u\|_H$, $u \in BG \subseteq H$. Dann gilt auch $\|u\|_G \leq K\|Bu\|_H$, $u \in G$.

Um (3) anwenden zu können, definieren wir den Verschiebungsoperator S durch $(Su)_o = o$ und $(Su)_j = u_{j-1}$, $j = 1,2,\dots$, $u \in \ell$. Es ist $ES = I$, d.h. S ist eine Rechtsinverse von E, und es gilt $ESu = SEu = u$, $u \in Q_o\ell$, und damit auch

$$S(E-\alpha I)u = (I-\alpha S)u, \quad u \in Q_o \ell, \quad \alpha \in K.$$

Allgemeiner zeigt man unter Beachtung von 1.(4)

(4) $$S^{\nu}Au = \prod_{j=1}^{n} (I-\alpha_j S)^{n_j} u, \quad u \in U = Q_{\nu-1}\ell.$$

Man sieht leicht, daß die Restriktion von $S^{\nu}A$ auf U ein invertierbarer Operator von U auf U ist. Wegen der Gleichung

(5) $$\|Au\|_{2,N} = \|P_{N-\nu}Au\|_{p_2} = \|P_N S^{\nu}Au\|_{p_2}, \quad u \in \ell, \quad N \geq o,$$

und der Beziehung (4) genügt es nach (3), die Inversen von Operatoren der Form

$$P_N \prod_{j=1}^{k} (I-\beta_j S): P_N\ell \rightarrow P_N\ell$$

nach oben abzuschätzen. Hierzu benötigen wir einige Hilfssätze. Zunächst bemerken wir, daß für jede komplexe Zahl α die Beziehung besteht

(6) $$(I-\alpha S)\sum_{j=o}^{\infty} \alpha^j S^j = (\sum_{j=o}^{\infty} \alpha^j S^j)(I-\alpha S) = I.$$

Dabei ist der Operator $T_\alpha = \sum_{j=o}^{\infty} \alpha^j S^j : \ell \rightarrow \ell$ definiert durch

(7) $$(T_\alpha u)_j = \sum_{k=o}^{j} \alpha^k u_{j-k}, \quad j = o,1,2,\ldots, u \in \ell.$$

(8) <u>Sind</u> β_j <u>komplexe Zahlen mit</u> $|\beta_j| < 1$, $1 \leq j \leq t$, <u>so gilt mit</u> $L^{-1} = \prod_{j=1}^{t} (1-|\beta_j|)$ <u>die Abschätzung</u>

$$\|P_N u\|_p \leq L\|P_N \prod_{j=1}^{t} (I-\beta_j S)u\|_p, \quad u \in \ell,$$

<u>für alle ganzen Zahlen</u> $N \geq o$ <u>und alle</u> p <u>mit</u> $1 \leq p \leq \infty$.

<u>Beweis.</u> Sei α eine komplexe Zahl mit $|\alpha| < 1$. Für jedes $u \in \ell$ und jede ganze Zahl $N \geq o$ gilt dann

$$\|P_N(I-\alpha S)u\|_p \geq (1-|\alpha|)\|P_N u\|_p, \quad 1 \leq p \leq \infty.$$

Durch mehrfache Anwendung dieser Ungleichung folgt die Behauptung. -

(9) <u>Für alle ganzen Zahlen</u> $k > o$ <u>und</u> $N \geq o$ <u>gilt</u>

$$\left|\binom{-k}{j}\right| \leq (N+1)^{k-1}, \quad o \leq j \leq N.$$

<u>Beweis.</u> Man führe eine vollständige Induktion nach k durch. -

(1o) <u>Für jede ganze Zahl</u> $N \geq o$ <u>gilt</u>

$$\sup\left\{\|u\|_{p_1}\,;\; u \in P_N\ell,\; \|u\|_{p_2} = 1\right\} = \begin{cases} 1, & 1 \leq p_2 \leq p_1 \leq \infty. \\ (N+1)^{1/p_1 - 1/p_2}, & 1 \leq p_1 \leq p_2 \leq \infty. \end{cases}$$

<u>Beweis.</u> Sei u aus $P_N\ell$ und $\|u\|_{p_2} = 1$. Im Fall $p_1 < p_2$ sei $r = p_2/p_1$ und $\frac{1}{r} + \frac{1}{r'} = 1$. Durch Anwendung der Hölderschen Ungleichung (bzgl. r und r') erhält man

$$\|u\|_{p_1}^{p_1} = \sum_{j=o}^{N} 1 \cdot |u_j|^{p_1} \leq (N+1)^{1/r'} \|u\|_{p_2}^{p_1} = (N+1)^{1/r'}$$

und damit $\|u\|_{p_1} \leq (N+1)^{1/p_1 - 1/p_2}$. Im Fall $p_2 \leq p_1$ ist die Abschätzung $\|u\|_{p_1} \leq 1$ trivial. In beiden Fällen werden die angegebenen Schranken auch angenommen. -

(11) <u>Seien</u> $N \geq o$ <u>eine ganze Zahl und</u> β_j <u>komplexe Zahlen mit</u> $|\beta_j| \leq 1$, $o \leq j \leq N$. <u>Dann ist</u>

$$\|P_N \sum_{j=o}^{N} \beta_j S^j u\|_{p_1} \leq (N+1)^{1+1/p_1-1/p_2} \|P_N u\|_{p_2}, u \in \ell.$$

Beweis. Für jeden Vektor u aus ℓ gilt

$$\|P_N \sum_{j=o}^{N} \beta_j S^j u\|_{p_1} \leq \left\{(N+1)(\sum_{j=o}^{N} |u_j|)^{p_1}\right\}^{1/p_1} = (N+1)^{1/p_1} \|P_N u\|_1 .$$

Mit Hilfe von (1o) folgt die Behauptung. -

(12) Seien die paarweise verschiedenen komplexen Zahlen β_j mit $|\beta_j| = 1$, $1 \leq j \leq t$, und natürlichen Zahlen m_j, $1 \leq j \leq t$, gegeben; weiter sei $d = \max\{m_j;\ 1 \leq j \leq t\}$. Dann gibt es eine Konstante K, so daß für alle ganzen Zahlen $N \geq o$ gilt

$$\|P_N u\|_{p_1} \leq K(N+1)^{d+1/p_1-1/p_2} \|P_N \prod_{j=1}^{t} (I-\beta_j S)^{m_j} u\|_{p_2}, \quad u \in \ell.$$

Beweis. Die Beziehung (6) läßt sich verallgemeinern zu

$$(13) \quad \left\{\prod_{j=1}^{t} (\sum_{k=o}^{\infty} \beta_j^k S^k)^{m_j}\right\} \left\{\prod_{j=1}^{t} (I-\beta_j S)^{m_j}\right\} = I.$$

Entwickelt man den linken Faktor nach Potenzen von S, so erhält man für die Koeffizienten γ_k aus der Darstellung

$$\prod_{j=1}^{t} (\sum_{k=o}^{\infty} \beta_j^k S^k)^{m_j} = \sum_{k=o}^{\infty} \gamma_k S^k$$

wegen

$$(14) \quad \sum_{k=o}^{\infty} \gamma_k z^k = \prod_{j=1}^{t} (1-\beta_j z)^{-m_j}, \quad |z| < 1,$$

unter Beachtung der binomischen Reihe

$$(1+z)^s = \sum_{j=o}^{\infty} \binom{s}{j} z^j, \quad |z| < 1, \ s \text{ reell},$$

nach Partialbruchzerlegung der rechten Seite in (14) mit Hilfe von (9) die Abschätzung

(15) $|\gamma_j| \leq K(N+1)^{d-1}, \quad o \leq j \leq N; \; N = o,1,2,\ldots,$

mit einer von N unabhängigen Konstanten K. Aus (13) ergibt sich für jedes $N > o$ die Gleichung

(16) $(P_N \sum_{j=o}^{N} \gamma_j S^j)(P_N \prod_{j=1}^{t} (I-\beta_j S)^{m_j})u = u, \quad u \in P_N \ell.$

Mit Hilfe von (15) und (11) ergibt sich weiter

(17) $\|P_N \sum_{j=o}^{N} \gamma_j S^j u\|_{p_1} \leq K(N+1)^{d+1/p_1-1/p_2} \|P_N u\|_{p_2}, \quad u \in \ell, \; N \geq o,$

woraus mit (16) und (3) die Behauptung folgt. -

Die asymptotische Äquivalenz zweier auf der Menge $\mathbb{N}$ der natürlichen Zahlen oder $\mathbb{N}_o = \mathbb{N} \cup \{o\}$ erklärten reellwertigen Funktionen definieren wir folgendermaßen. Es sei

(19) $f \sim g, \; (N \longrightarrow \infty)$

genau dann, wenn es positive Konstanten K_1, K_2 und eine natürliche Zahl N_o gibt mit

$$K_1 g(N) \leq f(N) \leq K_2 g(N), \quad N \geq N_o.$$

Wir werden verschiedene Varianten der folgenden Aussage benötigen, die man leicht mittels 1.(2) beweist.

(2o) <u>Sei</u> $v \neq o$ <u>ein Vektor aus</u> V. <u>Für jedes</u> p <u>mit</u> $1 \leq p \leq \infty$ <u>und jede komplexe Zahl</u> α <u>mit</u> $|\alpha| = 1$ <u>gilt</u>

$$\|P_N v(j,\alpha)\|_p \sim (N+1)^{j-1+1/p}, \quad (N \longrightarrow \infty); \; j = 1,2,\ldots .$$

<u>Beweis</u> <u>von</u> <u>Satz</u> (2). Wir wollen zunächst die Notwendigkeit der Bedingungen (2)(b) nachweisen und nehmen dazu an, daß (2)(a) erfüllt ist. Sei $v \neq o$ ein Vektor aus V. Definieren wir eine Folge $\{u^{(N)}\}$, $N \geq \nu$, von Vektoren $u^{(N)}$ aus U durch $(u^{(N)})_j = \delta_{Nj} v$, $o \leq j \leq \infty$, $N \geq \nu$, so ist $\|u^{(N)}\|_{1,N} = \|Au^{(N)}\|_{2,N} = |v|$, $N \geq \nu$, woraus $r \geq o$ folgt. Setzen wir $u_j = o$, $o \leq j < \nu$; $u_j = v$, $j \geq \nu$, so ist $u \in U$ und $\|u\|_{1,N} \sim (N+1)^{1/p_1}$, $(N \to \infty)$, und $\|Au\|_{2,N} \leq K_1 (N+1)^{1/p_2}$, $N \geq o$, für eine geeignete Konstante K_1. Es folgt $1/p_1 \leq r + 1/p_2$ und damit die Notwendigkeit von (b)(i). Sei nun $\alpha \neq o$ eine Nullstelle des Polynoms q und sei der Vektor $w \in U$ definiert durch $w = S^{\nu} v(1, \alpha) = (o, o \ldots, v, \alpha v, \alpha^2 v, \ldots)$. Dann ist $\|Aw\|_{2,N} = \|Aw\|_{2,2\nu}$, $N \geq 2\nu$, und $\|w\|_{1,N} \geq |\alpha|^{N-\nu} |v|$, $N \geq \nu$. Da für $|\alpha| > 1$ gilt

$|\alpha|^N (N+1)^{-r} \to \infty$, $(N \to \infty)$, folgt die Notwendigkeit von (b)(ii). Zum Nachweis von (b)(iii) nehmen wir an, daß α eine k-fache Nullstelle von q mit $|\alpha| = 1$ ist, und betrachten die durch

$$(w^{(N)}(t))_j = \frac{j}{N} v(t, \alpha)_j, \quad j = o, 1, 2, \ldots, \quad t = o, 1, \ldots, k,$$

definierten k+1 Folgen $\{w^{(N)}(t)\}$, $N = 1, 2, \ldots$, von Vektoren aus ℓ, $o \leq t \leq k$. Aus 1.(3) ergibt sich

$$((E - \alpha I) w^{(N)}(t))_j = \frac{j}{N} v(t-1, \alpha)_j + \frac{1}{N} v(t, \alpha)_{j+1}$$

und damit

$$(E - \alpha I) w^{(N)}(t) = w^{(N)}(t-1) + \frac{1}{N} Ev(t, \alpha), \quad 1 \leq t \leq k;$$

durch wiederholte Anwendung dieser Gleichung erhält man

$$(E-\alpha I)^k w^{(N)}(k) = \frac{k}{N} Ev(1,\alpha).$$

Hieraus ergibt sich wegen $|\alpha| = 1$ mit einer Konstanten K_3 die Abschätzung

$$(21)\quad \|AQ_{\nu-1}w^{(N)}(k)\|_{2,N} \leq K_3(N+1)^{1/p_2-1}, \quad N \geq 1,$$

während man andererseits entsprechend (2o) für die Vektoren $Q_{\nu-1}w^{(N)}(k) \in U$, $N = 1,2,\dots$, das asymptotische Verhalten

$$(22)\quad \|Q_{\nu-1}w^{(N)}(k)\|_{1,N} \sim (N+1)^{k-1+1/p_1}, \quad (N \longrightarrow \infty),$$

ableitet. Aus (21) und (22) folgt sofort, daß die Ungleichung $k \leq r + 1/p_2 - 1/p_1$ und damit (b)(iii) notwendig für die Gültigkeit von (2)(a) ist.

Seien nun umgekehrt die unter (2)(b) genannten Bedingungen erfüllt. Gilt $|\alpha| < 1$ für alle Nullstellen α von q, so folgt aus (8) und (1o) unter Beachtung von (b)(i) mit der Konstanten K = L aus (6) die Abschätzung

$$\|u\|_{1,N} = \|P_N u\|_{p_1} \leq K(N+1)^r \|P_N \prod_{j=1}^{n} (I-\alpha_j S)^{n_j} u\|_{p_2}, u \in \ell, N \geq o.$$

Mit (4) und (5) erhalten wir daraus die gewünschte Ungleichung, für alle $u \in U$ und $N \geq o$,

$$(23)\quad \|u\|_{1,N} \leq K(N+1)^r \|P_N S^\nu Au\|_{p_2} = K(N+1)^r \|Au\|_{2,N}.$$

Hat q mindestens eine Nullstelle vom Betrag 1, so gilt für die maximale Vielfachheit k aller Nullstellen vom Betrag 1 nach Annahme $k \leq r + 1/p_2 - 1/p_1$, so daß aus (8) und (12) die Existenz einer von u und N unabhängigen Konstante K folgt mit

$$\|P_N u\|_{p_1} \leq K(N+1)^r \|P_N \prod_{j=1}^{n} (I-\alpha_j S)^{n_j} u\|_{p_2} \quad , u \in \mathcal{C}, N \geq o,$$

woraus sich wieder (23) ergibt. -

Ist $p_1 = \infty$, so besteht offenbar genau dann die Abschätzung (2)(a), wenn gilt

(24) $|u_N| \leq K(N+1)^r \|Au\|_{2,N}, \quad u \in U, N \geq o.$

Sind $n_1 \geq o$, $k \geq o$ und $m \geq \nu - 1$ ganze Zahlen und ist $\{N_j\}$, $j = 1,2,\ldots$, eine nicht beschränkte Folge natürlicher Zahlen $N_j \geq k$, so folgt die Gültigkeit von (2)(a), wie der Beweis von (2) ergibt, bereits aus der Aussage

(25) $\|P_{N_j - n_1} u\|_{p_1} \leq K_1 (N_j+1)^r \|Au\|_{2,N_j}, u \in Q_m \mathcal{C}, \; j = 1,2,\ldots .$

3. EINIGE ANWENDUNGEN DES HAUPTSATZES

Wir wollen mit Hilfe des im vorigen Paragraphen bewiesenen Hauptsatzes 2.(2) untersuchen, wann eine Abschätzung

(1) $\|u\|_{1,N} \leq K(N+1)^r (f(u) + \|Au\|_{2,N}), \; u \in \mathcal{C}, \; N \geq m,$

gilt, wobei m eine hinreichend große Zahl und f eine auf $\mathcal{C}$ definierte geeignete Halbnorm ist. Anschließend betrachten wir den Spezialfall r = o und legen dabei besonderen Wert auf die Frage, unter welchen Voraussetzungen die Gültigkeit der Abschätzung (1) bereits aus ihrer Gültigkeit für Vektoren aus K(q) folgt. Weiter zeigen wir noch den Zusammenhang von Sätzen von SPIJKER [13], [15] mit unseren Ergebnissen.

Eine auf dem Raum ℓ definierte Halbnorm f nennen wir zulässig, wenn es eine ganze Zahl $t = t(f) \geq o$ gibt mit $f(u) = f(P_t u)$, $u \in \ell$, d.h. also, wenn f(u) nur von den t+1 ersten Koordinaten $u_o, \ldots, u_t$ von u abhängt. Im folgenden sei stets f eine fest gewählte zulässige Halbnorm auf ℓ und m eine ganze Zahl mit $m \geq \max\{t, \nu-1\}$. Ist $\dim V = \infty$, so nehmen wir zusätzlich an, daß f von der am Ende von 1. betrachteten Form ist. Dann gibt es also eine natürliche Zahl k, Polynome $s_j \in \mathbb{K}[X]$, $1 \leq j \leq k$, und eine Norm $\|\cdot\|$ auf V^k mit $f(u) = \|\sigma u\|$, $u \in \ell$, wobei gilt $(\sigma u)_j = (s_j(E)u)_o$, $1 \leq j \leq k$. Mit $m^* = \max_{1 \leq j \leq k} \operatorname{grad} s_j$ kann man damit $m = \max\{\nu-1, m^*\}$ wählen. Ist V von endlicher Dimension, so sind je zwei Normen auf V und damit auch auf K(q) zueinander äquivalend. Infolge der gemachten zusätzlichen Voraussetzungen gilt jedoch auch im Fall $\dim V = \infty$ die folgende Aussage.

(2) Genau dann induziert die Halbnorm f in K(q) eine Norm, wenn es eine Konstante K gibt mit

$$f(u) + \|Au\|_{2,m} \geq K^* \|P_m u\|_\infty, \quad u \in \ell.$$

Beweis. Es genügt, die Notwendigkeit der angegebenen Bedingung für den Fall $\dim V = \infty$ zu beweisen. Dazu nehmen wir an, daß f in K(q) eine Norm induziert und $u^{(N)}$, $N = 1,2,\ldots$, eine Folge von Vektoren aus ℓ ist mit $f(u^{(N)}) + \|Au^{(N)}\|_{2,m} \longrightarrow o$, $(N \longrightarrow \infty)$; es ist zu zeigen, daß dann auch gilt $\|P_m u^{(N)}\|_\infty \longrightarrow o$, $(N \longrightarrow \infty)$. Dazu definieren wir Vektoren $v^{(N)}$, $N = 1,2,\ldots$, durch die Forderungen $P_{\nu-1} v^{(N)} = P_{\nu-1} u^{(N)}$ und $Av^{(N)} = o$. Dann gilt

$P_{\nu-1}(u^{(N)}-v^{(N)}) = o$ und $\|A(u^{(N)}-v^{(N)})\|_{2,m} \longrightarrow o$, $(N \longrightarrow \infty)$, es folgt $u_j^{(N)}-v_j^{(N)} \longrightarrow o$, $(N \longrightarrow \infty)$, $o \leq j \leq m$, und damit $f(u^{(N)}-v^{(N)}) \longrightarrow o$, $(N \longrightarrow \infty)$. Zusammen mit $f(u^{(N)}) \longrightarrow o$, $(N \longrightarrow \infty)$, ergibt sich $f(v^{(N)}) \longrightarrow o$, $(N \longrightarrow \infty)$. Da f in $K(q)$ eine Norm induziert, spannen nach Satz 1.(6) die s_j das Polynom q auf, so daß aus $(s_j(E)v^{(N)})_o \longrightarrow o$, $(N \longrightarrow \infty)$, $1 \leq j \leq t$, auch folgt $v_j^{(N)} \longrightarrow o$, $(N \longrightarrow \infty)$, $o \leq j \leq \nu-1$. Hieraus erhält man die gewünschte Aussage $u_j^{(N)} \longrightarrow o$, $(N \longrightarrow \infty)$, $o \leq j \leq m$. -

a) Die Stabilität von A bei allgemeinen Anfangsbedingungen.

(3) Sei r eine reelle Zahl. Genau dann gibt es eine Konstante K mit

(a) $\|u\|_{1,N} \leq K(N+1)^r (f(u) + \|Au\|_{2,N})$, $u \in \ell$, $N \geq m$,

wenn gilt:

(b) (i) f induziert in $K(q)$ eine Norm;

(ii) es gibt eine Konstante K_1 mit

$\|u\|_{1,N} \leq K_1 (N+1)^r \|Au\|_{2,N}$, $u \in Q_m\ell$, $N \geq m$.

Beweis. Man sieht sofort, daß die Aussagen (b) notwendig für die Gültigkeit von (a) sind. Zum Beweis der Umkehrung nehmen wir an, daß (b) erfüllt ist, aber (a) nicht gilt. Dann gibt es eine Folge natürlicher Zahlen $N_j \geq m$, $j = 1,2,\ldots$, und eine Folge von Vektoren $u^{(j)}$ aus ℓ mit $\|u^{(j)}\|_{1,N_j} = 1$, $j = 1,2,\ldots$, und

(4) $(N_j+1)^r f(u^{(j)}) \longrightarrow o$, $(N_j+1)^r \|Au^{(j)}\|_{2,N_j} \longrightarrow o$, $(j \to \infty)$.

Mit (2) folgt daraus $(N_j+1)^r u_s^{(j)} \longrightarrow o$, $(j \longrightarrow \infty)$, $o \leq s \leq m$. Da aus Satz 2.(2) und der Bemerkung zu 2.(25) folgt $r \geq o$, ergibt sich weiter $\|Q_m u^{(j)}\|_{1,N_j} \longrightarrow 1$, $(N_j+1)^r \|AQ_m u^{(j)}\|_{2,N_j} \longrightarrow o$, $(j \longrightarrow \infty)$, im Widerspruch zu (b)(ii). -

Von besonderem Interesse sind Halbnormen mit der Eigenschaft $f(u) = f(P_{\nu-1}u)$, $u \in \ell$; bezeichnet P die Projektion von $\ell = K(q) \oplus Q_{\nu-1}\ell$ auf K(q) längs $Q_{\nu-1}\ell$, so ist dann $f(u) = f(Pu)$, $u \in \ell$. Diese Bedingung ist genau dann erfüllt, wenn man $m = \nu-1$ wählen kann. In diesem Fall gilt die folgende Verschärfung von (3).

(5) Für die Halbnorm f gelte $f(u) = f(P_{\nu-1}u)$, $u \in \ell$; weiter sei $r_1 = \max(o, r-1+1/p_2)$. Dann folgt aus der Gültigkeit der Bedingungen (3)(b) die Existenz einer Konstanten K mit

$$\|u\|_{1,N} \leq K\left\{(N+1)^{r_1} f(u) + (N+1)^r \|Au\|_{2,N}\right\}, \quad u \in \ell, \ N \geq o.$$

Beweis. Seien die Bedingungen (3)(b) erfüllt. Nach Satz 2.(2) gilt dann für jede Nullstelle α von q die Ungleichung $|\alpha| \leq 1$; ist $|\alpha| = 1$, so gilt für die Vielfachheit j_α von α die Abschätzung $1 \leq j_\alpha \leq r + 1/p_2 - 1/p_1$. Ferner gibt es nach (2) eine Konstante K^* mit $f(u) \geq K^* \|P_{\nu-1}u\|_\infty$, $u \in \ell$. Seien weiter die ν Folgen $\eta^{(i)} = (\eta_o^{(i)}, \eta_1^{(i)}, \eta_2^{(i)}, \ldots)$ komplexer Zahlen $\eta_j^{(i)}$,

$j = o,1,2,\ldots,\ o \leq i \leq \nu-1$, definiert durch $\eta_j^{(i)} = \delta_{ij}$, $o \leq j \leq \nu-1$, und $A\eta^{(i)} = o$, d.h. $\sum_{j=o}^{\nu} a_j \eta_{k+j}^{(i)} = o$, $k = o,1,2,\ldots$. Sind die Vektoren $u_o,\ldots,u_{\nu-1}$ aus V gegeben und setzt man $v_j = \sum_{i=o}^{\nu-1} \eta_j^{(i)} u_i$, $j = o,1,2,\ldots$, so gilt für $v = (v_o, v_1,\ldots) \in \ell$ offenbar $Av = o$ und $v_j = u_j$, $o \leq j \leq \nu-1$. Für jeden Vektor $w \neq o$ aus V ist nach 1.(2)

$$w(j,\alpha)_s = \binom{s}{j-1} \alpha^{s-j+1} w,\ s = o,1,2,\ldots,\ j = 1,2,\ldots;$$

für $j = 1,2,\ldots$ und $s \geq j-1$ folgt hieraus

$$|w(j,\alpha)_{s+1} / w(j,\alpha)_s| = \frac{s+1}{s-j+2}|\alpha| \longrightarrow |\alpha|,\ (s \to \infty).$$

Also gilt für $|\alpha| < 1$

(6) $w(j,\alpha) \in \ell^p$, $j = 1,2,\ldots;\ 1 \leq p \leq \infty$.

Wendet man die Überlegungen aus 2. auf den Vektorraum $\mathbb{C}$ über $\mathbb{C}$ an, so ergibt sich zunächst die Existenz von (nur von dem Polynom q abhängenden) komplexen Zahlen $\beta_{kj}^{(i)}$, $1 \leq j \leq n_k$, $1 \leq k \leq n$, mit

$$\eta_s^{(i)} = \sum_{k=1}^{n} \sum_{j=1}^{n_k} \beta_{kj}^{(i)} \binom{s}{j-1} \alpha_k^{s+1-j},\ s = o,1,2,\ldots;$$

$$o \leq i \leq \nu-1.$$

Gilt nun $|\alpha| < 1$ für alle Nullstellen α von q, so folgt aus dieser Darstellung und (6) wegen $r_1 \geq o$, daß es Konstanten K_2 und K_3 gibt mit

$$\|v\|_{1,N} = \|P_N v\|_{p_1} \leq K_3 (N+1)^{r_1} \|P_{\nu-1} v\|_\infty \leq K_2 (N+1)^{r_1} f(v),$$

$$v \in K(q),\ N \geq o.$$

Hat q mindestens eine Nullstelle α mit $|\alpha| = 1$, so ergibt sich diese Abschätzung mit Hilfe von 2.(2o) unter Beachtung von $j_\alpha \leq r+1/p_2 - 1/p_1$. Sei nun u ein Element aus ℓ und sei $u = v+w$ mit $v \in K(q)$ und $w \in Q_{\nu-1}\ell$. Dann ist $f(u) = f(v)$ und $Au = Aw$; ist K_1 die Konstante aus (3)(b), so ergibt sich für $K = \max\{K_1, K_2\}$ die gewünschte Ungleichung $\|u\|_{1,N} \leq \|v\|_{1,N} + \|w\|_{1,N}$
$\leq K\{(N+1)^{r_1} f(u) + (N+1)^r \|Au\|_{2,N}\}$, $u \in \ell$, $N \geq o$. -

Ist dim $V < \infty$, so läßt sich Satz (5) etwas einfacher, ohne Benutzung der Folgen $\eta^{(i)}$, $o \leq i \leq \nu-1$, beweisen.

b) Der Fall $r = o$.

Im Spezialfall $r = o$ folgt aus Satz (3) zusammen mit Satz 2.(2) die nachstehende Aussage.

(7) Genau dann gibt es eine Konstante K mit

(a) $\|u\|_{1,N} \leq K(f(u) + \|Au\|_{2,N})$, $u \in \ell$, $N \geq m$,

wenn gilt:

(b) (i) Die Halbnorm f induziert in K(q) eine Norm.

(ii) Es ist $p_1 \geq p_2$.

(iii) Das Polynom q ist stabil; ist q nicht stark stabil, so gilt $p_1 = \infty$ und $p_2 = 1$.

In einer großen Klasse von Fällen kann man die Gültigkeit von (7)(a) bereits aus der Gültigkeit in K(q) erschließen, wie wir nun zeigen wollen. Definieren wir die Unterräume $K^p(q)$ von ℓ durch

$$K^p(q) = K(q) \cap \ell^p, \quad 1 \leq p \leq \infty,$$

so folgt im Fall $\mathbb{K} = \mathbb{C}$, wie man sich mit Hilfe von (6) überlegt,

$$K^p(q) = \text{span}\left\{v(k, \alpha_j); v \in \mathcal{V}, |\alpha_j| < 1, 1 \leq k \leq n_j\right\},$$
$$1 \leq p < \infty,$$

(8)

$$K^\infty(q) = \text{span}\left\{v(k, \alpha_j); v \in \mathcal{V}, |\alpha_j| \leq 1, 1 \leq k \leq n_j \text{ für } |\alpha_j| < 1, k = 1 \text{ für } |\alpha_j| = 1\right\}.$$

Dabei sei $\mathcal{V}$ eine Basis des Vektorraumes V über $\mathbb{K}$. Im Fall $\mathbb{K} = \mathbb{R}$ besteht eine entsprechende Aussage. Aus (8) folgt noch

$$K^p(q) = K^1(q), \quad 1 \leq p < \infty.$$

(9) <u>Die beiden folgenden Aussagen sind äquivalent:</u>

(1o) <u>Es gibt eine Konstante</u> K <u>mit</u>

$$\|u\|_{1,N} \leq Kf(u), \quad u \in K(q), \quad N \geq o.$$

(11) (i) <u>Die Halbnorm</u> f <u>induziert in</u> K(q) <u>eine Norm;</u>

(ii) $K(q) = K^{p_1}(q)$.

<u>Beweis.</u> Ist (1o) erfüllt, so gilt offenbar (11)(i), während man (ii) mit Hilfe von (6) und (8) erschließt. Daß umgekehrt aus (11) die Aussage (1o) folgt, ergibt sich ähnlich wie im Beweis von (5). -

Gilt (1o), so ist also $K(q) \subseteq \ell^{p_1}$ und es gilt

$$\|u\|_{p_1} \leq Kf(u), \quad u \in K(q).$$

Die Bedingung (7)(b)(iii) kann man auch folgendermaßen ausdrücken:

(12) Es ist $K(q) = K^{1}(q)$, falls $(p_1,p_2)=(\infty,1)$, und es ist

$$K(q) = K^{\infty}(q), \text{ falls } (p_1,p_2) = (\infty,1).$$

Die Aussagen (11)(ii) und (12) sind offenbar äquivalent, falls gilt

(13) $\quad p_1 < \infty$ oder $(p_1,p_2) = (\infty,1)$.

Mit Hilfe dieser Bemerkungen erhalten wir den nachstehenden Satz.

(14) *Sei* $1 \leq p_2 \leq p_1 < \infty$ *oder* $p_1 = \infty$ *und* $p_2 = 1$. *Dann sind die beiden folgenden Aussagen äquivalent:*

(15) *Es gibt eine Konstante* K *mit*

$$\|u\|_{1,N} \leq Kf(u), u \in K(q),\ N \geq o.$$

(16) *Es gibt eine Konstante* K_1 *mit*

$$\|u\|_{1,N} \leq K_1 (f(u) + \|Au\|_{2,N}),\ u \in \ell, N \geq m.$$

Beweis. Sei (15) erfüllt. Nach Satz (9) gilt dann (11) und damit wegen der Voraussetzungen über p_1 und p_2 auch (12). Es folgt die Gültigkeit der Bedingungen (7)(b) und also nach Satz (7) auch die Aussage (16). Die Umkehrung ist trivial. -

Hat q keine Nullstelle α mit $|\alpha| = 1$, so folgt offenbar die Äquivalenz der Aussagen (15) und (16) bereits aus der Ungleichung $1 \leq p_2 \leq p_1 \leq \infty$.

c) Die k-Stabilität des Operators A

Wir wollen hier zeigen, daß sich ein Lemma von SPIJKER [13, Chapt. III.1] auf Spezialfälle von 2.(2) und 3.(3) mit ganzzahligen Werten von r, $1/p_1$ und $1/p_2$ zurückführen läßt. Die in [13, II.2] angegebene Definition der k-Stabilität können wir im Falle der im Lemma [13, III.1] betrachteten linearen Operatoren in unserer Schreibweise folgendermaßen wiedergeben. Sei $k \geq o$ eine ganze Zahl. Ist $k = o$, so heißt A k-stabil, falls (17)(a) gilt, und im Fall $k > o$ ist A k-stabil, wenn (18)(a) erfüllt ist.

(17) Sei $k = o$ und $p_2 = \infty$. Dann sind die folgenden Aussagen äquivalent:

(a) Es gibt eine Konstante K_1 mit

$$|u_N| \leq K_1 \|P_N(P_{\gamma-1}u+S^{\nu}Au)\|_{\infty}, \quad u \in \ell, \ N \geq o.$$

(b) Das Polynom q ist stark stabil.

(c) Es gibt eine Konstante K_2 mit

$$\|P_N u\|_{\infty} \leq K_2(\|P_{\gamma-1}u\|_{\infty} + \|Au\|_{2,N}), \quad u \in \ell, \ N \geq o.$$

Beweis. Unter Beachtung der Gleichung

$$\|P_N S^{\nu} u\|_{p_2} = \|u\|_{2,N}, u \in \ell, \ N \geq o,$$

folgt (b) aus (a) mit Hilfe der Sätze 2.(24) und 2.(2). Aus (b) ergibt sich (c), wie man mittels 2.(2) und 3.(3) erschließt. Ein elementarer Schluß zeigt nun noch, daß (c) wieder (a) nach sich zieht. -

Eine wörtliche Wiederholung dieses Beweises liefert auch den folgenden Satz.

(18) Sei $k > 0$ eine ganze Zahl und $p_2 = 1$. Dann sind die folgenden Aussagen äquivalent:

(a) Es gibt eine Konstante K_1 mit

$$|u_N| \leq K_1 (N+1)^{k-1} \| P_N (P_{\nu-1} u + S^{\nu} A u) \|_1, \quad u \in \ell, N \geq 0.$$

(b) Das Polynom q ist schwach stabil; jede Nullstelle α von q mit $|\alpha| = 1$ hat höchstens die Vielfachheit k.

(c) Es gibt eine Konstante K_2 mit

$$\| P_N u \|_{\infty} \leq K (N+1)^{k-1} (\| P_{\nu-1} u \|_1 + \| A u \|_{2,N}), \quad u \in \ell, \quad N \geq 0.$$

SPIJKER beweist in [13] die Äquivalenz von (17)(a) und (b) bzw. von (18)(a) und (b) mit Hilfe des sogenannten "diskreten Analogons zum Prinzip von DUHAMEL" (HENRICI [8], p.212).

d) Eine optimale Stabilitätsungleichung

In der Arbeit [15] untersucht SPIJKER die Struktur von Abschätzungen für den globalen Fehler bei Mehrschrittverfahren zur Lösung von Anfangswertaufgaben für Systeme gewöhnlicher Differentialgleichungen. Er gelangt dabei zu einer Stabilitätsaussage, die sich nach der üblichen Reduktion des Problems auf den linearen Fall in unserer Schreibweise folgendermaßen wiedergeben läßt:

(19) Es gibt eine Konstante K mit

$$\| P_N u \|_{\infty} \leq K \left\{ \| P_{\nu-1} u \|_1 + \| P_{N-\nu} \sum_{k=0}^{\infty} S^k A u \|_{\infty} \right\}, \quad u \in \ell, \quad N \geq 0.$$

Aus der Gültigkeit von (19) folgt sofort eine Abschätzung von der unter b) betrachteten Form:

(2o) $\|P_N u\|_\infty \leq K_1 \left\{ \|P_{\nu-1} u\|_1 + \|P_{N-\nu} A u\|_1 \right\}, \quad u \in \ell, \; N \geq o,$

so daß (19) eine bessere Abschätzung als (2o) ist. Nach [15] ist (19) sogar in dem dort definierten Sinn optimal. Gemäß Satz (7) gilt genau dann (2o), wenn das Polynom q stabil ist.

Sei $q(1) = o$ und das normierte Polynom $q_* \in \mathbb{K}[X]$ definiert durch $q = (X-1)q_*$, weiter sei $A_* = q_*(E)$. Wir wollen abschließend für den folgenden in [15, § 3.3] abgeleiteten Satz (21) einen kurzen Beweis durch Zurückführung auf Satz (7) angeben (vgl. auch STETTER [16], 2.2.4 und 4.2.2).

(21) Genau dann besteht die Aussage (19), wenn das Polynom q_* stark stabil ist.

Beweis. Es ist

(22) $\left(\sum_{j=o}^{\infty} S^j\right)(E-I)u = Eu - e(u_o), \quad u \in \ell,$

wobei für jedes $v \in V$ der Vektor $e(v) \in \ell$ definiert sei durch $e(v)_j = v$, $o \leq j < \infty$. Weiter gilt die Abschätzung

(23) $\|P_{N-\nu+1} A_* u\|_\infty - |(A_* u)_o| \leq \|P_{N-\nu}(EA_* u - e((A_* u)_o))\|_\infty$
$\leq 2\|P_{N-\nu+1} A_* u\|_\infty, \quad u \in \ell, \; N \geq o.$

Aus (19) folgt daher wegen $A = (E-I)A_*$ die Existenz einer Konstanten K_1 mit

(24) $\|P_N u\|_\infty \leq K_1 \left\{ \|P_{\nu-1} u\|_1 + \|P_{N-\nu+1} A_* u\|_\infty \right\}, \quad N \geq o, \; u \in \ell.$

Ist umgekehrt (24) erfüllt, so ergibt sich durch Anwendung von (23) und (22) die Abschätzung

$$\|P_N u\|_\infty \leq K_1 \left\{ \|P_{\nu-1} u\|_1 + |(A_* u)_o| + \|P_{N-\nu} \sum_{j=o}^{\infty} S^j A u\|_\infty \right\}, u \in \ell, \; N \geq o.$$

Da die Normen $\|P_{\nu-1} u\|_1$ und $\|P_{\nu-1} u\|_1 + |(A_* u)_o|$, $u \in P_{\nu-1}\ell$, äquivalent sind, folgt (19). Genau dann gilt also (19), wenn die Abschätzung (24) besteht; durch Anwendung von Satz (7) folgt die Behauptung. -

LITERATUR

[1] Dahlquist, G.: Convergence and stability in the numerical integration of ordinary differential equations. Math. Scand. 4 (1956), 33-53.

[2] Dahlquist, G.: Stability and error bounds in the numerical integration of ordinary differential equations. Trans. Roy. Inst. Techn. Stockholm 13o (1959), 1-85.

[3] Dejon, B.: Stronger than uniform convergence of multistep difference methods. Num. Math. 8 (1966), 29-41, Addendum: Num. Math. 9 (1966), 268-27o.

[4] Gear, C.W.: Numerical initial value problems in ordinary differential equations. Englewood Cliffs, N.J., Prentice Hall 1971.

[5] Grigorieff, R.D.: Die Konvergenz des Rand- und Eigenwertproblems linearer gewöhnlicher Differentialgleichungen. Num. Math. 15 (197o), 15-48.

[6] Grigorieff, R.D.: Über die Koerzitivität gewöhnlicher Differenzenoperatoren und die Konvergenz von Mehrschrittverfahren. Num. Math. 15 (197o), 196-218.

[7] Grigorieff, R.D.: Die Integration von Anfangswertaufgaben gewöhnlicher Differentialgleichungen. Vorlesungsausarbeitung Karlsruhe, Interner Bericht Nr. 7o/11, 197o.

[8] Henrici, P.: Discrete variable methods in ordinary differential equations. New York-London-Sydney, J. Wiley & Sons 1962.

[9] Henrici, P.: Error propagation for difference methods. New York-London, J. Wiley & Sons 1963.

[10] Kantorowitsch, L.W., Akilow, G.P.: Funktionalanalysis in normierten Räumen. Berlin, Akademie-Verlag 1964.

[11] Müller, K.H.: Stabilitätsungleichungen für lineare gewöhnliche Differenzenoperatoren. Dissertation Frankfurt am Main 1971.

[12] Nörlund, N.E.: Vorlesungen über Differenzenrechnung. Berlin, J. Springer 1924.

[13] Spijker, N.E.: Convergence and stability of step-by-step methods for the numerical solution of initial-value problems. Num. Math. 8 (1966), 161-177.

[14] Spijker, M.N.: Stability and convergence of finite-difference methods. Thesis, Leiden 1968.

[15] Spijker, M.N.: On the structure of error estimates for finite-difference methods. Num. Math. 18 (1971), 73-100.

[16] Stetter, H.J.: Analysis of discretization methods for ordinary differential equations. Berlin-Heidelberg-New York, Springer-Verlag 1973.

Karl Hans Müller
Institut für Angewandte
Mathematik der Universität

D 6000 Frankfurt am Main
Robert-Mayer-Straße 10

ON THE CONVERGENCE OF A GALERKIN METHOD TO SOLVE THE INITIAL VALUE PROBLEM OF A STABILIZED NAVIER-STOKES EQUATION

Reimund Rautmann

We consider approximations of Hopf's weak form of the Navier-Stokes equation. The initial-boundary value problem of each of these "stabilized" equations has a unique weak solution which is stable on any compact time interval, too. This solution is computable by means of Hopf's Galerkin method, because in case of any stabilized equation the whole sequence of all Hopf-approximationsis convergent. The formulas of the Hopf-Galerkin method are given explicitly.

In his famous paper [2] E. Hopf proved the existence of (global) weak solutions for the initial value problem of Navier and Stokes. However, as Ladyženskaja [6] has shown, these solutions are not unique for certain problems in 3-dimensional regions. On the other hand, for dimensions $n \geq 3$ the uniqueness has been proved only in certain subclasses of the Hopf class of weak solutions, but then the global existence remains an open question. As Serrin [13] points out, the trouble stems from the special feature of the nonlinear term in the weak form of the Navier-Stokes problem. This term contains the weak solution u and a test function φ and has (generally speaking) no limit when φ approximates u. In order to overcome this difficulty we take the (directional) derivative contained in the non-linear term in the direction of an averaged function u_h rather than in that of u . By this device we obtain a "stabilized" equation which can be solved by constructive means. The unique solution is stable on each compact time interval, i.e. it depends continuously on the initial values. In addition any essentially bounded Hopf solution is the limit of solutions of adequate equations, which are stabilized and correspond to diameters of averaging tending to zero.

Leray has inquired in [7, p.231-248] the initial value problem of such a stabilized equation on the unbounded R^3 . The author is indebted to Professor Prodi, who recently called his attention to this fundamental paper.

1. The stabilized problem

We consider the following variant of Hopf's weak form of the initial value problem of Navier and Stokes: Let Ω be a (bounded or unbounded) open set in the Euclidean n-space R^n, $n \geq 2$, and $T \leq \infty$ a positive number. By $x = (x^1,\dots,x^n)$ we denote points in R^n , by t points of time in $[0,\infty)$, and we set $\Omega_T = [0,T) \times \Omega$. For vector functions $u,v \in L^2(\Omega)$ we use the inner product

$$\langle u,v\rangle = \int_\Omega u \cdot v\,dx \ , \quad \langle u\rangle = \langle u,u\rangle = |u|^2_{L^2(\Omega)}$$

and analogously for $u,v \in L^2(\Omega_T)$ the inner product

$$[u,v] = \int_{\Omega_T} u \cdot v\,dxdt \ , \quad [u] = [u,u] = |u|^2_{L^2(\Omega_T)}$$

for any given $T \geq 0$. Finally let D (resp. D_0) be the class of vector functions φ having partial derivatives of all orders and a compact support in Ω_∞ (resp. Ω), φ

being divergence-free with regard to the spatial variables.

We look for solutions $u(t,x) = (u^1,\ldots,u^n)$ (i.e. velocity fields of flows in Ω_∞) of the "stabilized" equation

$$(1.1) \quad \left[u, \frac{\partial}{\partial t}\varphi + (u_h\cdot\nabla)\varphi + \Delta\varphi\right] = \langle u(T,\cdot),\varphi(T,\cdot)\rangle - \langle u_o,\varphi(0,\cdot)\rangle$$

with $u_o = u(0,\cdot)$. It is required, that (1.1) holds with any test vector function $\varphi \in D$ and for all $T \geq 0$. In (1.1), u_h denotes the averaged function

$$u_h(t,x) = b_h \cdot \int_{R^n} \omega_h(x-y)\, \tilde{u}(t,y)dy$$

which we get from the continuation $\tilde{u}(t,x) = u(t,x)$ for $x \in \Omega$, $\tilde{u}(t,x) = 0$ for $x \in R^n - \Omega$ of u with the help of the mollifier

$$\omega_h(x) = \begin{cases} 0 & \text{for } |x| \geq h \\ \exp\{|x|^2 (|x|^2-h^2)^{-1}\} & \text{for } |x| < h \end{cases}$$

for $h > 0$ and the constant $b_h = \{\int_{R^n} \omega_h(x)dx\}^{-1}$. The equation (1.1) expresses the initial condition $u = u_o$ for $t = 0$, too. In order to formulate the condition of adherence $u = 0$ at the boundary, (which is plausible in case of the velocity field $u(t,x)$ of a viscous flow in Ω_∞) we define the Hopf class V of weak solutions.

Let $|\cdot|_H$ denote the norm given by

$$|u|_H^2 = [u] + [\nabla u]$$

on the Sobolev space of all functions, which belong together with their first weak spatial derivatives to the class $L^2(\Omega_T)$. Then V is the class of all functions u being defined on Ω_∞ almost everywhere, which

1. have uniformly bounded $L^2(\Omega)$-norm $<u(T,\cdot)>^{1/2}$ for all $T \geq 0$ and
2. belong to the closure of D with respect to the norm $|\cdot|_H$ for all $T > 0$

As all test functions have compact supports in Ω_∞, the latter requirement corresponds to the condition of adherence on $\partial\Omega$. At last, let V_o be the closure of D_o in $L^2(\Omega)$.

2. Uniqueness and stability

Due to the properties of averaged functions [15, p.180-186], partly simplified versions of the methods used in [2,9,13,16] apply to the equation (1.1). We get

THEOREM 1: If $v \in V$ is any solution of (1.1) with the initial value $v_o \in V_o$, then the energy equality $<v(T,\cdot)> + 2[\nabla v] = <v_o>$ holds. If $u \in V$ solves (1.1), too, having the initial value $u_o \in V_o$, then the inequality

$$<v(T,\cdot) - u(T,\cdot)> \;\leq\; <v_o - u_o> \exp\,(\, c_h <u_o> T)$$

holds for any $T \geq 0$ with a constant $c_h > 0$.

This theorem shows, that the equation (1.1) (unlike the weak form of the Navier-Stokes equation) has at most one solution in V and that any given solution depends continuously on its initial value in the $L^2(\Omega)$-norm. For short here we do not state the results concerning the approximation of essentially bounded Hopf solutions of the Navier-Stokes equation.

3. The Hopf-Galerkin method

At first the system (1.1) of equations will be reduced to a countable one. To this end we denote by $\overline{D_o}$ the closure of D_o in the Sobolev space $W_\ell^2(\Omega)$ consisting of all vector functions which belong, together with their weak derivatives up to the order $\ell > 2 + \frac{n}{2}$ to the class $L^2(\Omega)$. In $\overline{D_o}$ we choose a complete orthonormal system $(\varphi_k) \subset D_o$ relating to the inner product

$$<u,v>_\ell = \sum_{0 \leq i_1+..+i_n=i \leq \ell} \cdot$$

$$< \frac{\partial^i}{(\partial x^1)^{i_1}..(\partial x^n)^{i_n}} u, \frac{\partial^i}{(\partial x^1)^{i_1}..(\partial x^n)^{i_n}} v >.$$

As may be proved with Sobolev's inequality, any test function $\varphi \in D$ and its derivatives up to the second order have Fourier expansions in terms of the φ_k , which converge uniformly on Ω_T for any $T \in (0,\infty)$, [14,p.205-208].

By E. Schmidt's orthogonalisation method we get from (φ_k) a complete orthonormal system $(e_i) \subset D_o$ of the Hilbert space V_o relative to the usual $L^2(\Omega)$-norm. Then equation (1.1) holds for an element $u \in V$ with any $\varphi \in D$, if the equation

$$(3.1) \qquad [u, (u_h \cdot \nabla)e_i + \Delta e_i] = <u(T,\cdot),e_i> - <u_o,e_i>$$

holds for any e_i, $i=1,2,..$ and all $T \in (0,\infty)$. Now we solve the countable system (3.1) by means of the Galerkin-Ansatz

$$(3.2) \qquad u_k(t,x) = \sum_{i=1}^{k} \lambda_{ki}(t)e_i(x)$$

of Hopf in [2]. We assume 1. the unknown coefficients $\lambda_{ik}(t)$ have continuous first derivatives on $[0,\infty)$ and 2. the first k equations (3.1) with $i=1,..k$ hold for the u_k given in (3.2).

Then with $u = u_k$ we may differentiate (3.1), which leads us to the initial value problem

$$(3.3)\quad \frac{d}{dt} \langle u_k(t,\cdot),e_i\rangle = \langle u_k(t,\cdot),(u_{kh}(t,\cdot)\cdot\nabla)e_i+\Delta e_i\rangle ,$$

$$\langle u_k(0,\cdot),e_i\rangle = \langle u_o,e_i\rangle , \quad i=1,...,k$$

consisting of k ordinary differential equations for the k unknown coefficients $\lambda_{ki}(t) = \langle u_k(t,\cdot),e_i\rangle$. Written with the λ_{ki} , equation (3.3) takes the shape

$$(3.4)\quad \frac{d}{dt}\lambda_{ki} = \sum_{j,\ell=1}^{k} \lambda_{kj}\lambda_{k\ell}\cdot\langle e_j,(e_{\ell h}\cdot\nabla)e_i\rangle + \sum_{j=1}^{k} \lambda_{kj}\langle e_j\Delta e_i\rangle ,$$

$$\lambda_{ki}(0) = \langle u_o,e_i\rangle .$$

In virtue of the equation $[u_k,u_{kh}\cdot\nabla u_k] = 0$ (which holds because any averaged vector function u_{kh} is divergence-free, too) we get from (3.3) and Bessel's inequality the energy inequality

$$(3.5)\quad \langle u_k(T,\cdot)\rangle + 2[\nabla u_k] \leq \langle u_o\rangle$$

$$\text{with } \langle u_k(T,\cdot)\rangle = \sum_{j=1}^{k} \lambda_{kj}^2(T)$$

uniformly for any u_k , $k=1,2,...$ and all $T \geq 0$. Owing to this inequality the system (3.4) being quadratic in the λ_{ki} has exactly one solution $(\lambda_{ki}) \in C_1[0,\infty)$, $i=1,...,k$ corresponding to any given $(\lambda_{ki}(0)) = (\langle u_o,e_i\rangle)$ for $k=1,2,...$. We call the vector function u_k in (3.2) the k-th Hopf approximation to (1.1) (being uniquely determined by means of the given $u_o \in V_o$). As (3.5) and (3.4) show, the sequence $(\lambda_{ki}(t))$, $k=i,i+1,\ldots$ is uniformly bounded and equicontinuous on $[0,\infty)$ for each fixed index i. Therefore by the usual compactness arguments we verify the existence of a subsequence $(\lambda_{k'i})$ converging uniformly on any compact time interval for any fixed i. In addition the arguments from [2, p.225-231] apply to (3.1) and (3.4). The result is stated in

<u>THEOREM 2:</u> In the sequence of all Hopf approximations u_k, any subsequence contains a subsequence $(u_{k'})$ converging to a solution $u^* \in V$ of (3.1). The sequence $(u_{k'}(t,\cdot))$ converges weakly to $u^*(t,\cdot)$ in $L^2(\Omega)$ uniformly on any compact time interval (i.e. the inner products $\langle u_{k'}(t,\cdot),e_i\rangle$ are converging uniformly on any $[0,T]$ for any i) and $(u_{k'})$ converges strongly in $L_2((\Omega \cap Q)_T)$ for all $T \in (0,\infty)$, Q denoting any bounded open cube in R^n.

This theorem establishes the existence of a solution $u^* \in V$ of (1.1). In case of a bounded open set Ω the subsequence $(u_{k'})$ converges to u^* strongly in $L^2(\Omega_T)$ for all $T \in (0,\infty)$.

Now proving indirectly with the latter result and the uniqueness stated in theorem 1 we are led to

<u>THEOREM 3:</u> The whole sequence of all Hopf approximations u_k from (3.2) is converging to the unique solution $u^* \in V$ of (1.1). The sequence $(u_k(T,\cdot))$ converges weakly in $L^2(\Omega)$ to $u^*(T,\cdot)$ and (u_k) converges strongly in $L^2((\Omega \cap Q)_T)$ for all $T \in (0,\infty)$ and any bounded open cube $Q \subset R^n$.

4. A remark on the physical meaning of the stabilized equation

The classical Navier-Stokes equation relating to a velocity field $v(t,x)$ of a flow in Ω_∞ expresses Newton's law of motion "(density of mass) $\cdot$ (acceleration) $\equiv \rho \cdot (\frac{\partial}{\partial t} v + (v \cdot \nabla)v)$ = density of force $\equiv \Delta v - \nabla p$" being valid for any test particle moving along the integral curve $x(t)$ of the velocity field $\frac{d}{dt} x = v(t,x)$. ($p = p(t,x)$ stands for the pressure of the flow in Ω_∞ .) Just the same says the stabilized equation (with $\rho = 1$)

$$\frac{\partial}{\partial t} v + (v_h \cdot \nabla)v = \Delta v - \nabla p \tag{4.1}$$

corresponding to its weak form (1.1) in case we let the test particles move along the integral curves $x(t)$ of the averaged velocity field $\frac{d}{dt} x = v_h(t,x)$! Correspondingly, equation (4.1) suggests an interpretation in the context of statistical fluid mechanics.

REFERENCES

[1] GOLOVKIN, K.K.: New equations modeling the motion of a viscous fluid, and their unique solvability. Proc. Steklov Inst. Math. 1o2 (1967), 29-54.

[2] HOPF, E.: Über die Anfangswertaufgabe für die hydrodynamischen Grundgleichungen. Math. Nachr. 4 (1951), 213-231.

[3] KIRCHGÄSSNER, K.: Neuere Ergebnisse zur Theorie der Navier-Stokesschen Gleichungen. Z. Angew. Math. Mech. 5o, T158-163 (197o).

[4] LADYŽENSKAJA, O.A.: The Mathematical Theory of Viscous Incompressible Flow. 2. Ed. Gordon and Breach, New York (1969).

[5] LADYŽENSKAJA, O.A.: New equations for the description of motion of viscous incompressible fluids and solvability in the large of boundary value problems for them.
Proc. Steklov Inst. Math. 1o2 (1967), 95-118.

[6] LADYŽENSKAJA, O.A.: Example of Nonuniqueness in the Hopf Class of Weak Solutions for the Navier-Stokes-Equations.
Math. USSR-Izvestija 3 (1969), 229-236.

[7] LERAY, J.: Sur le mouvement d'un liquide visqueux emplissant l'espace.
Acta Math. 63 (1934), 193-248.

[8] LIONS, J.L., PRODI, G.: Un théorème d'existence et unicité dans les équations de Navier-Stokes en dimension 2.
C. R. Acad. Sci. Paris 248 (1959), 3519-3521.

[9] PRODI, G.: Un Teorema di unicità per le equazioni di Navier-Stokes.
Annali di Mat. 48 (1959), 173-182.

[1o] RAUTMANN, R.: Ein Näherungsverfahren für spezielle parabolische Anfangswertaufgaben mit Operatoren, in: Numerische Lösung nichtlinearer partieller Differential- und Integrodifferentialgleichungen, Ed. R. Ansorge, W. Törnig, Springer-Lecture-Notes in Mathematics 267 (1972), 187-231.

[11] RAUTMANN, R.: Lösung einer Anfangswertaufgabe für substantielle Differentialgleichungen, in: Numerische Lösung nichtlinearer partieller Differential- und Integrodifferentialgleichungen, Ed. R. Ansorge, W. Törnig, Springer-Lecture-Notes in Mathematics 395 (1974),85-1o8.

[12] RAUTMANN, R.: Die Anfangsrandwertaufgabe einer stabilisierten Navier-Stokesschen Gleichung, to appear.

[13] SERRIN, J.: The initial value problem for the Navier-Stokes equations.
in: Nonlinear Problems (ed. R.E. Langer)
MRC Madison 1963, 69-98.

[14] SIBAGAKI, W., RIKIMARU, H.: On the Hopf's weak solution of the initial value problem for the Navier-Stokes equations. Memoirs of the Faculty of Science Kyushu University, Ser. A, 21 (1967), 194-240.

[15] SMIRNOV, W.I.: Lehrgang der höheren Mathematik Teil V. VeB Deutscher Verlag der Wissenschaften Berlin (1962).

[16] WALTER, W.: Differential and Integral Inequalities. Springer Berlin (1970).

Professor Dr. Reimund Rautmann
Institut für Angewandte Mathematik
der Universität Hamburg
2000 Hamburg 13
Rothenbaumchaussee 41

ÜBER EIN SPEZIELLES INTERMEDIATEPROBLEM

Walter R. Richert

WEINSTEIN proposed in [4] a method to obtain lower bounds for the eigenvalues of the problem $A[u] = \lambda gu$ by the construction of Intermediate Problems. For twopoint boundary value problems we give similar bounds by using other Base Problems.

Das Verfahren von WEINSTEIN [4] liefert mit geringem numerischen Aufwand recht brauchbare Schranken, die es für die Praxis empfehlenswert machen [3]. Die Konstruktion der Schranke benötigt jedoch z.B. für die Eigenwertaufgabe $(f(x)u^{(2)}(x))^{(2)} = \lambda g(x)u(x)$ mit den Randbedingungen $U_\mu[u] = o$ ($\mu = 1,\ldots,4$) die Eigenwerte und Eigenfunktionen der Eigenwertaufgabe $(f(x)u^{(2)}(x))^{(2)} = \lambda u(x)$ mit den gleichen Randbedingungen; jene stehen nur in Spezialfällen zur Verfügung.

Die folgende Darstellung vermeidet das und liefert untere Schranken für die Eigenwerte von Problemen der angeführten Art durch Rückgriff auf Baseprobleme mit konstanten Koeffizienten.

VORAUSSETZUNG

$A[u] = \lambda B[u]$ mit den Randbedingungen $U_\mu[u]=o$ $(\mu=1,\ldots,\mathrm{grad}(A))$ sei eine symmetrisierbare, volldefinite Eigenwertaufgabe in $[a,b]$ mit dem volldefiniten Vergleichsoperator Φ[2]. Es existiere $r,q\in\mathbb{N}_o$ und $f,g\in C[a,b]$ (mit den Eigenschaften: f,g nicht konstant, $f(x) > o$ in $[a,b]$, $g(x) > o$ Lebesque - fast überall in $[a,b]$, so daß für alle $u,v\in V$:

$$\int \Phi[u]A[v]dx = \int g u^{(r)} v^{(r)} dx$$

und

$$\int \Phi[u]B[v]dx = \int f u^{(q)} v^{(q)} dx \ .$$

$A^{(o)}[u] = \lambda^* B^{(o)}[u]$ mit den Randbedingungen $U_\mu[u] = o$ $(\mu = 1,\ldots,\mathrm{grad}(A))$ eine symmetrisierbare, volldefinite Eigenwertaufgabe in $[a,b]$ mit dem volldefiniten Vergleichsoperator Φ .

DEFINITION

Unter den vorher getroffenen Voraussetzungen definiert man: $\{\lambda_p\}_{p\in\mathbb{N}}$, $\{\lambda_p^*\}_{p\in\mathbb{N}}$ seien die Eigenwerte der Aufgaben aus der Voraussetzung, der Vielfachheit entsprechend aufgelistet und es gelte für alle $p\in\mathbb{N}$:

$$\lambda_p \le \lambda_{p+1},\ \lambda_p^* \le \lambda_{p+1}^* \ .$$

$\{u_p\}_{p\in\mathbb{N}}$ sei ein ONS (bzgl. des Skalarprodukts $\int \Phi[u]B^{(o)}[v]dx$) zur Eigenwertfolge $\{\lambda_p^*\}_{p\in\mathbb{N}}$.

Jeder Eigenfunktion u_p werden nun drei Funktionen D_1, D_2, F zugeordnet wie folgt:

$$D_1(u_p;\cdot) : (o,\inf(f)] \to \mathbb{R}$$

$$\beta \mapsto \beta + \lambda_p^* \left\{\int \frac{u_p^{(r)})^2}{f-\beta}\, dx\right\}^{-1} ;$$

$D_2(u_p;\cdot) : [\sup(g), \infty) \to \mathbb{R}$

$$\alpha \mapsto \alpha - \{\int \frac{(u_p^{(q)})^2}{\alpha - g}\, dx\}^{-1};$$

$F(u_p;\cdot;\cdot) : [\sup(g), \infty) \times (o, \inf(f)] \to \mathbb{R}$

$$(\alpha,\beta) \mapsto \frac{\lambda_p^* D_1(u_p;\beta)}{D_2(u_p;\alpha)} - \frac{\lambda_{p+1}^* \beta}{\alpha} .$$

Für alle $\beta \in (o, \inf(f)]$ sei $z(u_p;\beta)$ eine Nullstelle von $F(u_p;\cdot;\beta)$, falls Nullstellen vorhanden sind.
Dann definiert man folgende Schrankenfunktion:

$B : \mathbb{N} \to \mathbb{R}$

$$p \mapsto \begin{cases} \dfrac{\lambda_{p+1}^* \inf(f)}{\sup(g)} & \text{falls } \dfrac{\lambda_{p+1}^* \inf(f)}{\sup(g)} \le \dfrac{\lambda_p^* D_1(u_p;\inf(f))}{D_2(u_p;\sup(g))} \\ \underset{\beta \in (o,\inf(f)]}{\text{supremum}} \dfrac{\lambda_{p+1}^* \beta}{z(u_p;\beta)} & \text{sonst.} \end{cases}$$

(Falls in der Definition von D_1, D_2 vorkommende Integrale nicht existieren, wird der Wert des Integrals als ∞ definiert).
Dann gilt folgender

SATZ

Wenn zusätzlich zu den Voraussetzungen am Anfang noch für alle $u,v \in V$: $\int \Phi[u] A^{(o)}[v]\, dx = \int u^{(r)} v^{(r)} dx$,

$$\int \Phi[u] B^{(o)}[v]\, dx = \int u^{(q)} v^{(q)} dx \quad \text{erfüllt ist,}$$

dann gilt:
Die Schrankenfunktion B ist wohldefiniert und es gilt:
$B(p) \le \lambda_p$.
Der Beweis erfolgt über die folgenden Lemmata.

Lemma 1

Für alle $\alpha \in [\sup(g), \infty)$, $\beta \in (o, \inf(f)]$ ist

$\beta A^{(o)}[u] = \lambda^{(o)} \alpha B^{(o)}[u]$, $U_\mu[u] = o$ $(\mu = 1, \ldots, \text{grad }(A))$

ein Baseproblem.

Beweis: Mit Voraussetzung des Satzes ergibt sich die Ungleichung der Rayleighquotienten.

Zur Herleitung besserer unterer Schranken kann man folgende Eigenwertaufgaben betrachten: Für alle $\alpha \in [\sup(g), \infty)$, $\beta \in (o, \inf(f)]$, u_p:

$A^{(1)}(u_p;\beta)[u] = \lambda^{(1)} B^{(1)}(u_p;\alpha)[u]$, mit den Randbedingungen

$U_\mu[u] = o$ ($\mu = 1,\ldots,\text{grad}(A)$); dabei sind

$$A^{(1)}(u_p;\beta)[u] := \beta A^{(o)}[u] + \int \Phi[u] A^{(o)}[u_p] dx \cdot \left\{ \int \frac{(u_p^{(r)})^2}{f-\beta} \, dx \right\}^{-1} A^{(o)}[u_p] \, ,$$

$$B^{(1)}(u_p;\alpha)[u] := \alpha B^{(o)}[u] - \int \Phi[u] B^{(o)}[u_p] dx \cdot \left\{ \int \frac{(u_p^{(q)})^2}{\alpha-g} \, dx \right\}^{-1} B^{(o)}[u_p] \, .$$

Wenn man mit $R^{(o)}(\alpha,\beta)[u]$ den mit Φ gebildeten Rayleighquotienten der Eigenwertaufgabe

$\beta A^{(o)}[u] = \lambda^{(o)} \alpha B^{(o)}[u]$, $U_\mu[u] = o$ ($\mu = 1,\ldots,\text{grad}(A)$),

mit $R[u]$ den des Originalproblems und mit $R^{(1)}(u_p;\alpha;\beta)[u]$ den der Eigenwertaufgabe

$A^{(1)}(u_p;\beta)[u] = \lambda^{(1)} B^{(1)}(u_p;\alpha)[u]$, $U_\mu[u] = o$

($\mu = 1,\ldots,\text{grad}(A)$) bezeichnet erhält man:

LEMMA 2

Unter den Voraussetzungen des Satzes gilt:
Für alle $\alpha \in [\sup(g), \infty)$, $\beta \in (o, \inf(f))]$ und Eigenfunktionen u_p ist für alle $u \in V \setminus \{o\}$:

$$R^{(o)}(\alpha,\beta)[u] \le R^{(1)}(u_p;\alpha;\beta;)[u] \le R[u] \, .$$

Beweis:
Das rechte Ungleichheitszeichen erhält man wie folgt:

$$R[u] = \frac{\int\beta(u^{(r)})^2dx + \int(f-\beta)(u^{(r)})^2dx}{\int\alpha(u^{(q)})^2dx - \int(\alpha-g)(u^{(q)})^2dx}$$

$$\geq \frac{\int\beta(u^{(r)})^2dx + (\int u_p^{(r)}u^{(r)}dx)^2\left(\int\frac{(u_p^{(r)})^2}{f-\beta}\,dx\right)^{-1}}{\int\alpha(u^{(q)})^2dx - (\int u_p^{(q)}u^{(q)}dx)^2\left(\int\frac{u_p^{(q)}}{\alpha-g}\,dx\right)^{-1}}$$

$$= R^{(1)}(u_p;\alpha;\beta).$$

Aus den beiden letzten Zeilen sieht man sofort das linke Ungleichheitszeichen.

LEMMA 3

Die Menge der Eigenfunktionen jedes Baseproblems und die Menge der Eigenfunktionen jeder Eigenwertaufgabe

$A^{(1)}(u_p;\beta)[u] = \lambda^{(1)}B^{(1)}(u_p;\alpha)[u]$, $U_\mu[u] = o$
$(\mu = 1,\dots,\mathrm{grad}(A))$ stimmen mit $\{u_p\}_{p\in\mathbb{N}}$ überein.

Die Menge der Eigenwerte jeder Eigenwertaufgabe

$A^{(1)}(u_p;\beta)[u] = \lambda^{(1)}B^{(1)}(u_p;\alpha)[u]$,
$U_\mu[u] = o(\mu = 1,\dots,\mathrm{grad}(A))$ ist

$$\left\{\frac{\lambda_n^*\beta}{\alpha}\,\middle|\, n\in\mathbb{N}\setminus\{p\}\right\}\cup\left\{\frac{\lambda_p^*D_1(u_p;\beta)}{D_2(u_p;\alpha)}\right\}.$$

$\{\lambda_n^{(1)}(u_p;\alpha;\beta)\}_{n\in\mathbb{N}}$ sei die Folge der Eigenwerte der Aufgabe $A^{(1)}(u_p;\beta)[u] = \lambda^{(1)}B^{(1)}(u_p;\alpha)[u]$, $U_\mu[u] = o(\mu = 1,\dots,\mathrm{grad}(A))$, der Größe nach geordnet und nach Vielfachheit aufgelistet.

LEMMA 4

Unter den Voraussetzungen des Satzes gilt:

Für alle $\alpha\in[\sup(g),\infty)$, $\beta\in(o,\inf(f)]$ und u_p gilt für alle $n\in\mathbb{N}$:

$$\lambda_n^{(1)}(u_p;\alpha;\beta) = \underset{w_1,\dots,w_{n-1}}{\mathrm{maximum}} \quad \underset{\substack{w\in V\setminus\{o\} \\ \int\Phi[w]w_j dx=o \\ \text{für } j=1,\dots,n-1}}{\mathrm{infimum}} \quad R^{(1)}(u_p;\alpha;\beta)[w],$$

wobei $w_1,\dots,w_{n-1}$ linear unabhängig und integrierbar sind. Im Fall $\lambda_1^{(1)}(u_p;\alpha;\beta)$ wird der obige Ausdruck per Definitionen als $\inf\limits_{w\in V\setminus\{o\}} R^{(1)}(u_p;\alpha;\beta)$ angesehen.

Beweis:

Für die beiden möglichen Fälle $j=p$ und $j>p$ bei

$$\lambda_j^{(1)}(u_p;\alpha;\beta) = \frac{\lambda_p^* D_1(u_p;\beta)}{D_2(u_p;\alpha)}$$

zeigt man die Minimumcharakterisierung der $\lambda_j^{(1)}(u_p;\alpha;\beta)$, aus der dann wie üblich die Max-Min-Charakterisierung folgt.

LEMMA 5

Unter den Voraussetzungen des Satzes gilt:

Für alle $\alpha \in [\sup(g), \infty)$, $\beta \in (o, \inf(f)]$ und Eigenfunktionen u_p gilt:

$$A^{(1)}(u_p;\beta)[u] = \lambda^{(1)} B^{(1)}(u_p;\alpha)[u],$$

$$U_\mu[u] = o(\mu = 1,\ldots,\mathrm{grad}(A))$$

ist Intermediateproblem zum Baseproblem

$$\beta A^{(o)}[u] = \lambda^{(o)} \alpha B^{(o)}[u],\ U_\mu[u] = o(\mu = 1,\ldots,\mathrm{grad}(A))$$

und zum Originalproblem

$$A[u] = \lambda B[u],\ U_\mu[u] = o(\mu = 1,\ldots,\mathrm{grad}(A)).$$

Beweis:
Nach Lemma 2, Lemma 4 gilt für alle $\alpha \in [\sup(g), \infty)$, $\beta \in (o, \inf(f)]$:
für alle $j \in \mathbb{N}$ gilt: $\frac{\lambda_j^* \beta}{\alpha} \le \lambda_j^{(1)}(u_p;\alpha;\beta) \le \lambda_j$.
Aus Lemma 3 folgt die Behauptung.

LEMMA 6

Unter den Voraussetzungen des Satzes gilt: Für alle $p \in \mathbb{N}$ ist

$$\inf_{\beta \in (o,\inf(f)]} \ \inf_{\alpha \in [\sup(g),\infty)} \lambda_p - \lambda_p^{(1)}(u_p;\alpha;\beta) = \lambda_p - B(p).$$

Beweis:
Im 1. Fall ist $\frac{\lambda_{p+1}^* \inf(f)}{\sup(g)} \le \frac{\lambda_p^* D_1(u_p;\inf(f))}{D_2(u_p;\sup(g))}$.

Da $D_1(u_p;\cdot)$ monoton fallend ist gilt für alle $\beta\in(o,\inf(f)]$

$$\frac{\lambda^*_{p+1}\beta}{\sup(g)} \le \frac{\lambda^*_p D_1(u_p;\beta)}{D_2(u_p;\sup(g))}$$; mit der Monotonie von $D_2(u_p;\cdot)$ erhält man

$$\underset{\alpha\in[\sup(g),\infty)}{\text{supremum}}\ \lambda_p^{(1)}(u_p;\alpha;\beta) = \frac{\lambda^*_{p+1}\beta}{\sup(g)} .$$

Im 2. Fall sei $N(u_p)$ die Nullstelle der Funktion

$$\beta \mapsto \frac{\lambda^*_{p+1}\beta}{\sup(g)} - \frac{\lambda^*_p\, D_1(u_p;\beta)}{D_2(u_p;\sup(g))}$$; dann erhält man für

alle $\beta\in\ (N(u_p),\ \inf(f)]$:

$$\frac{\lambda^*_{p+1}\beta}{\sup(g)} > \frac{\lambda^*_p D_1(u_p;\beta)}{D_2(u_p;\sup(g))} .$$

Mit $D_2(u_p;\cdot)$ ist $z(u_p;\beta)$ eindeutig bestimmt und man erhält für alle $\beta\in(N(u_p),\ \inf(f)]$:

$$\underset{\alpha\in[\sup(g),\infty)}{\text{supremum}}\ \lambda_p^{(1)}(u_p;\alpha;\beta) = \frac{\lambda^*_p D_1(u_p;\beta)}{D_2(u_p;z(u_p;\beta))} ;$$

daraus sieht man die Behauptung.

BEISPIELE

1) Vorgelegt sei die Aufgabe $(f(x)y^{(2)}(x))^{(2)} =$
$= -\lambda(g(x)y^{(1)}(x))^{(1)},\ y(o)=y(\pi)=y^{(1)}(o)=y^{(1)}(\pi)=o$.
$f(x) := 1+(\frac{1}{4}\sin(x))^3$; $g(x) = 1+\sin x$;

Mit $A^{(o)}[y] := y^{(4)}$, $B^{(o)} := -y^{(2)}$ erhält man als beste untere Schranke durch die Baseprobleme 2.0; eine bessere Schranke wird durch B(1) = 2.36 533 geliefert. Eine obere Schranke wurde mit $R[u_1]$ = 2.39 943 bestimmt.

2) Vorgelegt sei die Aufgabe $-(f(x)y^{(1)}(x))^{(1)} =$
$= \lambda g(x)y(x)$, $y(o) = y(\pi) = o$.
Mit $f(x) := 1+o{,}3 \sin(x)$, $g(x) := 1+\sin(x)$ erhält man mit den Schwarzschen Konstanten das Einschließungsintervall [0.599 079, 0.609 751]. Die Schrankenfunktion liefert mit $A^{(o)}[y] :=-y^{(2)}$, $B^{(o)}[y] := y$
$B(1) = 0.599\,405$.

LITERATUR

1 Collatz, L.: Eigenwertaufgaben mit technischen Anwendungen.
Leipzig, Akademische Verlagsgesellschaft 1963.

2 Dettmar, H.-K.: Symmetrisierbare Eigenwertaufgaben bei gewöhnlichen linearen Differentialgleichungen.
ZAMM 34 (1954) 284-287.

3 Sauer, R. und Szabo, I.: Mathematische Hilfsmittel des Ingenieurs.
Berlin Heidelberg New York, Springer-Verlag 1969.

4 Weinstein, A.: On the Sturm-Liouville theory and the Eigenvalues of Intermediate Problems.
Num. Math. 5 (1963) 238-245.

5 Weinstein, A. and Stenger, W.: Methods of Intermediate Problems for Eigenvalues.
New York, London, Academic Press. 1972.

Dr. Walter R. Richert
Mathematisches Institut der Ludwig-Maximilians-Universität München
8 München 2, Theresienstraße 39

ISNM 27 Birkhäuser Verlag, Basel und Stuttgart, 1975

GRADIENTENVERFAHREN IM HILBERTRAUM, DIE UNTER SCHWACHEN VORAUSSETZUNGEN KONVERGIEREN.

Konrad Schumacher

Abstract

Let $\mathcal{D}$ be a closed convex set of a Hilbert space and $\varphi : \mathcal{D} \longrightarrow \mathbb{R}$ a functional satisfying $\min\{\varphi(u)/u \in \mathcal{D}\} = 0$. For the approximation of a minimizing element y of φ on $\mathcal{D}$ a gradient method with automatic choice of step size is considered, which in special cases was presented by L.A.Kivistik (1962), N.Gastinel (1963) und W.Oettli (1971). The convergence of this method is shown under weak assumptions on φ. For example, inclusions of the unknown minimum of a variation problem can be improved by this method in combination with a complementary variation problem. Numerical examples are given.

1. Historisches. Zur Approximation einer Nullstelle eines im Hilbertraum $\mathcal{H}$ Fréchet-differenzierbaren Funktionals φ, welches nur nichtnegative Werte annimmt, gab N.Gastinel [3] das Gradientenverfahren ($\|\ \|$ Norm in $\mathcal{H}$)

(1) $u_{n+1} = u_n - \lambda_n \varphi'(u_n) \quad , \lambda_n = \varphi(u_n) / \|\varphi'(u_n)\|^2$

an. Offensichtlich entsteht im Spezialfall $\mathcal{H} = \mathbb{R}^1$ gerade die Newtoniteration. Mit dem etwas allgemeineren Schrittweitenalgorithmus $\lambda_n = \omega\varphi(u_n)/\|\varphi'(u_n)\|^2$, $\omega > 0$, kommt die Iteration (1) bereits in Arbeiten von L.A.Kivistik [5] vor. Sie wird dort allerdings nur als eine unter verschiedenen Möglichkeiten zur Minimisation des Fehlerquadratfunktionals $\varphi(u) = \|F(u)\|^2$ zum Zweck der Nullstellenbestimmung des Operators F untersucht. Die von L.A.Kivistik gefundenen Konvergenzaussagen wurden später in Arbeiten von Ju.D.Federenko verallgemeinert und verschärft. Die Einführung des Relaxationsparameters ω erscheint sinnvoll, da man bereits für $\mathcal{H} = \mathbb{R}^1$ bei Vorliegen einer doppelten Nullstelle die Newtoniteration zu $u_{n+1} = u_n - 2\,\varphi(u_n)/\varphi'(u_n)$ abändern muß, um wieder wie bei einfachen Nullstellen quadratische Konvergenz zu bekommen. Ist $F'(u)$ in $\mathcal{D}$ nicht singulär, so wurde bereits von L.A. Kivistik $\omega = 2$ als Relaxationsfaktor erkannt, für den sich die Iteration (1) am besten abschätzen läßt. Eine Verallgemeinerung der Iteration (1) auf nicht notwendig differenzierbare konvexe Funktionale $\varphi \geq 0$ stammt von W.Oettli [6]. An die Stelle von φ' tritt ein Subgradient g. Außerdem darf als Definitionsbereich von φ eine beliebige abgeschlossene konvexe Teilmenge $\mathcal{D} \subset \mathcal{H}$ auftreten, sofern man (1) folgendermaßen modifiziert:

$$(2) \quad u_{n+1} = P_{\mathcal{D}}\,(u_n - \omega\lambda_n g(u_n)), \quad \lambda_n = \varphi(u_n)/\|g(u_n)\|^2.$$

$P_{\mathcal{D}}$ bedeutet die metrische Projektion von $\mathcal{H}$ auf $\mathcal{D}$. In [6] wird gezeigt, daß man auf diese Weise lineare Optimierungsprobleme iterativ lösen kann. Dabei bilden die Abstände der Folge u_n von der Lösungsmenge eine isotone Nullfolge.

2. Konvergenzsätze. Es soll nun gezeigt werden, daß man unter ziemlich schwachen Voraussetzungen die Konvergenz der Iteration (2) garantieren kann. Die Beweise zu den folgenden Sätzen findet man in [7].

Sei φ ein nichtnegatives normstetiges Funktional, definiert auf einem abgeschlossenen konvexen Bereich $\mathcal{D}$ eines Hilbertraumes $\mathcal{H}$. Es werde angenommen, daß $\mathcal{L} = \{y \in \mathcal{D} \,/\, \varphi(y) = 0\} \neq \emptyset$ gilt. Sei weiter $g: \mathcal{D} \longrightarrow \mathcal{H}$ so bestimmt, daß für alle $u \in \mathcal{D}$ und $y \in \mathcal{L}$ die Ungleichung

$$(3) \qquad \langle g(u), u-y \rangle \geq \varphi(u)$$

erfüllt wird. ($\langle\ ,\ \rangle$ inneres Produkt in $\mathcal{H}$). Ist zusätzlich φ konvex, so kann man g(u) als Subgradient von φ in u wählen. In diesem Fall gilt sogar $\langle g(u), u-v \rangle \geq \varphi(u) - \varphi(v)$ für beliebige $u, v \in \mathcal{D}$. Es ist jedoch möglich, auch für nicht notwendig konvexe Funktionale ohne Kenntnis von $\mathcal{L}$ Abbildungen g anzugeben, die (3) erfüllen (vgl.Kapitel 3). Allerdings kann

(3) nur gelten, wenn die Menge der Minima konvex ist (vgl. [7] ,1). Für die Konvergenz der Iteration (2) spielt die Ungleichung (3) eine fundamentale Rolle:

SATZ 1. Es gelte (3) sowie $\sup\{\|g(u)\| / u \in \mathfrak{M}\} < \infty$ für jede beschränkte Teilmenge $\mathfrak{M} \subset \mathcal{H}$. Bildet man mit $u_0 \in \mathcal{D}$ und $\omega \in (0,2)$ die Folge u_n, so gilt $\varphi(u_n) \to 0$. Ist zusätzlich $\dim \mathcal{H} < \infty$ erfüllt, so existiert ein $y \in \mathcal{L}$ mit $u_n \longrightarrow y$. Dabei bilden die Abstände $\|u_n - \mathcal{L}\|$ eine isotone Nullfolge.

Der Beweis der Konvergenz der Folge u_n beruht auf einem Kompaktheitsargument, so daß sich hieraus keine Aussage über die Konvergenzgeschwindigkeit ableiten läßt. Um zumindest für $\|u_n - \mathcal{L}\|$ geometrische Abnahme für $n \longrightarrow \infty$ zu garantieren, benötigt man zusätzliche Voraussetzungen. Außerdem kann dann auf $\dim \mathcal{H} < \infty$ verzichtet werden:

SATZ 2. Es gelte (3). Weiter gebe es Konstante $c_0 > 0$, $c_1 > 0$ und $\alpha > 0$, so daß für jedes $u \in \mathcal{D}$ und $y \in \mathcal{L}$

(4) $$\varphi(u) \geq c_0 \|u - \mathcal{L}\|^\alpha$$

(5) $$\|g(u)\| \leq c_1 \|u - \mathcal{L}\|^{\alpha - 1}$$

gilt. Dann existiert ein $y \in \mathcal{L}$ mit $u_n \longrightarrow y$ und es besteht die Abschätzung

(6) $$\|u_{n+1} - \mathcal{L}\| \leq \sqrt{1 - \omega(2-\omega) c_0^2 / c_1^2}\, \|u_n - \mathcal{L}\|$$

Zusammen mit (3) folgt aus (4) und (5), daß $\varphi(u)$ für $u \to \mathcal{L}$ von der exakten Ordnung α in $\|u - \mathcal{L}\|$ verschwindet. Im Fall $\alpha = 1$ reicht für (5) die Beschränktheit von $g(u)$ in $\mathcal{D}$ aus. Dieser Fall liegt zumeist bei Optimierungsproblemen mit Randminima oder bei nur stückweise differenzierbarer Zielfunktion φ vor. Die Abschätzung (6), die für $\omega = 1$ optimal wird, wurde in diesem Fall bereits von W.Oettli [6] gezeigt. Der Fall $\alpha = 2$ kommt hauptsächlich bei Optimierungsproblemen mit $\mathcal{L} \subset \mathring{\mathcal{D}}$ und gleichmäßig konvexer Zielfunktion vor. In diesem Fall läßt sich unter stärkeren Voraussetzungen in Analogie zum Newtonverfahren für $\mathcal{H} = \mathbb{R}^1$ eine bessere Abschätzung angeben, die für $\omega = 2$ optimal wird:

SATZ 3. Es gelte $\inf\{\varphi(u)/u\in\mathcal{D}\}=0$ und φ sei in $\mathcal{D}$ stetig Fréchet differenzierbar mit dem Gradienten $g(u)\in\mathcal{H}$. Es gebe Konstante $m>0$ und $M>0$, so daß für $u,v\in\mathcal{D}$

$$(7)\qquad m\,\|u-v\|^2 \le \langle g(u)-g(v),u-v\rangle \le M\,\|u-v\|^2$$

gilt. Sind $u,v\in\mathcal{D}$ Elemente mit $\varphi(u)<\varphi(v)$, so gelte $u\in\mathring{\mathcal{D}}$. Wählt man dann $\omega\in(0,2+2\sqrt{m/M})$, so konvergiert die Folge u_n gegen das eindeutig bestimmte Minimum y von φ in $\mathcal{D}$ und es gilt $\|u_{n+1}-y\|\le\Theta(\omega)\|u_n-y\|$ mit

$$(8)\qquad \Theta(\omega)=\begin{cases}\left(1-\frac{m}{M}+\left(1-\frac{\omega}{2}\right)^2\frac{m}{M}\right)^{1/2}, & 0<\omega\le 2\\[2ex] \left(1-\frac{m}{M}+\left(1-\frac{\omega}{2}\right)^2\right)^{1/2}, & 2\le\omega<2+2\sqrt{m/M}\end{cases}.$$

Aus (7) folgt die gleichmäßige Konvexität von φ in $\mathcal{D}$. Hieraus ergibt sich sofort die Eindeutigkeit und die Existenz eines Minimums y. Für $\omega=2$ erhält man aus (8) die obere Schranke $\sqrt{1-m/M}$, für $\omega=1$ dagegen nur die obere Schranke $\sqrt{1-0.75\,m/M}$ für den Konvergenzfaktor. Die letzte Abschätzung wurde bereits von Focke angegeben (Privater Hinweis). Existiert zusätzlich der Hesse-Operator g', so kann man die asymptotische Konvergenzgeschwindigkeit der Folge u_n besser abschätzen:

SATZ 4. Zusätzlich zu den Voraussetzungen von Satz 3 sei φ in $\mathcal{D}$ zweimal stetig Fréchet differenzierbar. (7) werde durch die Bedingung ersetzt, daß das Spektrum von $g'(u)$ gleichmäßig für $u\in\mathcal{D}$ zwischen den Schranken m und M liegen soll. Dann gilt im Fall $u_n\neq y$, $n\in\mathbb{N}_0$,

$$(9)\qquad \limsup_{n\to\infty}\frac{\|u_{n+1}-y\|}{\|u_n-y\|}\le\left[\left(\omega-\frac{\omega^2}{4}\right)\cdot\left(\frac{M-m}{M+m}\right)^2+\left(1-\frac{\omega}{2}\right)^2\right]^{1/2}.$$

Für $\omega=2$ bekommt man nach (9) die gleiche obere Schranke für den asymptotischen Konvergenzfaktor wie für den steepest descent Algorithmus nämlich $(M-m)/(M+m)$ (Vgl. [9], Th.5.7.2.f.). Für $\omega=2$ ist die Abschätzung (9) optimal (vgl. [7],3). Unter den Voraussetzungen von Satz 4 kann man durch Übergang zur Metrik $(u,v):=\langle u,Av\rangle$ die Konvergenz des Verfahrens verbessern, wenn man den linearen, symmetrischen und positiv definiten Operator A so bestimmt, daß

$$0 < \tilde{m} \leq \sigma\left[A^{-\frac{1}{2}} g'(u) A^{-\frac{1}{2}}\right] \leq \tilde{M} < \infty$$

gleichmäßig für $u \in \mathcal{D}$ mit möglichst kleinem Konditionsquotienten $\tilde{M}/\tilde{m}$ erfüllt wird. Der Gradient g(u) ist dann durch $\tilde{g}(u)=A^{-1}g(u)$ zu ersetzen, desgleichen $\|g(u)\|^2$ durch $(\tilde{g}(u),\tilde{g}(u)) = \langle g(u), A^{-1}g(u)\rangle$ Die Abschätzung (9) gilt dann mit $\tilde{M}$ und $\tilde{m}$ anstelle von M und m in der Norm $(\;,\;)^{\frac{1}{2}}$.

3. Die Gradientprojektionsmethode mit konstanter Schrittweite bei konvexen Funktionalen mit linearen Restriktionen.

Sei $\mathcal{D}$ eine lineare abgeschlossene Teilmenge von $\mathcal{H}$ und $\phi(u)$ ein in $\mathcal{D}$ Fréchet-differenzierbares Funktional mit dem Gradienten g(u). Die Menge $\mathcal{L}$ der Minima von ϕ in $\mathcal{D}$ sei nicht leer. Die Gradientprojektionsmethode mit konstanter Schrittweite λ hat die Gestalt

$$(10) \qquad u_{n+1} = u_n - \lambda P_{\mathcal{D}_0} g(u_n) \quad , \; u_0 \in \mathcal{D} ,$$

mit $\mathcal{D}_0 = \{u-u_0 / \; u \in \mathcal{D}\}$. Satz 1 liefert eine einfache Konvergenzaussage für die Iteration (10):

SATZ 5. Zusätzlich gelte $\dim \mathcal{H} < \infty$ und $P_{\mathcal{D}_0} g$ sei in $\mathcal{D}$ Lipschitzstetig mit der Lipschitzkonstanten $M > 0$. Wählt man $\lambda \in (0, M^{-1})$, so konvergiert die nach (10) bestimmte Folge u_n gegen ein $y \in \mathcal{L}$.

Beweis. Sei $\varphi(u) := (2M)^{-1} \| P_{\mathcal{D}_0} g(u)\|^2$. Für beliebiges $u \in \mathcal{D}$ gilt

$$\phi(u - M^{-1}P_{\mathcal{D}_0} g(u)) = \phi(u) - \int_0^{M^{-1}} \langle g(u - tP_{\mathcal{D}_0} g(u)), P_{\mathcal{D}_0} g(u)\rangle \, dt \leq$$

$$\leq \phi(u) - M^{-1} \| P_{\mathcal{D}_0} g(u)\|^2 + \int_0^{M^{-1}} Mt \, \| P_{\mathcal{D}_0} g(u)\|^2 \, dt =$$

$$= \phi(u) - (2M)^{-1} \| P_{\mathcal{D}_0} g(u)\|^2 .$$

Hierbei ist $P_{\mathcal{D}_0}^* = P_{\mathcal{D}_0}$ und $P_{\mathcal{D}_0}^2 = P_{\mathcal{D}_0}$ zu beachten. Wegen

$$\phi(u - M^{-1}P_{\mathcal{D}_0} g(u)) \geq \inf\{\phi(v) / v \in \mathcal{D}\}$$

folgt $\varphi(u) \leq \phi(u)-\phi(y)$ für beliebige $u \in \mathcal{D}$ und $y \in \mathcal{S}$. Aus der Konvexität von ϕ folgt andererseits wegen $u-y \in \mathcal{D}_0$ für $u \in \mathcal{D}$ und $y \in \mathcal{S}$ die Ungleichung

$\phi(u)-\phi(y) \leq \langle g(u), u-y \rangle = \langle g(u), P_{\mathcal{D}_0}(u-y) \rangle =$
$= \langle P_{\mathcal{D}_0} g(u), u-y \rangle$. Beide Ungleichungen zeigen die Gültigkeit von (3) mit $P_{\mathcal{D}_0} g(u)$ anstelle von $g(u)$. Da die Iteration (2) für $\omega \in (0,2)$ in diesem Fall mit (10) für $\lambda \in (0, M^{-1})$ übereinstimmt, folgt die Behauptung aus Satz 1.

Unter stärkeren Voraussetzungen läßt sich das Intervall für die zulässigen Schrittweiten λ ausdehnen. Auch lassen sich dann leicht Abschätzungen für die Konvergenzgeschwindigkeit finden (vgl. [7], 5, man setze $F(u) := = P_{\mathcal{D}_0} g(u_0 + P_{\mathcal{D}_0} u)$ mit $u_0 \in \mathcal{D}$ und $u \in \mathcal{H}$). Die Iteration (10) konvergiert im allgemeinen ziemlich langsam. Sie besitzt jedoch den Vorteil, daß sie leicht programmierbar ist, wenig Rechenoperationen pro Iterationsschnitt benötigt und auch dann noch funktioniert, wenn andere Methoden (z.B. Newton, conjugate-gradient) versagen.

<u>Beispiel</u>. In der Optik tritt das Problem auf, das Laufzeitfunktional

$$\Psi(\underline{y}) = \sum_{i=0}^{N-1} \frac{h}{c_i} \sqrt{1 + \left(\frac{y_{i+1} - y_i}{h} \right)^2}$$

mit vorgegebenen Werten y_0 und y_N zu minimisieren. c_i ist die Lichtgeschwindigkeit im Streifen $ih \leq x \leq (i+1)h, h = N^{-1}$. Verwendet man die Transformation $u_i := (y_i - y_{i-1})/h$, so erhält man das Problem, das konvexe Funktional

$$\varphi(\underline{u}) = \sum_{i=1}^{N} \frac{h}{c_{i-1}} \cdot \sqrt{1 + u_i^2}$$

unter der Nebenbedingung $\sum_{i=1}^{N} u_i = (y_N - y_0) \cdot N$ zu minimisieren. Mit dem Skalarprodukt

$$\langle u, v \rangle := \sum_{i=1}^{N} \frac{h}{c_{i-1}} u_i v_i \quad ,$$

wird $(g(\underline{u}))_\sigma := u_\sigma / \sqrt{1 + u_\sigma^2}$, $\sigma = 1, \ldots, N$, Gradient von φ.

Die Projektion $P_{\mathcal{D}_0}$ auf $\mathcal{D}_0=\{u \,/\sum_{i=1}^{N} u_i=0\}$ wird durch $(P_{\mathcal{D}_0} z)_\delta = z_\delta - ((\sum_{\nu=1}^{N} z_\nu)/(\sum_{\nu=1}^{N} c_{\nu-1}))\, c_{\delta-1}$ gegeben. $g(u)$ und damit auch $P_{\mathcal{D}_0}$ $g(u)$ ist Lipschitzstetig mit der Lipschitzkonstanten M=1. Satz 1 garantiert Konvergenz der Iteration (10) für $\lambda\in(0,1)$. Da φ jedoch in kompakten Bereichen von $\mathbb{R}^N$ gleichmäßig konvex ist, erhält man auch noch für größere Schrittweiten Konvergenz. Mit den speziellen Werten N=100, $c_i=2/(1+0.5 \sin \frac{i+1}{10})$, $y_N=1$, $y_0=0$ und der Anfangsapproximation $\underline{u}_0 = (u_i^{(o)})$, $u_i^{(o)}=1$, konvergiert die Iteration am besten für $\lambda \approx 2$:

n	$\lVert P_{\mathcal{D}_0} g(u_n)\rVert$	$\varphi(\underline{u}_n)$
0	.346100909 E+0	2.932462863
30	.335412850 E-5	2.795037628
60	.955733310 E-9	2.795037628
90	.510684933 E-12	2.795037628
120	.327233287 E-15	2.795037628

$(\lVert\ \rVert = \langle\ ,\ \rangle^{\frac{1}{2}})$

Man sieht, daß die Konvergenz im Vergleich zum Programmier- und Rechenaufwand akzeptabel ist.

<u>4. Kombination eines Minimumprinzips mit einem komplementären Maximumprinzip.</u> $\mathcal{H}_i$, i=1,2, seien Hilberträume und $\mathcal{D}_i \subset \mathcal{H}_i$ abgeschlossene, konvexe Teilmengen. Weiter seien φ_i in $\mathcal{D}_i$ definierte Funktionale, so daß φ_1 konvex und φ_2 konkav ist und die Beziehung

$$(11) \qquad \min_{v\in\mathcal{D}_1} \varphi_1(v) = \max_{w\in\mathcal{D}_2} \varphi_2(w)$$

gilt. Das Problem, das Minimum von φ_1 in $\mathcal{D}_1$ zu bestimmen, ist dann äquivalent mit dem Aufsuchen des Minimums von

$$\phi(v,w):=\varphi_1(v)-\varphi_2(w)$$

in $\mathcal{D}_1\times\mathcal{D}_2\subset\mathcal{H}_1\times\mathcal{H}_2$. Setzt man voraus, daß φ_1 in $\mathcal{D}_1$ den Subgradienten g_1 und φ_2 in $\mathcal{D}_2$ den Supergradienten g_2 besitzt, so wird

$$g_\phi(v,w) = \begin{pmatrix} \alpha^{-1} g_1(v) \\ -\beta^{-1} g_2(w) \end{pmatrix}$$

Subgradient von ϕ in $(v,w)\in\mathcal{D}_1\times\mathcal{D}_2$ bezüglich des Skalarproduktes

$$\langle (v_1,w_1),(v_2,w_2)\rangle := \alpha \langle v_1,v_2\rangle_1 + \beta\langle w_1,w_2\rangle_2$$

in $\mathcal{H}=\mathcal{H}_1\times\mathcal{H}_2$. Hierbei sind $\alpha>0$ und $\beta>0$ geeignet zu wählende Konstante (Siehe hierzu [7], 4). Die Iteration (2) erhält die Gestalt

$$(12)\qquad \begin{aligned} v_{n+1} &= P_{\mathcal{D}_1}\,(v_n-\omega\lambda_n\,\alpha^{-1} g_1(v_n)) \\ w_{n+1} &= P_{\mathcal{D}_2}\,(w_n+\omega\lambda_n\beta^{-1} g_2(w_n)) \end{aligned}$$

mit $\lambda_n = \dfrac{\varphi_1(v_n)-\varphi_2(w_n)}{\alpha^{-1}\|g_1(v_n)\|^2+\beta^{-1}\|g_2(w_n)\|^2}$ und Anfangswerten

$$v_0\in\mathcal{D}_1,\ w_0\in\mathcal{D}_2.$$

Beispiel. Es seien A_i, $i=0,\dots,N-1$ und B mxm Matrizen. Durch die Rekursionsformel

$$(13)\qquad \underline{x}_{i+1}=(I+hA_i)\underline{x}_i+B\underline{u}_{i+1},\quad h=N^{-1},\underline{x}_i,\underline{u}_i\in\mathbb{R}^m,$$

werde ein dynamisches System beschrieben, wobei die Kontrollgrößen u_{i+1} so gewählt werden sollen, daß das System von einem vorgegebenen Anfangszustand x_0 in einen vorgegebenen Endzustand x_N übergeht. Bezeichnet $\|\ \|_m$ die Euklidische Norm im $\mathbb{R}^m$, so seien die Kontrollgrößen $\underline{u}_i$ der Restriktion

$$(14)\qquad h\cdot\sum_{i=1}^{N}\|\underline{u}_i\|_m^2 \le R^2$$

unterworfen. Hierbei wird vorausgesetzt, daß der Zustand x_N unter der Restriktion (14) erreichbar ist. Die Kontrollgrößen $\underline{u}_i$ sollen nun so bestimmt werden, daß das Kostenfunktional

$$(15)\qquad \phi(\underline{u}_1,\dots,\underline{u}_N)=h\sum_{i=1}^{N}\delta_i\|\underline{z}_i+\underline{u}_i\|_m^2,\ \delta_i>0,\ \underline{z}_i\in\mathbb{R}^m,$$

minimal wird. Mit $L:=N\cdot m$, $u:=(\underline{u}_1,\dots,\underline{u}_N)\in\mathbb{R}^L$ und $z:=(\underline{z}_1,\dots,\underline{z}_N)\in\mathbb{R}^L$ kann das Problem in der Gestalt

$$(16)\qquad \begin{aligned} &\phi(u):=\langle z+u,\Gamma(z+u)\rangle = \text{Min!}\\ &\langle a_i,u\rangle=\alpha_i\quad;\ i=1,\dots,k\ ,\ k\leq m,\\ &\|u\|_L^2\leq NR^2 \end{aligned}$$

geschrieben werden. Dabei bedeutet Γ die Diagonalmatrix mit den Elementen $\gamma_\sigma=\delta_i$, $(i-1)m+1\leq\sigma\leq im$, $i=1,\dots,N$, und $\langle\ ,\ \rangle$ das Euklidische Skalarprodukt im $\mathbb{R}^L$. Die linearen Nebenbedingungen $\langle a_i,u\rangle=\alpha_i$, $i=1,\dots,k$, mit linear unabhängigen $a_i\in\mathbb{R}^L$ entstehen durch Auflösen der Rekursionsformel(13) unter Beachtung der Randbedingungen. Bezeichnet $\mathfrak{M}$ den durch die Bedingungen $\langle a_i,u\rangle=0$ gegebenen Unterraum des R^L und ist $P_{\mathfrak{M}}$ die Orthogonalprojektion auf $\mathfrak{M}$, so kann (16) in die Gestalt

$$(17)\qquad \begin{aligned} &\varphi_1(v):=\langle z+b+P_{\mathfrak{M}}v,\Gamma(z+b+P_{\mathfrak{M}}v)\rangle=\text{Min!}\\ &\|P_{\mathfrak{M}}v\|_L^2\leq NR^2-\|b\|_L^2 \end{aligned}$$

transformiert werden. $b\in R^L$ ist der durch die Bedingungen $\langle a_i,b\rangle=\alpha_i$, $i=1,\dots,m$, $P_{\mathfrak{M}}b=o$, eindeutig bestimmte Vektor. Offensichtlich ist die Erreichbarkeit des Zustandes x_N von x_0 aus unter den angegebenen Restriktionen äquivalent mit $\|b\|_L^2\leq NR^2$.

Mit der Maximum-Minimum Transformation läßt sich zu (17) ein äquivalentes Maximumproblem angeben. Bezeichnet $\mathcal{D}_1$ die durch die Nebenbedingung $\|P_{\mathfrak{M}}v\|_L^2\leq NR^2-\|b\|^2$ definierte Teilmenge von $\mathcal{H}_1=\mathbb{R}^L$, so gilt

$$\min_{v\in\mathcal{D}_1}\varphi_1(v)=\min_{v\in\mathcal{D}_1}\Big\{\max_{w\in\mathbb{R}^L}\Big\{2\langle z+b+P_{\mathfrak{M}}v,\Gamma w\rangle-\langle w,\Gamma w\rangle\Big\}\Big\}=$$

$$=\underset{w\in\mathbb{R}^L}{\mathrm{Max}}\left\{2\underset{v\in\mathcal{D}_1}{\mathrm{Min}}\langle P_{\mathfrak{M}}v,\Gamma w\rangle+2\langle z+b,\Gamma w\rangle-\langle w,\Gamma w\rangle\right\}=$$

$$=\underset{w\in\mathbb{R}^L}{\mathrm{Max}}\left\{2\langle z+b,\Gamma w\rangle-2\,\|P_{\mathfrak{M}}\Gamma w\|_L-\langle w,\Gamma w\rangle\right\}$$

mit $\varrho := \sqrt{NR^2-\|b\|_L^2}$. Mit $\mathcal{H}_2 = \mathcal{D}_2 = \mathbb{R}^L$ und

(18) $\varphi_2(w) := 2\langle\Gamma(z+b),w\rangle-2\varrho\|P_{\mathfrak{M}}\Gamma w\|_L-\langle w,\Gamma w\rangle$

wird somit die Bedingung (11) erfüllt. φ_1 ist gleichmäßig konvex und besitzt den Gradienten $g_1(v)=2P_{\mathfrak{M}}\Gamma(z+b+P_{\mathfrak{M}}v)$. φ_2 ist gleichmäßig konkav und besitzt für $P_{\mathfrak{M}}\Gamma w \neq 0$ den Gradienten $g_2(w)= 2\Gamma(z+b-w)-2\varrho P_{\mathfrak{M}}\Gamma w/\|P_{\mathfrak{M}}\Gamma w\|_L$. Im Fall $P_{\mathfrak{M}}\Gamma w=0$ ist zumindest $2\Gamma(z+b-w)$ noch Supergradient von φ_2. Startet man die Iteration (12) mit $v_0\in\mathfrak{M}$, so gilt $v_n\in\mathfrak{M}$ wegen $g_1(v)\in\mathfrak{M}$ für alle $n\in\mathbb{N}$. Es genügt somit die Projektion $P_{\mathcal{D}_1}(v)$ lediglich für Elemente $v\in\mathfrak{M}$ zu bestimmen. Es gilt $P_{\mathcal{D}_1}(v)=v$ für $\|v\|_L\leq\varrho$ und $P_{\mathcal{D}_1}(v)=v/\|v\|_L$ für $\|v\|_L>\varrho$.

Wählt man speziell N=50, m=2 sowie

$$A_i = i\cdot\begin{pmatrix}0.4 & -0.2\\ 0.2 & 0.4\end{pmatrix},\quad 0\leq i\leq N-1,\quad B=\begin{pmatrix}2 & -1\\ -1 & 2\end{pmatrix}.$$

$$x_0=\begin{pmatrix}0\\0\end{pmatrix},\quad x_N=\begin{pmatrix}1000\\3000\end{pmatrix},\quad \delta_i=3+ih,\quad z_i=\begin{pmatrix}5+ih\\5+ih\end{pmatrix},\quad \sqrt{N}\,R=0.13,$$

so liefert die Iteration (12) für $\omega = 1.9$, $\alpha=1, \beta=2/3$ die folgende Einschließungssequenz für das unbekannte Minimum des Kostenfunktionals φ_1:

n	$\varphi_1(v_n)\cdot 10^{-5}$	$\varphi_2(w_n)\cdot 10^{-5}$
0	.107607018611	-.423570124898
5	.107448880416	.983541321308
10	.107448880416	.103611962848
50	.107448880416	.106798317422
200	.107448880416	.107291462443

Man sieht, daß sich die Folge $\varphi_1(v_n)$ ziemlich rasch dem Minimalwert .107448880416 10^5 nähert, während die Folge $\varphi_2(w_n)$ nur sehr langsam von unten an diesen Wert herankommt. Dies liegt daran, daß φ_2 keine nach oben beschränkte 2. Ableitung besitzt und somit Satz 3 und Satz 4 für ϕ (v,w) nicht anwendbar ist. Lediglich Satz 1 garantiert die Konvergenz des Verfahrens. Es zeigt sich, daß Relaxationsfaktoren $\omega \approx 2$ die beste Konvergenz liefern. Dies liegt an der gleichmäßigen Konvexität von φ_1 und φ_2. Außerdem ist es in diesem Beispiel günstig, $0 < \beta < \alpha$ zu wählen.

Literatur.

[1] Fedorenko,Ju.D., Dobrusina,V.A.: A certain modification of an iteration process with minimal residuals, Vycisl.Prikl.Mat.(Kiev)Vyp.8(1969),160-166.
[2] Fedorenko,Ju.D.: The process of simple iteration for the solution of nonlinear equations in Hilbert spaces, Vycisl.Prikl.Mat.(Kiev)Vyp.11(1970),91-95.
[3] N.Gastinel,J.-C.Miellou:Resolution d'equations fonctionelles par la méthode des decomposition de norme, application à l'approximation de la solution de problèmes aux limites elliptiques variationels lineâires du second ordré,C.R.Acad.Sci.Paris 256,359-361(1963).
[4] K.P.Hadeler: Bemerkungen zum Gradientenverfahren,Num. Math.18,413-422(1972).
[5] L.A.Kivistik: On a class of iteration processes in Hilbert space,Tartu.Riikl.ül.Toimetised No.129(1962), 365-381.
[6] Oettli,W.: Méthodes itératives, du convergence linéaire, pour résoudre de problemes de programmation et d'approximation linéaires, C.R.Acad.Sc.Paris 272,680-682(1971).
[7] Schumacher,K.: Iterative Optimierungsverfahren, die unter schwachen Voraussetzungen konvergieren,to appear.

Lehrbücher.

[8] J.Céa:Optimisation, theorie et algorithmes,Dunod Paris 1971.
[9] J.W.Daniel:The approximate minimisation of functionals Prentice-Hall,Inc.,Englewood Cliffs,N.J.1971.

Konrad Schumacher
Lehrstuhl für Biomathematik
Universität Tübingen

7400 Tübingen
Auf der Morgenstelle 28
B.R.Deutschland

ISNM 27 Birkhäuser Verlag, Basel und Stuttgart, 1975 287

STIFFNESS AND NON-STIFF DIFFERENTIAL EQUATION SOLVERS

L. F. Shampine

The effects of stiffness are investigated for production codes for solving non-stiff ordinary differential equations. First, a practical view of stiffness as related to methods for non-stiff problems is described. Second, the interaction of local error estimators, automatic step size adjustment, and stiffness is studied and shown normally to prevent instability. Third, a practical test for stiffness in variable order Adams codes is developed. Numerical results for working codes are presented for each topic.

Typical methods being used to solve

$$y' = f(x,y) \ , \ y(a) = y_0 \tag{1}$$

on [a,b] produce values y_n approximating the solution $y(x_n)$ on a discrete set $a = x_0 < x_1 < \dots < x_N = b$ by successively stepping from a to b with step sizes $h_n = x_n - x_{n-1}$. Throughout this paper the term "typical methods" refers to a class including the explicit Runge-Kutta methods and the PECE Adams-Bashforth-Moulton methods. The standard asymptotic analysis considers a sequence of integrations for which the largest step size tends to zero and shows convergence of the y_n to $y(x_n)$ in this limit. Unless the largest step size is "sufficiently small" there is no reason to expect the y_n to show even qualitative agreement with the $y(x_n)$. This is easily demonstrated with the equation $y' = Ay$ for a complex constant A. If $Re(A) < 0$, all non-trivial solutions of this equation decrease in magnitude. Applying a numerical method to this equation with a constant step size h may well lead to $|y_n|$ which grow. Typical methods have a behavior depending only on the product $\lambda = hA$, e.g. with an explicit Runge-Kutta formula $y_{n+1} = P(\lambda)y_n$ where P is a polynomial depending on the formula. The region of absolute stability of such a method is defined to be the region in $Re(\lambda) < 0$ where the $|y_n|$ decrease. On the boundary of the region, the $|y_n|$ are constant and outside, they grow. Typical methods have finite regions of stability but there are methods with unbounded regions.

In distinction to the asymptotic analysis we shall be concerned with how error propagates in the course of a single integration from a to b. This task is very complex and we are hampered by the fact that asymptotic arguments are only marginally valid. Still, it is possible to explain qualitatively and even semi-quantitatively how typical codes behave. To simplify the task to the point it is tractable and to gain the technical advantages of linearity, the equation of (1) is to be approximated near a point x_j and solution $y(x)$ by

$$y' \doteq f_y(x_j,y(x_j))(y-y(x_j)) + f(x_j,y(x_j)) \\ + f_x(x_j,y(x_j))(x-x_j) .$$

By a principal axis transformation if necessary, one approximates the behavior of (1) locally by model equations of the form

(2) $$y' = Ay + g(x)$$

where the complex constants A are the eigenvalues of the Jacobian matrix $f_y(x_j, y(x_j))$.

Since we are concerned about how error propagates in the numerical scheme, it is illuminating to consider how it propagates in the equation (2). Suppose at x_r one alters the solution value $y(x_r)$ to $y(x_r) + \delta(x_r)$. The solution $y(x)$ is then changed to $y(x) + \delta(x)$ for $x \geq x_r$ where $\delta' = A\delta$, $\delta(x_r)$ given. Because of linearity the effect of several errors is just additive, and so one need only consider isolated errors and how they propagate. For typical numerical methods one finds isolated errors in the numerical scheme propagate as the numerical solution of $\delta' = A\delta$. Thus, locally, if hA is in the region of stability of the method, propagated errors are damped out and if hA is outside the region, propagated errors are amplified.

Codes select step sizes in an attempt to keep local truncation errors small in response to the accuracy request of the user. Growth of propagated error, instability, becomes a consideration only when the accuracy requirement does not sufficiently restrict the step size. When a solution is changing fairly rapidly and the error criterion forces a code to follow the curve, it appears that the accuracy requirement almost always dominates. The most important situation that has been singled out for analysis is when the equation is quite stable and all solutions ultimately become slowly varying. The general solution of (2) is

$$y(x) = c \exp(Ax) + \int_a^x g(t)\exp(A(x-t))dt \ .$$

If $\mathrm{Re}(A) < 0$, all solutions converge to the particular solution $p(x) = \int_a^x g(t)\exp(A(x-t))dt$ so the equation is stable, the more so as $|A|$ is large. The truncation error of typical methods depends on the size of $y^{(k+1)}$ for a suitable k. Assuming that p(x) is slowly varying ($p^{(k+1)}$ is "small"), the expression $y^{(k+1)}(x) = A^{k+1}c \exp(Ax) + p^{(k+1)}(x)$ shows that all solutions rapidly converge to p(x) and become slowly varying. Codes using methods with finite stability regions will quickly find that the accuracy requirement can be met easily by step sizes corresponding to being outside the stability region. Because y is slowly varying, instability will usually correspond to propagated error growing in magnitude regardless of the error criterion being used.

In the sections that follow we shall apply these observations, but they already lead to some insight. We shall say a problem appears stiff to a code if the step size must be restricted to maintain stability, i.e., stability rather than accuracy determines the step size. Many authors refer to an equation as being stiff when the Jacobian matrix has a large spread of eigenvalues with negative real parts. We have emphasized that one must take into account the interval, error criterion, and tolerance. The example

$$(3)\quad y' = \begin{pmatrix} -.1 , & -199.9 \\ 0 , & -200 \end{pmatrix} y \;,\; 0 \leq x \leq 50 \;,\; y(0) = \begin{pmatrix} 2 \\ 1 \end{pmatrix}$$

will serve us in several ways. From the solution components $y_1(x) = \exp(-.1x) + \exp(-200x)$, $y_2(x) = \exp(-200x)$ one sees there is an initial interval of rapid change. Let T_ε be where $|y_2(T_\varepsilon)| = \varepsilon$. When (3) is solved with a pure absolute error tolerance of ε, the rapid change of the solution on $[0,T_\varepsilon]$ means that accuracy dominates the choice of step size and on $[T_\varepsilon,50]$ stability dominates. Thus we would not describe the problem as being stiff on the first interval, though informally we would describe the problem as stiff on [0,50] because it is on most of the interval.

There is usually a clear practical distinction between codes for stiff and non-stiff problems. Infinite stability regions are achieved with some complication and expense so codes with such methods are inconvenient and inefficient for non-stiff problems, though they of course will integrate such problems. An example of such a code is Gear's DIFSUB [2] which is even particularly suited to (3) because the Jacobian has only real eigenvalues, -0.1 and -200. In the next section we shall argue that efficient codes based on methods with finite stability regions will not become unstable when integrating a stiff problem so that they can integrate such a problem though quite inefficiently. The DE/STEP, INTRP suite of Shampine and Gordon [7] is a variable order PECE Adams-Bashforth-Moulton code with local extrapolation. According to our arguments a code like

DIFSUB should solve (3) on all of [0,50]. On $[0,T_\varepsilon]$ a code like STEP should solve (3) and may well be more efficient than DIFSUB. In fact since STEP goes to much higher orders than DIFSUB we should expect it to be more efficient there. By arguments we shall make, STEP will solve (3) on $[T_\varepsilon,50]$ as well but be extremely inefficient as compared to DIFSUB. The computations we report show this behavior. DIFSUB requires a starting step size and at each tolerance we made separate runs to find the largest step size which would work. STEP selects its own starting step size so that the relative efficiency of the codes on the short initial interval $[0,T_\varepsilon]$ is strongly biased in favor of DIFSUB. DIFSUB was given analytical partial derivatives. The costs in terms of ND, the number of derivative evaluations, is reported for each interval, ND1 for $[0,T_\varepsilon]$ and ND2 for $[T_\varepsilon,50]$, and the maximum error seen at any step on [0,50] is reported.

	STEP			DIFSUB		
ε	ND1	ND2	ERROR	ND1	ND2	ERROR
1E-1	13	13022	9E-1	20	33	6E-2
1E-2	27	13071	9E-2	48	43	1E-2
1E-3	45	12999	1E-2	66	106	1E-3
1E-4	67	13068	1E-3	96	125	1E-4
1E-5	87	12914	1E-4	133	162	2E-5
1E-6	112	13307	1E-5	190	147	2E-6
1E-7	141	13283	5E-7	232	245	2E-7
1E-8	167	13190	6E-8	344	213	4E-8
1E-9	205	13326	7E-9	447	247	4E-9
1E-10	261	13441	4E-10	575	304	6E-10
1E-11	294	14191	9E-11	733	385	4E-11
1E-12	352	14734	6E-12	992	464	7E-12
1E-13	426	15022	1E-12	1298	607	4E-12

Detecting Instability In this section we shall discuss the relationship between local error estimators, automatic step size selection, and stability. First we shall examine a class of error estimators typical of Runge-Kutta codes and then we shall comment on estimators associated with codes based on Adams methods.

We are concerned with the behavior of error when the step size is a constant h locally. We presume that the method when applied to $\delta' = A\delta$ yields numerical solutions $\delta_{n+1} = P(\lambda)\delta_n$ as is typical of one-step methods. We further presume that there is associated with the method an estimator which in this situation assumes the form $e_{n+1} = Q(\lambda)\delta_n$. A transparent example is the Fehlberg Runge-Kutta (4,5) pair implemented in several good codes which at each step produces values from a fourth order and a fifth order formula, $\delta_{n+1,5} = P_5(\lambda)\delta_n$, $\delta_{n+1,4} = P_4(\lambda)\delta_n$, where $P_5(\lambda)$ and $P_4(\lambda)$ are polynomials in λ. The estimated error associated with $\delta_{n+1,4}$ is $e_{n+1} = \delta_{n+1,5} - \delta_{n+1,4} = (P_5(\lambda) - P_4(\lambda))\delta_n$. If one simply notes that $|e_{n+1}| = |Q(\lambda)\delta_n| = |Q(\lambda)P(\lambda)\delta_{n-1}| = |P(\lambda)||e_n|$, he sees that the error estimate grows if one is outside the stability region and decreases if one is inside. If λ is slowly varying, the smooth functions $P(\lambda)$, $Q(\lambda)$ imply that the qualitative behavior is unchanged. We remark in connection with the Fehlberg scheme that a number of authors prefer to use the approximate solution $y_{n+1,5}$ at each step rather than $y_{n+1,4}$, which we call local extrapolation [5], because among other reasons the region of stability for $P_5(\lambda)$ is quite a bit larger than for $P_4(\lambda)$. Notice that $|e_{n+1}| = |P_5(\lambda)||e_n|$ in this case so that the behavior of the error estimate is with respect to the values actually accepted at each step.

When a constant step size is used the Adams-Moulton method of order k estimates its error with $h\nabla^k f(x_{n+1},y_{n+1})$ and typical PECE implementations of the Adams-Bashforth-Moulton pair use $h\nabla^k f(x_{n+1},y^p_{n+1})$ where y^p_{n+1} is the result of the prediction. It is straightforward to verify these estimators behave like those just studied by examining how the difference operator acts on the roots of the characteristic equation. It is rather detailed for this short paper and the analysis is all given in the text [7] so we omit it here.

An efficient algorithm for the selection of the step size chooses about the largest step size which the estimated errors indicate will be successful. Although any local error less than the user's tolerance is acceptable, efficiency implies that the step size will be so large that the local errors actually made are all about the size of the tolerance. With this observation and an understanding of the behavior of the estimated errors when stability limits the step size, we can predict important behavior of practical codes. Codes of the kinds discussed will not exhibit unstable behavior when stiffness is encountered. The average step size used will correspond to being near the boundary of the region of stability. Consequently, such codes will solve stiff problems, though inefficiently. A striking phenomenon is that when solving a stiff problem such codes have a cost independent of the accuracy requested (and delivered).

The explanations are simple. If the step size corresponds to being outside the region of stability, error growth will occur, be detected by the estimator, and the step size reduced by the step size algorithm so as to meet the accuracy request. Unacceptable growth will not occur because the step size will always be reduced to prevent it, with the consequence the step sizes chosen will correspond to moving into the stability region. When inside the region error is actually damped out, so an efficient code will then increase the step size. Thus the step size will fluctuate in such a way that the average corresponds to being roughly on the boundary of the stability region. Since it is stability that limits the step size and not accuracy, the requested accuracy has virtually no effect, any step size corresponding to being in the region of stability yielding any desired accuracy if used long enough.

These observations hold for variable as well as fixed order codes except that the average step size must refer to a sequence of steps at constant order. Since the different order methods have different stability regions, the order selection algorithm will cause the cost to vary with the requested accuracy. The stability regions of the methods used by STEP do not vary drastically and for reasons discussed in the next section the order used does not vary greatly either. Thus the computations just reported show that instability does not occur and that the cost depends quite weakly on the accuracy. A clearer picture is presented by the fixed order code RKF [6] which uses the Fehlberg Runge-Kutta (4,5) formulas. We present the accuracy, cost, and average step size used in the solution of (3) on the interval [1,50] where the problem is stiff.

	RKF		
ε	ND	ERROR	H_{AVG}
1E-1	21672	3E-3	.01536
1E-2	21744	3E-4	.01536
1E-3	21671	3E-5	.05137
1E-4	21697	3E-6	.01537
1E-5	21725	3E-7	.01537
1E-6	21687	3E-8	.01536
1E-7	21694	3E-9	.01536
1E-8	21680	3E-10	.01536
1E-9	21747	3E-11	.01537
1E-10	21613	6E-12	.01535
1E-11	21691	5E-12	.01536
1E-12	21727	9E-12	.01536

The cost and the average step size are remarkably independent of the accuracy. The eigenvalue governing the step size is -200 so λ averages about -3.07; the boundary of the stability region is about -3.02.

According to our analysis the details of the step size selection algorithm do not affect the qualitative behavior, although the size of the fluctuations in the step size will be affected. What matters is that when the estimated error is too large, the step size is reduced and when it is too small, the step size is increased. The code RKF estimates a step size H which will succeed and then actually uses 0.8H. We altered the code so that it would use 0.1H instead. For non-stiff problems this will reduce the average step size to 1/8 the value used by the unaltered code. However, we predict that for stiff problems the average step sizes are unaffected by this change and this is demonstrated by the fact that the altered code had an average step size of about .01558 for the example computation.

A Test for Stiffness The code DE, which is a driver associated with STEP, has in it a test for stiffness based on the ideas already described along with some additional considerations. The extrapolated PECE Adams-Bashforth-Moulton formulas of orders 1-12 used in STEP have stability regions which decrease pretty uniformly as the order increases. While a completely variable step size is permitted, there is a strong bias towards constant step size for a variety of practical reasons. One consequence is that the assumptions made in connection with the error estimators are more relevant than in most codes of this kind and at any given order the step size averages to a value near the stability boundary. For a variety of practical reasons and as a result of several aspects of the step size and order algorithms, there is a bias towards using low orders. In the presence of stiffness a low order will work as well as a high order since the step size is not determined by accuracy. Indeed, for this family of formulas the lower order formulas permit the larger step sizes. The basic test for stiffness is a sequence of steps taken at low orders, specifically in DE, 50 steps at orders 1-4. Since it is possible that the low orders are due to the problem being very "easy", the test is combined with the test for too much work in DE. If the problem requires too much work, 500 steps, and if there has been a long sequence of steps at low orders, DE diagnoses the trouble as stiffness.

This test in DE is not, properly speaking, a test for stiffness, rather it decides whether or not stiffness is the reason for too much work. While it is by no means perfect it does work rather well and the approach merits further study. Some results for DE will be reported though there is a complex interaction of the test and the complicated algorithms which cannot be fully discussed here (see [7] for more details). The code STEP switches on a device to control propagated roundoff errors whenever the user requests an accuracy corresponding to less than 100 units of roundoff in the solution. This device invalidates the test for stiffness so it is pointless to consider accuracies this stringent and in the results mentioned, tolerances were not used below this level. Hull et al. [3] give a set of 25 non-stiff test problems each to be integrated at three different tolerances. DE reports none as stiff. Krogh [4] gives a set of both stiff and non-stiff problems. All were integrated with tolerances 10^{-1}, 10^{-2},... down to where the roundoff control would be used, typically 10^{-12} on the CDC 6600 computer used. No non-stiff problem is reported as stiff. However, the code loses the solution curve entirely for problem 10 at a tolerance of 10^{-1} and follows a curve for which it correctly reports stiffness. For all other tolerances the code tracks the solution of the problem posed, a non-stiff problem, and DE gives the proper return. Problems 1 and 7 have portions of their intervals of integration which are mildly or moderately stiff. Since they do not require 500 steps, DE properly ignores this stiffness. The two "stiff" problems 12 and 13 have a variety of returns. Several intervals are specified and often DE integrates the shortest interval in fewer than 500 steps hence does not report stiffness. There is a short initial interval on which the problems are not stiff so for stringent accuracy requests a return or two of too much work before reporting stiffness is common. In every case but for the tolerance 10^{-11} on problem 12 stiffness is detected. Bjurel et al. [1] give a set of 10 stiff test problems. There are two driving functions for one problem and four parameter values for another so a total of 14 problems were solved with pure absolute error tolerances 10^{-1}, 10^{-2},... down to at least 10^{-11} and to 10^{-13} on several problems. Parameter values used were the ones suggested. For stringent accuracy requests there was a distinct tendency towards several returns of too much work before stiffness was reported but there was no discernible pattern. With the following exceptions, proper action was taken in a maximum of 5 returns from DE. Stiffness was not detected for problem 3 at the tolerance 10^{-13}, problem 5 at 10^{-10} and 10^{-11} for both driving functions, problem 7 at 10^{-11} for parameters $C = 0$, $D = 10$ and problem 10 at 10^{-8}, 10^{-10}, and 10^{-11}. To be more specific we report results for (3). For $\varepsilon = 10^{-1}, 10^{-2}, 10^{-3}, 10^{-4}, 10^{-6}, 10^{-7}, 10^{-8}$ DE reports stiffness on the first return. For $\varepsilon = 10^{-5}$, 10^{-9}, 10^{-11} DE gives one return of too much work, then reports stiffness. For $\varepsilon = 10^{-10}$ DE gives two returns of too much work then reports stiffness. For $\epsilon \leq 10^{-12}$ the propagated roundoff control is on.

The bias in STEP towards low orders is not as strong as it might be for detecting stiffness and there is a tendency for stringent accuracy requests to result in higher orders than necessary hence a failure to detect stiffness quickly and in some cases at all. The analysis makes several strong assumptions and one should expect problems for which it fails. The following problem is not reported as stiff at any tolerance by DE because no sequence of steps at orders 4 and lower is long enough:

$$y' = \begin{pmatrix} -10^4 & 10^3 & 0 & 0 \\ -10^3 & 10^4 & 0 & 0 \\ 0 & 0 & -10 & 10^2 \\ 0 & 0 & -10^2 & -10 \end{pmatrix} y \ , \ y(0) = \begin{pmatrix} 1 \\ 1 \\ 1 \\ 1 \end{pmatrix} .$$

We have been able to construct an example of a non-stiff problem reported as stiff but it is exceedingly artificial, being based on many severe jump discontinuities in an otherwise very smooth function and depending very much on the computer and tolerance. This example is analyzed in [7], but we believe that such false signals can be safely ignored. Codes relying upon the automatic detection of stiffness by DE to switch to a code for stiff problems have been successfully used at Sandia Laboratories for a number of applications. They have considerably reduced the real time costs over using solely a code for non-stiff problems or a code for stiff problems. In every case where the analysis was feasible DE correctly indicated whether a switch was desirable.

[1] Bjurel, G., Dahlquist, G., Lindberg, B., Linde, S., and Odén, L.: Survey of Stiff Ordinary Differential Equations. Dept. of Information Processing, Royal Institute of Technology, Stockholm. Report #NA 70.11 1970.

[2] Gear, C. W.: Numerical Initial Value Problems in Ordinary Differential Equations. Prentice-Hall, Englewood Cliffs, N. J. 1971.

[3] Hull, T. E., Enright, W. H., Fellen, B. M., and Sedgwick, A. E.: Comparing Numerical Methods for Ordinary Differential Equations. SIAM J. on Numer. Anal. 9(1972), 603-637.

[4] Krogh, F. T.: On Testing a Subroutine for the Numerical Integration of Ordinary Differential Equations. J.A.C.M. 20(1973), 545-562.

[5] Shampine, L. F.: Local Extrapolation in the Solution of Ordinary Differential Equations. Math. Comp. 27(1973), 91-97.

[6] ____________ and Allen, R. C.: Numerical Computing : an Introduction. Saunders, Philadelphia 1973.

[7] ____________ and Gordon, M. K.: Computer Solution of Ordinary Differential Equations: the Initial Value Problem. W. H. Freeman, San Francisco, Jan. 1975.

This work was supported by the United States Atomic Energy Commission.

Applied Mathematics Division, 5121
Sandia Laboratories
Albuquerque, New Mexico 87115

A BOUNDARY VALUE PROBLEM FROM THE STUDY OF HEAT TRANSFER.

John Terray and Peter Lancaster

Abstract. Investigation of the problem of heat transfer to fluids flowing between parallel plates leads to a quadratic eigenvalue problem. The problem can be put into the form $A(\lambda)=\lambda^2 I+\lambda M-L=0$ with M a multiplication operator and L a differential operator with compact inverse. Spectral properties of this operator are considered. An iterative scheme is given for computation of the eigenvalues of $A(\lambda)$ and numerical results are given.

1. Under consideration is a viscous, incompressible, heat-conducting fluid flowing from left to right between two parallel boundary walls $y=\pm l$. The temperature of the walls and fluid to the left of the origin is assumed to be T_o. To the right of the origin the temperature of the walls is assumed to be $T_R(\neq T_o)$. Let T denote the temperature of the fluid. For a velocity profile $V(y)$ ($V(y)\geq 0$, $|y|\leq l$) the governing equation takes the form

(1) $$\frac{\partial^2 T}{\partial x^2}+\frac{\partial^2 T}{\partial y^2}=\frac{V\rho c}{K}\frac{\partial T}{\partial x}-\frac{\mu}{K}\left(\frac{\partial V}{\partial y}\right)^2$$ where ρ = density of fluid, c specific heat, K thermal conductivity, and μ the coefficient of viscosity. Here the boundary conditions are assumed to take the form

(2) $$\begin{aligned} T &= T_R\ , & x &> 0\ , & |y| &= l\ ,\\ T &= T_o\ , & x &= 0\ , & |y| &< l\ . \end{aligned}$$

This is the usual formulation of the problem. A formulation which allows for heat conduction across the origin is given in [1]. The main results which appear below are not affected by the type of assumptions made at the origin. Assuming T tends uniformly to some function independent of x as x tends to infinity we can write

$$T(x,y) = T_\infty(y) + T_1(x,y)$$

where

$$T_\infty(y) = T_R + \frac{\mu}{K}\int_0^l (l-s)\left(\frac{\partial V}{\partial s}\right)^2 ds - \frac{\mu}{K}\int_0^y (y-s)\left(\frac{\partial V}{\partial s}\right)^2 ds$$

and T_1 satisfies

$$\frac{\partial^2 T_1}{\partial x^2} + \frac{\partial^2 T_1}{\partial y^2} = \frac{V\rho c}{K}\frac{\partial T_1}{\partial x}, \qquad T_1(x,\pm l) = 0.$$

Seeking a solution of the form $T_1(x,y) = \psi(y)e^{-\lambda x}$ we obtain the eigenvalue problem

$$\psi'' + (\lambda^2 + \frac{\lambda\rho c}{K}V(y))\psi = 0, \qquad \psi(\pm l) = 0. \tag{3}$$

2. We connect with the eigenvalue problem a polynomial operator acting in $H = L_2(I)$, $I = [-l,l]$. Let L be the differential operator in H determined by the differential expression $-\psi''$ and boundary conditions $\psi(\pm l) = 0$. Let $A_2(I)$ be the set of real-valued functions on I for which f' exists and is absolutely continuous on every compact subinterval of I. The domain of L, $D(L) = \{f \mid f \in A_2 \cap H,\ f'' \in H,\ f(\pm l) = 0\}$. Then we have $D(L)$ dense in H, L bijective, L^{-1} compact, and L positive and selfadjoint. Let M denote the multiplication operator by $\frac{\rho c}{K}V(y)$. M is bounded, selfadjoint, positive and defined on all of H. The operator equation connected with the eigenvalue problem then takes the form

$$A(\lambda) = \lambda^2 I + \lambda M - L.$$

3. Let A be an operator valued function defined on the complex plane C. We say $\lambda \in C$ is in the spectrum of A if $A(\lambda)^{-1}$ does not exist as a bounded operator on all of H. λ is called an eigenvalue of A if $A(\lambda)x = 0$ for some nonzero x in H.

The following theorem describes the spectrum of $A(\lambda) = \lambda^2 I + \lambda M - L$.

THEOREM. The spectrum of $A(\lambda)$ consists of at most a countable set of eigenvalues with infinity as the only possible limit point. The eigenvalues of A are poles of $A(\lambda)^{-1}$ and poles of $A(\lambda)^{-1}$ are eigenvalues of A.

To prove the first part of this theorem consider $A(\lambda)L^{-1} = \lambda^2 L^{-1} + \lambda M L^{-1} - I$ (the spectra of $A(\lambda)$ and $A(\lambda)L^{-1}$ coincide). Zero is not in the spectrum of $A(\lambda)L^{-1}$. By [5, p.370] we get the desired result. A Hilbert space proof for the second part of the theorem can be given using the methods of [3].

4. An iterative formula given in [6], [7], [8] can be utilized to approximate eigenvalues of $A(\lambda)$. The formula for a complex Banach space X is described as follows:

Let $\zeta \in C$ be a pole (of order m) of $A(\lambda)^{-1}$ which is an eigenvalue of $A(\lambda)$. Let B_n denote the nth coefficient in the Laurent expansion of $A(\lambda)^{-1}$. Choose $w \in X$, $z' \in X'$ (X' the normed conjugate of X) such that $z'B_{-m}w \neq 0$. Then for suitable choice of $\zeta_0 \in C$ the sequence defined by

$$\zeta_{n+1} = \zeta_n + z'A(\zeta_n)^{-1}w \Big/ z'\left(\frac{d}{d\lambda} A(\lambda)^{-1}\Big|_{\lambda=\zeta_n}\right)w \tag{4}$$

converges to ζ. The convergence is quadratic if ζ is a simple pole of $A(\lambda)^{-1}$. Formula (4) also generates a sequence of elements of X which tend asymptotically to an unnormalized eigenvector (corresponding to ζ). This is seen by expanding $A(\lambda)^{-1}w$ in a Laurent series about ζ. We deduce that the range of B_{-m} is contained in the null space of $A(\zeta)$ and that

$$\lim_{\zeta_n \to \zeta} \|(\zeta_n-\zeta)^m L(\zeta_n)^{-1}w - B_{-m}w\| = 0 .$$

Thus, by normalizing $L(\zeta_n)^{-1}w$ at each step we obtain a sequence of vectors converging to an eigenvector as a by-product of the algorithm. This feature is particularly important for the heat-transfer problem (ref. section 7).

5. The following result (formulated in terms of $A(\lambda) = \lambda^2 I + \lambda M - L$) can be used to guarantee simple poles of $A(\lambda)^{-1}$.

THEOREM. Let H be a Hilbert space, ζ an eigenvalue of $A(\lambda)$ with the property that $A(\zeta) \subseteq A(\zeta)^*$. If ζ is a pole of $A(\lambda)^{-1}$ of order $m > 1$ then there exists an eigenvector x such that $(\Delta A(\zeta)x,x) = 0$. $(\Delta A(\zeta) = 2\zeta I + M)$.

To prove the theorem expand $LA(\lambda)^{-1}$ in a Laurent expansion about ζ. Multiply both sides by $A(\lambda)L^{-1}$. Expand $A(\lambda)L^{-1}$ in a Taylor series about ζ. The resulting equation can be utilized to give the desired result.

We may assume that $(x,x) = 1$ and if we write $m = (x,Mx)$ and $l = (x,Lx)$ then we have $\zeta^2 + \zeta m - l = 0$ whence $2\zeta + m = \pm(m^2 + 4l)^{1/2} \neq 0$. If ζ is a pole of order greater than one the conclusion of the theorem yields the contradiction $2\zeta + m = 0$. Hence our conclusion that every eigenvalue is a simple pole of $A(\lambda)^{-1}$.

6. For the eigenvalue problem $A(\lambda) = \lambda^2 I + \lambda M - L = 0$ we have the following completeness result.

THEOREM. The eigenvectors x_n corresponding to positive (negative) eigenvalues λ_n of $\lambda^2 I + \lambda M - L$ are complete in the sense that the span of $\{x_n\}$ is dense in H.

This result is obtained by considering the equivalent problem $\lambda^2 L^{-1} + \lambda L^{-1/2} M L^{-1/2} - I = 0$. Note that $L^{-1/2} M L^{-1/2}$ is compact, positive and selfadjoint. This problem in turn is equivalent to the system

$$\begin{aligned} Ax + B^{1/2}y &= \mu x \\ B^{1/2}x &= \mu y \end{aligned}$$

where $\mu = 1/\lambda$, $A = L^{-1/2} M L^{-1/2}$, $B = L^{-1}$. The argument given in [9] applied to this compact selfadjoint system yields the result.

It is recognized that completeness in this form has its limitations and that, to rigorously justify a solution of (1) and (2) in the form

$$T(x,y) = T_\infty(y) + \sum_n c_n \psi_n(y) e^{-\lambda_n x} \tag{5}$$

it is necessary to prove more. In particular, in the notation of Gohberg and Krein (Chapter VI of [4]) we have yet to prove that $\{\psi_n\}$ forms a basis for H.

7. The iterative formula (4) was applied to the problem found in [2]. Using a parabolic velocity profile, assuming $T_R = 0$, $\tau = T/T_0$, and reducing the equation to dimensionless form the problem

$$\alpha^2 \frac{\partial^2\tau}{\partial x^2} + \frac{\partial^2\tau}{\partial y^2} = \frac{16}{\pi^3}\left(y - \frac{y^2}{\pi}\right)\frac{\partial\tau}{\partial x}, \qquad \tau(0) = \tau(\pi) = 0,$$

is obtained. $\alpha = 4/3\pi P_e$ where P_e is the Péclet number

The major numerical problem encountered in applying (4) is the computation of the function $\theta_n = A(\zeta_n)^{-1}w$. We observe (cf. equation (3)) that θ_n satisfies

$$\theta_n'' + \left[\zeta_n^2\alpha^2 + \zeta_n \frac{16}{\pi^3}\left(y - \frac{y^2}{\pi}\right)\right]\theta_n = w, \quad \theta_n(0) = \theta_n(\pi) = 0.$$

In our computations the function w was chosen to be identically one and, for each n, this two-point boundary value problem was solved by a shooting method. A point functional was then chosen for z' in (4).

For $P_e = 100$ and $P_e = 1000$ formula (4) gives the following results.

	$P_e = 100$	$P_e = 1000$
$-\zeta_0$	3.	3.
$-\zeta_1$	2.82831860	2.82871414
$-\zeta_2$	2.82735841	2.82776006
$-\zeta_3$	2.82735838	2.82776003

Assuming the existence of a solution in the form (5) numerical estimates of the first few coefficients c_n can be made using the Ritz method (as employed in [2]) and the basis of eigenfunctions derived as described in section 4.

8. The problem of heat transfer for fluids flowing in tubes can also be treated as a quadratic eigenvalue problem in a function space. The methods of this paper can be utilized for this problem as well.

REFERENCES

1. C.A. Deavours, Laminar heat transfer in parallel plate flow, Appl. Sci. Res. 29(1974), 69-77.

2. S.C.R. Dennis and G. Poots, A solution of the heat transfer equation for laminar flow between parallel plates, Quart. Appl. Math. 14(1956) no. 3, 231-236.

3. A. Friedman and M. Shinbrot, Nonlinear eigenvalue problems, Acta. Math. 121(1968), 78-125.

4. I.C. Gohberg and M.G. Krein, Introduction to the Theory of Linear Nonselfadjoint Operators, Amer. Math. Soc., Providence, 1969.

5. T. Kato, Perturbation Theory for Linear Operators, Springer-Verlag, Berlin, 1966.

6. H. Kummer, Zur praktischen Behandlung nichtlinear Eigenwertaufgaben abgeschlossener linearer Operatoren. Mitt. Math. Sem. Giessen, 1964.

7. P. Lancaster, Lambda-Matrices and Vibrating Systems, Pergamon Press, Oxford, 1966.

8. M.V. Pattabhiraman, The generalized Rayleish Quotient. Univ. Calgary, Dept. Math., Res. Paper No. 47(1968).

9. H.F. Weinberger, On a nonlinear eigenvalue problem, J. Math. Anal. Appl. 21(1968), 506-509.

Department of Mathematics, Statistics,
and Computing Science,
University of Calgary,
Calgary, Alberta, Canada
T2N 1N4

MONOTONIE UND FINITE ELEMENTE BEI ELLIPTISCHEN DIFFERENTIALGLEICHUNGEN

Bodo Werner

A generalized monotonicity theorem in the sense of Collatz is proved for almost linear elliptic boundary value problems of second order. This theorem is valid for continuous spline functions as used by the finite element method - in contrast to the classical theorems. The background is a generalized maximum principle with an interface condition for the normal derivatives which has been proven by Natterer/Werner in the case of the Laplace operator. Some numerical examples providing pointwise bounds for the solution of Dirichlet problems by cubic splines, the so called T 10 elements, are given.

I. Einleitung

Monotoniesätze für partielle Differentialgleichungen 2. Ordnung sind seit langem bekannt (Collatz [1], Redheffer [7], Westphal [11], etc.). Die Lösungsschranken, die mit Hilfe dieser Monotoniesätze gewonnen werden können, müssen i.a. stetige partielle Ableitungen bis zur zweiten Ordnung in dem Gebiet B besitzen, das der jeweiligen Aufgabe zugrunde liegt.

Jedoch ist die Forderung $u \in C^2(B)$ für Polynom-Splines schon für ebene Gebiete B praktisch kaum zu realisieren, so daß eine punktweise Einschließung der Lösung etwa durch die bei der Methode der finiten Elemente verwendeten Funktionen mit Hilfe der "klassischen" Monotoniesätze nicht möglich ist.

In dieser Arbeit werden wir ein verallgemeinertes Monotonieprinzip (Satz 4.1) angeben, das für eine Funktionenklasse Gültigkeit hat, die stetige Funktionen mit stückweise stetigen ersten und zweiten Ableitungen, also auch alle gängigen konformen finiten Elemente umfaßt.

Dadurch wird nicht nur die Möglichkeit zur punktweisen Einschließung von "klassischen" Lösungen $u \in C^2(B)$ durch Spline-Funktionen geboten, sondern auch von Lösungen, deren zweite Ableitungen nur stückweise stetig sind.

Wir beschränken uns hier auf elliptische Aufgaben, auch wenn ähnliche Resultate für gewöhnliche (s. Schröder [8]) und parabolische Aufgaben bewiesen werden können (Werner [10]).

Der Grundstein zu dieser Arbeit ist durch Natterer/Werner [5], zu der Collatz [2] den Anstoß gegeben hat, gelegt worden. Das in [5] für den Laplace-Operator und hier in Satz 3.1 für elliptische Differentialoperatoren formulierte verallgemeinerte Maximumprinzip (vgl. Wetterling [12]) garantiert die Gültigkeit des Monotoniesatzes 4.1, in das neben Differential- und Randoperator wesentlich ein Sprungoperator eingeht, der den Sprung der Normalableitung auf einer Zwischenschicht mißt. Der Beweis des verallgemeinerten Maximumprinzips 3.1 stützt sich auf einen Zusammenhang (Lemma 3.3) mit schwachen Lösungen von Differentialungleichungen (Littmann [3], [4]).

Numerische Beispiele, insbesondere die punktweise Einschließung der Lösung von Dirichletproblemen durch kubische Splines, den sogenannten T 10-Elementen (s. Strang/Fix [9]), schließen diese Arbeit ab.

II. Grundlegende Bezeichnungen

Mit B bezeichnen wir stets ein beschränktes Gebiet des $\mathbb{R}^N$, $N \geq 2$. Von einer Zerlegung von B in Teilgebiete $B_i \subset B$, $i=1,\ldots,m$, sprechen wir, wenn:

$$\bar{B} = \bigcup_{i=1}^{m} \bar{B}_i \;, \; B_i \cap B_j = \emptyset \;, \; i \neq j \;, \; i,j=1,\ldots,m.$$

Die Ränder von B und B_i sollen als stückweise glatt angenommen werden. Den Rand $\partial\Omega$ eines Gebietes Ω nennen wir stückweise glatt, wenn er sich aus endlich vielen C^1-Flächen zusammensetzt, deren innere Punkte (in der Relativtopologie von $\partial\Omega$) regulär sind. Dabei heißt ein Punkt $x \in \partial\Omega$ regulär, wenn es eine offene Kugel $K \subset \Omega$ mit $\partial\Omega \cap \partial K=\{x\}$ gibt.

Wir definieren

$$\Gamma := \partial B \quad , \quad \Gamma_i := \partial B_i - \Gamma \quad , \quad i=1,\dots,m.$$

Nach den Voraussetzungen an die Ränder von B und B_i existiert auf Γ (Γ_i) fast überall eine in das Äußere von B (B_i) weisende Normale, die wir mit n (n_i) bezeichnen.

Die Menge

$$\Delta := B - \bigcup_{i=1}^{m} B_i$$

besteht aus allen in B gelegenen Randpunkten der B_i. Zu jedem $x \in \Delta$ existieren mindestens zwei Teilgebiete B_i und B_j mit $x \in \Gamma_i \cap \Gamma_j$. Mit Δ_1 bezeichnen wir die Menge aller Punkte $x \in \Delta$, die Randpunkte von genau zwei Teilbereichen B_i und B_j sind und als solche regulär sind.

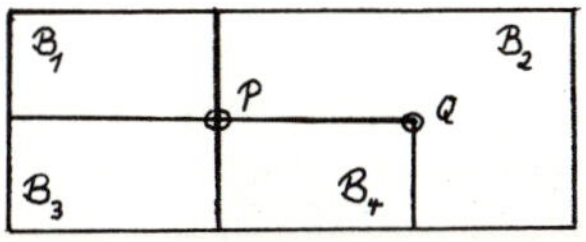

Fig. 1: $P,Q \in \Delta - \Delta_1$

Durch die Zerlegung von B wird folgender Funktionenraum $F(B_1,\dots,B_m)$ definiert:

<u>DEFINITION 2.1</u>: Eine auf $\bar{B}$ definierte Funktion v soll genau dann zu $F(B_1,\dots,B_m)$ gehören, wenn mit

$$v_i := \operatorname*{Res}_{\bar{B}/\bar{B}_i} v \quad , \; i=1,\dots,m \; ,$$

gilt:

1. $v \in C(\bar{B})$

2. $v_i \in C^1(B_i \cup \Gamma_i)$ ⎫
 ⎬ $i=1,\ldots,m$
3. $v_i \in C^2(B_i)$ ⎭

4. Die zweiten Ableitungen von v_i sind für alle kompakten $K \subset B$ auf $B_i \cap K$ beschränkt.

Hierbei soll für ein offenes $\Omega \subset \mathbb{R}^N$ und $T \subset \partial\Omega$ in üblicher Weise $v \in C^k(\Omega \cup T)$, $k \geq 0$, bedeuten, daß v in Ω k-mal stetig differenzierbar ist und daß sich alle partiellen Ableitungen bis zur k-ten Ordnung stetig auf $\Omega \cup T$ fortsetzen lassen.

Offensichtlich sind Unstetigkeiten der ersten Ableitungen von $v \in F(B_1,\ldots,B_m)$ in Punkten aus Δ in Form von Sprüngen zugelassen. Dadurch ist ein Sprungoperator S definiert, der für $v \in F(B_1,\ldots,B_m)$ und $x \in \Delta_1$ den Sprung der Normalableitung von v im Punkte x mißt:

DEFINITION 2.2: Sei $v \in F(B_1,\ldots,B_m)$, $x \in \Delta_1$ und i,j die (eindeutig bestimmten) Indizes mit $x \in \Gamma_i \cap \Gamma_j$. Dann ist der in i und j symmetrische Sprungoperator S durch

$$S[v](x) := \frac{\partial v_i}{\partial n_i}(x) - \frac{\partial v_j}{\partial n_i}(x) \tag{2.1}$$

definiert.

III. Ein verallgemeinertes Maximumprinzip

Gegeben sei ein linearer, gleichmäßig elliptischer Differentialoperator

$$L[u](x) = -\sum_{j,k=1}^{N} a_{jk}(x)\frac{\partial^2 u}{\partial x_j \partial x_k}(x) + \sum_{j=1}^{N} b_j(x)\frac{\partial u}{\partial x_j}(x) + c(x)u(x), \tag{3.1}$$

mit den Eigenschaften

$$\begin{aligned} &a_{jk},\ b_j,\ c \in C(B), \quad j,k=1,\ldots,N, \\ &c(x) \geq 0 \quad \text{für} \quad x \in B. \end{aligned} \tag{3.2}$$

Dann gilt das folgende starke Maximumprinzip für Funktionen aus $F(B_1,\ldots,B_m)$:

SATZ 3.1

Sei L ein linearer, gleichmäßig elliptischer Differentialoperator (3.1) mit den Eigenschaften (3.2). Das Gebiet B sei in Teilgebiete B_i, $i=1,\ldots,m$, zerlegt.
Für $v \in F(B_1,\ldots,B_m)$ gelte

$$L[v_i](x) \leq 0 \quad \text{für} \quad x \in B_i,\ i=1,\ldots,m, \tag{3.3}$$

$$S[v](x) \leq 0 \quad \text{für} \quad x \in \Delta_1 . \tag{3.4}$$

Ist dann

$$M := \max_{x\in\bar{B}} v(x) \geq 0$$

und

$$M = v(x^o) \quad \text{für ein} \quad x^o \in B,$$

so gilt

$$v(x) \equiv M \quad \text{in} \quad \bar{B} .$$

Natürlich gilt auch ein entsprechendes Minimumprinzip, wenn man die Ungleichheitszeichen $\leq$ und $\geq$ vertauscht.

Das "klassische" Maximumprinzip ist in Satz 3.1 mit $m=1$ enthalten. (Dann ist $B=B_1$, $\Delta=\emptyset$, und (3.4) entfällt).

Der Beweis von Satz 3.1 scheint zunächst sehr einfach zu sein: Aus (3.3) folgt mit Hilfe des "klassischen" Maximumprinzips, daß $x^o \in \Delta$, falls $v(x) \not\equiv M$. Ferner kann mit Hilfe eines Lemmas von Hopf (s. Protter/Weinberger [6, S.67]) $x^o \notin \Delta_1$ gezeigt werden. Jedoch erlaubt kein einfacher Schluß, die Möglichkeit $x^o \in (\Delta - \Delta_1)$ auszuschließen.

In Natterer/Werner [5] ist für den Fall des Laplace-Operators in der Ebene bei polygonalen Zerlegungen ein Beweis zu finden, in dem auf direktem Wege $x^o \notin (\Delta - \Delta_1)$ gezeigt wird.

Wir wollen hier jedoch den ebenfalls in [5] durchgeführten Beweisgedanken verfolgen, der einen Zusammenhang mit schwachen Lösungen von Differentialungleichungen (s. Littmann [3], [4]) aufzeigt.

Dazu die

DEFINITION 3.2: Sei $v \in C(\bar{B})$, L durch (3.1), (3.2) gegeben, wobei zusätzlich gilt:

(3.5) $a_{jk} \in C^2(B)$, $b_j \in C^1(B)$, $j,k=1,\ldots,N$.

Sei L^* der zu L adjungierte Differentialoperator. Dann heißt v in B schwach L-subharmonisch, wenn $L[v] \leq 0$ im Distributionensinn, d.h. wenn

(3.6) $\int_B vL^*[\varphi]dx \leq 0$ für alle nichtnegativen Testfunktionen $\varphi \in C_o^\infty(B)$.

Littmann [3] beweist, daß eine schwach L-subharmonische Funktion dem starken Maximumprinzip genügt. Die Beziehung dieser Tatsache zu Satz 3.1 stellt für den Fall glatter Koeffizienten (3.5) das folgende Lemma her, dessen wesentliche Beweisidee schon in [5] zu finden ist:

LEMMA 3.3: Sei $v \in F(B_1,\ldots,B_m)$. Für die Koeffizienten des gleichmäßig elliptischen Differentialoperators (3.1) gelte (3.2) und (3.5). Dann ist v schwach L-subharmonisch genau dann, wenn (3.3) und (3.4) gilt.

Damit kann - unter Heranziehung von [3] - Satz 3.1 für den Fall (3.5) als bewiesen angesehen werden. Bemerkenswert ist jedoch, daß die Gültigkeit des Maximumprinzips für schwach L-subharmonische Funktionen bei konstanten Koeffizienten a_{jk}, b_j und c besonders einfach durch Glättung mit Hilfe eines einfachen Mittelungskerns bewiesen werden kann (s. Natterer/Werner [5, Satz 1]). Für beliebige (nur) stetige Koeffizienten von L kann der Beweis von Satz 3.1 unter Ausnutzung seiner Gültigkeit für konstante Koeffizienten so geführt werden:

Angenommen, die Funktion v in Satz 3.1 ist nicht konstant und nimmt ein nichtnegatives Maximum in B an. Dann kann auf bekannte Weise (s. Protter/Weinberger [6, S. 61 ff]) geschlossen werden:

Es gibt eine offene Kugel K mit $\bar{K} \subset B$, eine Funktion $z \in C^{\infty}(\bar{K})$, ein $\varepsilon > 0$ und ein $\eta < 0$, so daß

$$L[z](x) \leq \eta < 0 \quad \text{für} \quad x \in \bar{K} \tag{3.7}$$

und für

$$w = v + \varepsilon z$$

gilt

$$\widetilde{M} := \max_{x \in \bar{K}} w(x) \geq 0$$

und

$$w(x) < \widetilde{M} \quad \text{für} \quad x \in \partial K . \tag{3.8}$$

Durch
$$B_i^K := B_i \cap K , \quad i=1,\ldots,m,$$

ist eine Zerlegung von K gegeben, wobei man

$$B_i^K \neq \emptyset \quad \text{für} \quad i=1,\ldots,m',$$

für ein $m' \leq m$ annehmen kann.

Mit $v \in F(B_1,\dots,B_m)$ ist dann auch $v \in F(B_1^K,\dots,B_{m'}^K)$.

Wegen der Glattheit von z gilt auch $w \in F(B_1^K,\dots,B_{m'}^K)$.

Aus (3.7) folgt mit (3.3)

$$(3.9) \qquad L[w_i](x) \le \varepsilon\eta < 0 \quad \text{für} \quad x \in B_i^K \;, \quad i=1,\dots,m',$$

wobei

$$w_i := \operatorname*{Res}_{\bar{K}/B_i^K} w \;.$$

Setze

$$A := \{x \in \bar{K} \mid w(x) = \tilde{M}\}.$$

A ist abgeschlossen und nichtleer. Zeigen wir, daß A offen ist, erhalten wir $A = \bar{K}$ und einen Widerspruch zu (3.8):

Sei $x^o \in A$. Betrachte den folgenden Differentialoperator $\hat{L}$ mit konstanten Koeffizienten:

$$\hat{L}[u] \equiv -\sum_{j,k=1}^{N} a_{jk}(x^o)\frac{\partial^2 u}{\partial x_j \partial x_k} + \sum_{j=1}^{N} b_j(x^o)\frac{\partial u}{\partial x_j} + c(x^o)u \;.$$

Es ist

$$(3.10) \qquad \hat{L}[w_i](x) \le L[w_i](x) + \left|\hat{L}[w_i](x) - L[w_i](x)\right|, \quad x \in B_i^K \;, \qquad i=1,\dots,m'.$$

Wegen $\bar{K} \subset B$ und $x^o \in A \subset \bar{K}$ ist $x^o \in B$. Nach Definition 2.1 sind die zweiten Ableitungen von w_i in B_i^K beschränkt. Da a_{jk}, b_j und c stetig in x^o sind, folgt für alle i, für die $x^o \in B_i^K$,

(3.11) $\left|\hat{L}[w_i](x)-L[w_i](x)\right| \to 0$ für $x \to x^o$, $x\varepsilon B_i^K$.

Wegen (3.9) und (3.10) gibt es daher eine offene Kugel $K_1 \subset K$ mit $x^o \varepsilon K^1$ und

$$\hat{L}[w_i](x) \leq 0 \quad \text{für} \quad x\varepsilon K_1 \cap B_i^K , \quad i=1,\dots,m' .$$

Da auch

$$S[w](x) \leq 0 \qquad x \varepsilon \Delta_1 \cap K_1 ,$$

folgt aus der Gültigkeit von Satz 3.1 für konstante Koeffizienten

$$w(x) \equiv M \quad \text{für} \quad x \varepsilon K_1$$

und

$$K_1 \subset A .$$

A ist demnach offen und Satz 3.1 ist bewiesen.

BEMERKUNG: Bedingung 4 von Definition 2.1 wurde für (3.11) benötigt. Bei Lipschitzstetigkeit der $a_{jk}(x)$ in B kann Bedingung 4 abgeschwächt werden zu:

Für $y \varepsilon \Gamma_i$ gilt

(3.12) $$\lim_{\substack{x\to y\\ x\varepsilon B_i}} \left(||x-y|| \frac{\partial^2 w_i}{\partial x_j \partial x_k}(x)\right) = 0 \ ,i=1,\dots,m;j,k=1,\dots,N.$$

Im Falle $N = 2$ ist (3.12) erfüllt, wenn in der Schreibweise der Sobolewschen Räume

$$w_i \varepsilon W_2^2 \, (B_i \cap K) \quad , \quad i=1,\dots,m \text{ für alle kompakten } K \subset B$$

gilt.

Abschwächungen von Bedingung 4 sind von Bedeutung, da bei

Anwendung des Maximumprinzips auf Lösungsschranken die Lösung u in $F(B_1,\dots,B_m)$ liegen muß.

IV. Verallgemeinerte Monotonie bei fastlinearen, elliptischen Randwertaufgaben

Statt (3.1) betrachten wir hier den fastlinearen Differentialoperator

$$L[u](x) = -\sum_{j,k=1}^{N} a_{jk}(x)\frac{\partial^2 u}{\partial x_j \partial x_k}(x) + \sum_{j=1}^{N} b_j(x)\frac{\partial u}{\partial x_j}(x) + c(x,u(x)), x\varepsilon B\subset\mathbb{R}^N, \tag{4.1}$$

mit den Eigenschaften:

(4.2) $a_{jk},\ b_j\ \varepsilon\ C(B),\ j,k=1,\dots,N,\ c\varepsilon C(B\times\mathbb{R})$.

Für jedes x ist $c(x,\cdot) : \mathbb{R}\to\mathbb{R}$ stetig-differenzierbar mit $\frac{\partial c}{\partial u}(x,u) \geq 0$ für alle $x\varepsilon B$, $u\varepsilon\mathbb{R}$.

Der Differentialoperator ist gleichmäßig elliptisch.

Zur Definition des Randoperators R werde der Rand Γ von B zerlegt in

$$\Gamma = \Gamma^1 \cup \Gamma^2 ,$$

wobei Γ^2 nur aus regulären Punkten bestehen möge:

$$R[u](x) = \begin{cases} u(x), & x\varepsilon\Gamma^1, \\ \frac{\partial u}{\partial n}(x) + \alpha(x,u(x)), & x\varepsilon\Gamma^2 , \end{cases} \tag{4.3}$$

wobei n die auf Γ^2 existierende äußere Normale von B ist und $\alpha(x,\cdot) : \mathbb{R}\to\mathbb{R}$ für $x\ \varepsilon\ \Gamma^2$ stetig-differenzierbar mit

(4.4) $\frac{\partial\alpha}{\partial u}(x,u) \geq 0$ für alle $x\varepsilon\Gamma^2$, $u\varepsilon\mathbb{R}$.

Ferner setzen wir noch voraus:

(4.5) Wenn $\Gamma^1 = \emptyset$, soll entweder ein $x\varepsilon\Gamma^2$ mit $\frac{\partial\alpha}{\partial u}(x,u)>0$ für alle $u\varepsilon\mathbb{R}$ oder ein $x\varepsilon B$ mit $\frac{\partial c}{\partial u}(x,u)>0$ für alle $u\ \varepsilon\ \mathbb{R}$ existieren.

Bekanntlich ergibt sich als Korollar aus dem "klassischen" Maximumprinzip die monotone Art von (L,R) auf dem Funktionenraum $C(\bar{B}) \cap C^2(B) \cap C^1(B\cup\Gamma^2)$.

Bei einer Zerlegung von B in Teilgebiete B_i, $i=1,\ldots,m$, kann mit Hilfe des verallgemeinerten Maximumprinzips 3.1 ein Monotonieprinzip für den weit größeren Funktionenraum

(4.6) $$F_R(B_1,\ldots,B_m) := \{v\varepsilon F(B_1,\ldots,B_m) \mid v_i\varepsilon C^1(\bar{B}_i-\Gamma^1),\quad i=1,\ldots,m\}$$

ausgesprochen werden.

Von besonderer Bewandnis sind diejenigen Randpunkte von Γ^2, die von der Zerlegung "getroffen" werden:

$$\hat{\Gamma}^2 := \{x\varepsilon\Gamma^2 \mid \exists\, i,j: i\neq j \text{ mit } x\varepsilon\partial B_i\cap\partial B_j\}$$

Wir müssen (leider) voraussetzen:

(4.7) Für $x\varepsilon\hat{\Gamma}^2$ ist $\frac{\partial\alpha}{\partial u}(x,u) > 0$ für alle $u\varepsilon\mathbb{R}$.

Das bedeutet, daß der Teil des Randes, auf dem eine Randbedingung zweiter Art gegeben ist, nicht von der Zerlegung getroffen werden darf.

Dann gilt der

<u>SATZ 4.1</u> (Monotone Art von (L,R,S) auf $F_R(B_1,\ldots,B_m)$).
B sei ein beschränktes Gebiet des R^N, das in Teilgebiete

B_i, i=1,...,m, zerlegt sei. Gegeben sei der Differentialoperator L in (4.1), der Randoperator R in (4.3) und der Sprungoperator S in (2.1) mit den getroffenen Voraussetzungen (4.2), (4.4), (4.5) und (4.7). Dann ist die Kombination (L,R,S) auf dem Funktionenraum $F_R(B_1,\dots,B_m)$ von monotoner Art, d.h. wenn für $v,w \in F_R$ gilt:

(4.8) $L[v_i](x) \geq L[w_i](x)$ für alle $x \in B_i$, i=1,...,m,

(4.9) $v(x) \geq w(x)$ für alle $x \in \Gamma^1$,

(4.10) $\frac{\partial v_i}{\partial n}(x) + \alpha(x,v(x)) \geq \frac{\partial w_i}{\partial n}(x) + \alpha(x,w(x))$
für alle $x \in \Gamma^2 \cap \partial B_i$,

(4.11) $S[v](x) \geq S[w](x)$ für alle $x \in \Delta_1$,

dann gilt

(4.12) $v(x) \geq w(x)$ für alle $x \in \bar{B}$.

Beweis: Angenommen, (4.12) ist falsch. Dann gilt mit $z := w-v$

$$M := \max_{x \in \bar{B}} z(x) > 0.$$

Wegen der Linearität von S ist

(4.13) $S[z](x) \leq 0$ für alle $x \in \Delta_1$.

Ferner ist nach dem Mittelwertsatz

(4.14) $L[w_i](x) - L[v_i](x) = \hat{L}[z_i](x) \leq 0$ für alle $x \in B_i$

mit

$$\hat{L}[u](x) := -\sum_{j,k=1}^{N} a_{jk}(x)\frac{\partial^2 u}{\partial x_j \partial x_k}(x) + \sum_{j=1}^{N} b_j(x)\frac{\partial u}{\partial x_j}(x) + \frac{\partial c}{\partial u}(x,\xi(x))\cdot u(x),$$

wo

$$c(x,w(x)) - c(x,v(x)) = \frac{\partial c}{\partial u}(x,\xi(x))\cdot z(x).$$

Wendet man auf $\hat{L}$ und z das Maximumprinzip 3.1 an - die Voraussetzungen sind mit (4.13) und (4.14) erfüllt- so ergibt sich, daß entweder

a.) $z \equiv M$

oder

b.) $M = z(x^o) \implies x^o \varepsilon \Gamma$.

Der Fall a.) kann auf Grund von (4.5) ausgeschlossen werden, so daß Fall b.) zutrifft.

Für ein $x^o \varepsilon \Gamma$ gelte

$$z(x^o) = M.$$

Wegen (4.9) folgt

$$x^o \ \varepsilon \ \Gamma^2 .$$

Wir unterscheiden zwei Fälle:

1.) $x^o \notin \hat{\Gamma}^2$: Dann ist $x^o \varepsilon \partial B_i$ für genau ein i, und x^o ist regulärer Randpunkt von B_i, so daß ein Lemma von Hopf (s. Protter/Weinberger [6, S.67]) liefert:

(4.15) $$\frac{\partial z_i}{\partial n}(x^o) > 0$$

im Widerspruch zu (4.10) unter Berücksichtigung von (4.4).

2.) $x^o \varepsilon \hat{\Gamma}^2$: Sei i so ausgewählt, daß $x^o \varepsilon \partial B_i$ und die Strecke $\{x=x^o-\tau n \mid 0<\tau\leq\delta\}$ für jedes $\delta>0$ mit $\bar{B}_i$ nichtleeren Durchschnitt hat. Dann gilt

$$\frac{\partial z_i}{\partial n}(x^o) \geq 0$$

(aber nicht notwendig (4.15), da x^o bzgl. B_i nicht regulär ist). Jetzt kommt (4.7) zum Zuge, so daß ebenfalls ein Widerspruch zu (4.10) entsteht.

Damit ist Satz 4.1 bewiesen.

Um diesen Monotoniesatz zu einer punktweisen Einschließung der Lösung einer Randwertaufgabe

(4.16) $$L[u]=f \;,\; R[u]=g$$

nutzen zu können, liegt es auf der Hand, die folgenden Forderungen zu stellen:

L,R,f,g, das Gebiet B und die Zerlegung von B seien so beschaffen, daß eine Lösung u von (4.16) mit

(4.17) $$u \;\varepsilon\; F_R\;(B_1,\ldots,B_m)\;,$$

(4.18) $$S[u](x) = 0 \qquad \forall\, x\varepsilon\Delta_1\;,$$

existiert. Dabei soll u Lösung von (4.16) heißen, falls

(4.19) $$L[u](x) = f(x) \qquad \text{für} \quad x \;\varepsilon \bigcup_{i=1}^{m} B_i\;,$$

$$R[u](x) = g(x) \qquad \text{für} \quad x\varepsilon\Gamma\;.$$

(4.17) und (4.18) sind natürlich für klassische Lösungen $u \;\varepsilon\; C^2(B) \cap C(\bar{B})$ erfüllt, (4.18) trifft im Falle $u \;\varepsilon\; C^1(B)$ zu.

Im Prinzip können also auch Schranken für Aufgaben (4.16) mit unstetiger rechter Seite f gewonnen werden, sofern die Unstetigkeiten nur in Δ auftreten. Obere Schranken $v \in F_R$ müssen neben

$$L[v_i](x) \geq f(x) \quad \text{für} \quad x \in B_i \ , \ i=1,\ldots,m,$$

$$R[v](x) \geq g(x) \quad \text{für} \quad x \in \Gamma,$$

der Sprungbedingung

$$S[v](x) \geq 0 \qquad \text{für} \quad x \in \Delta_1$$

genügen. Entsprechend ist für untere Schranken $w \in F_R$

$$S[w](x) \leq 0 \qquad \text{für} \quad x \in \Delta_1$$

zu erfüllen.

V. Polynom-Splines als Lösungsschranken

Es liegt nahe, über den Monotoniesatz 4.1 die Lösung u von Randwertaufgaben (4.16) durch Polynom-Splines punktweise in Schranken einzuschließen, die bei der Methode der finiten Elemente Verwendung finden. Dabei beschränken wir uns auf ebene (N=2) Polygon-Gebiete B und im wesentlichen auf Zerlegungen in Dreiecke.
Polynom-Splines sind Funktionen aus

$$\Pi_k(B_1\ldots,B_m)=\{v \in C(\bar{B}) \,\Big|\, v_i \text{ ist auf } B_i \text{ ein Polynom vom Grade } \leq k\} ,$$

Natürlich gilt $\Pi_k(B_1,\ldots,B_m) \subset F(B_1,\ldots,B_m)$.

Sei T_k ein Teilraum von $\Pi_k(B_1,\ldots,B_m)$. Eine mit Hilfe von Satz 4.1 gewonnene obere Schranke $v \in T_k$ für die Lösung u von (4.16) liegt in

$$T_{k,1} := \{v \in T_k \mid L[v] \geq L[u] \ , \ R[v] \geq R[u] \ , \ S[v] \geq 0\} \ ,$$

eine untere Schranke in

$$T_{k,2} := \{w \in T_k \mid L[w] \leq L[u] \ , \ R[w] \leq R[u] \ , \ S[w] \leq 0\} \ .$$

Dann ist für ein $x \in B$

$$\rho(T_k, u; x) := \min_{\substack{v \in T_{k,1} \\ w \in T_{k,2}}} (v(x) - w(x))$$

ein Maß für die "monotone Approximierbarkeit" der Lösung u durch Elemente von T_k an der Stelle x.

Die Bestimmung von v^o und w^o mit

$$\rho(T_k, u; x) = v^o(x) - w^o(x) \quad , \ v^o \in T_{k,1}, \ w^o \in T_{k,2} \ ,$$

ist bei Einführung einer Basis von T_k äquivalent mit einem Optimierungsproblem, dessen Zielfunktion und durch S induzierte Restriktionen linear sind. Die Linearität der restlichen Restriktionen hängt von der Linearität von L und R ab.

Für die Auswahl eines geeigneten T_k zur punktweisen Einschließung ist also neben einer ausreichenden monotonen Approximierbarkeit die Existenz einer Basis von T_k maßgebend, für die die Restriktionen eine gut zu handhabende Form annehmen.

Lineare und quadratische Splines auf triangulierten Gebieten sowie bilineare Splines auf Rechteck-Gittern liefern keine ausreichende monotone Approximierbarkeit. Man kann schon bei Dirichletproblemen

$$\Delta u = 0 \text{ in } B \,, \quad u = g \text{ auf } \Gamma \,,$$

nur grobe Schranken erwarten, die sich bei einer Verfeinerung der Zerlegung nicht notwendig verbessern lassen (s.[10]).

Brauchbare und verbesserbare Einschließungen sind jedoch mit den sogenannten kubischen Z_3-Splines oder den T 10-Elementen (s. Strang/Fix [9 , S.79 f])möglich:

Dabei wird das Gebiet B so in Dreiecke D_i, $i=1,\ldots,m$, zerlegt, daß benachbarten Dreiecken entweder ein Eckpunkt oder eine Seite gemeinsam sind. Ein kubischer Z_3-Spline ist ein kubischer Spline aus $\Pi_3(D_1,\ldots,D_m)$, der in den Eckpunkten der Dreiecke D_i (aber nicht notwendig in ganz B) differenzierbar ist. Er ist eindeutig durch Funktionswerte und erste Ableitungen in den Eckpunkten sowie durch den Funktionswert im Schwerpunkt bestimmt.

Eine Sprungbedingung

(5.1) $\quad S[v](x) \geq 0 \quad$ für $\quad x \in \partial D_1 \cap \partial D_2$

läßt sich für benachbarte Dreiecke als eine einzige lineare Ungleichung schreiben. Denn sei $\overline{P_3P_2}$ eine gemeinsame Seite von D_1 und D_2 mit Normale n_1. Die Normalableitung - ein quadratisches Polynom - macht in P_3 und P_2 keinen Sprung. Daher genügt es, (5.1) für den Mittelpunkt von $\overline{P_3P_2}$ zu fordern.

<u>Beispiel 1</u>:

$B = \{(x_1,x_2) \mid 0 \leq x_i \leq 1, \ i = 1,2\}$

Wir betrachten das Dirichletproblem (s. Fig. 2)

$$\Delta u = 0 \quad \text{in} \quad B$$

$$u = 0 \qquad \text{auf } \overline{P_2P_3}$$

$$u = \cos \tfrac{\pi}{2}x_2 \qquad \text{auf } \overline{P_1P_2}$$

$$u = e^{\frac{\pi}{2}x_1} \qquad \text{auf } \overline{P_1P_4}$$

$$u = e^{\frac{\pi}{2}} \cos\tfrac{\pi}{2}x_2 \qquad \text{auf } \overline{P_4P_3}$$

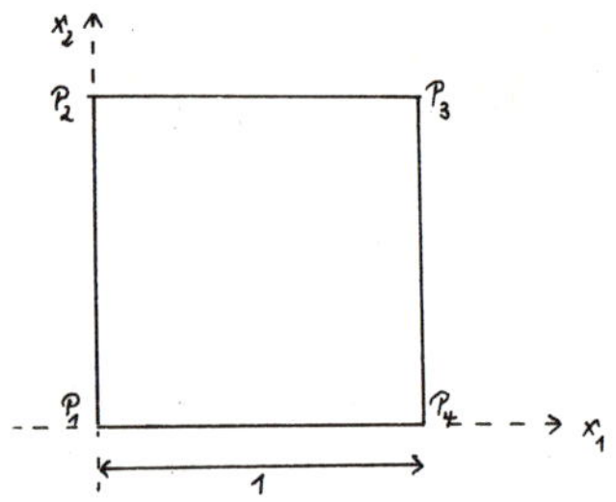

Fig. 2

Die exakte Lösung ist

$$u(x) = e^{\frac{\pi}{2}x_1} \cos\tfrac{\pi}{2}x_2 \quad .$$

Im folgenden wird zur Nachprüfung von $R[v] \geq R[u]$ oder $R[u] \geq R[w]$ eine Diskretisierung des Randes in 48 Teilpunkte vorgenommen.

a) Die beste Abschätzung für $u(0.5,0.5)$, die man mit kubischen Polynomen in B auf Grund der "klassischen" Monotonie erhält, lautet

$$1.45 \leq u(0.5,0.5) \leq 1.59.$$

Die Anzahl der Variablen - die Koeffizienten des Polynoms - ist hierbei 10, die der Restriktionen 51.

b) Trianguliere B mit der Schrittweite $h = 1/2$ (Fig. 3)

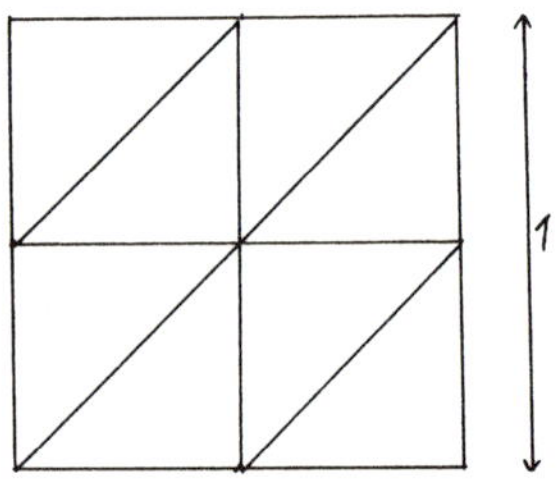

Fig. 3

Die beste Abschätzung für $u(0.5,0.5)$, die man mit Hilfe der kubischen Z_3-Splines über Satz 4.1 erhält, ist

$$1.494 \leq u(0.5,0.5) \leq 1.58.$$

Dabei stehen 35 Variable 80 Ungleichungen gegenüber (die Bedingung $\Delta v_i \leq 0$ in D_i ist mit drei Ungleichungen äquivalent, da Δv_i eine lineare Funktion ist).

c) Trianguliert man B mit der Schrittweite $h = 1/4$, so erhält man eine Einschließung von

$$1.536 \leq u(0.5,0.5) \leq 1.5686 .$$

Die exakte Lösung ist

$$u(0.5,0.5) = 1.5509.$$

Beispiel 2:

B sei wie in Beispiel 1 gewählt. Wir betrachten das Dirichletproblem

$$\Delta u(x) = \begin{cases} -1 & \text{für } x_1 < 0.5,\ x_2 > 0.5 \\ -2 & \text{für } x_1 > 0.5,\ x_2 > 0.5 \\ -3 & \text{für } x_1 < 0.5,\ x_2 < 0.5 \\ -4 & \text{für } x_1 > 0.5,\ x_2 < 0.5 \end{cases}$$

$$u(x) = 0 \qquad \text{für } x \in \Gamma = \partial B.$$

Die Lösung dieser Aufgabe erfüllt die Voraussetzungen (4.17) und (4.18). Bei einer Triangulierung wie in Fig. 3 ($h = \frac{1}{2}$) erhält man z.B. für den Punkt (0.5,0.5)

$$(5.2) \qquad 0.312 \leq u(0.5,0.5) \leq 0.488.$$

Auch hier sind die Bedingungen

$$\Delta v_i \leq -k, \ k = 1,\dots,4,$$

mit drei Ungleichungen äquivalent.

Für $h=1/4$ verbessert sich (5.2) zu

$$0.34 \leq u(0.5,0.5) \leq 0.401 \ .$$

Die numerischen Ergebnisse legen für die beiden Beispiele die Vermutung

$$\rho(T_3,u;x) = O(h)$$

nahe, wenn $T_3 \subset \mathbb{T}_3(D_1,\dots,D_m)$ der Raum der kubischen Z_3-Splines ist.

Genaue Untersuchungen der monotonen Approximierbarkeit stehen noch aus.

Literatur

1. Collatz, L.: Aufgaben monotoner Art, Arch. Math. 3 (1952), 366-376.
2. Collatz, L.: Vortrag auf dem Symposium über "Numerische Methoden bei partiellen Differentialgleichungen" in Keszthely, Ungarn, September 1973, erscheint demnächst.
3. Littmann, W.: A strong maximum principle for weakly L-subharmonic functions, J. of Math. and Mech. 8 (1959), 761-770.
4. Littmann, W.: Generalized subharmonic functions: monotonic approximations and an improved maximum principle, Annali delle Scuola Norm. Sup. di Pisa., (3) 17 (1963), 207-222.
5. Natterer, F. und B. Werner: Verallgemeinerung des Maximumprinzips für den Laplace-Operator. Num. Math. 22 (1974), 149-156.
6. Protter, M.H. und H.F. Weinberger: Maximum principles in differential equations, Prentice-Hall, (1967).
7. Redheffer, R.: Bemerkungen über Monotonie und Fehlerabschätzungen bei nichtlinearen partiellen Differentialgleichungen, Arch. for Rat. Mech. and Anal. 10 (1962), 427-457.
8. Schröder, J.: Upper and lower bounds for the solutions of two-point boundary value problems. (1974); Erscheint demnächst.

9. Strang, G. und G.J. Fix: An analysis of the finite element method, Prentice-Hall (1973).
10. Werner, B.: Verallgemeinerte Monotonie mit Anwendungen auf Spline-Funktionen. Habilitationsschrift an der Universität Hamburg, (1974).
11. Westphal, H.: Zur Abschätzung der Lösungen nichtlinearer parabolischer Differentialgleichungen, Math. Zeitschr. 51, (1949), 690-695.
12. Wetterling, W.: Lösungsschranken bei elliptischen Differentialgleichungen ISNM 9 (1968), 393-401, Birkhäuser-Verlag.

Dr. Bodo WERNER

Institut für Angewandte Mathematik
der Universität Hamburg

2 - Hamburg 13

Rothenbaumchaussee 41

ISNM 27 Birkhäuser Verlag, Basel und Stuttgart, 1975 331

LAGRANGIAN FINITE ELEMENT AND FINITE DIFFERENCE METHODS FOR POISSON PROBLEMS

J. R. Whiteman

The use of Lagrangian finite element methods for solving a Poisson problem produces systems of linear equations, the global stiffness equations. The components of the vectors which are the solutions of these systems are approximations to the exact solution of the problem at nodal points in the region of definition. There is thus associated with each nodal point an equation which can be thought of as a difference equation. Difference equations resulting from the use of polynomial trial functions of various orders on regular meshes of square and isosceles right triangular elements are derived. The rival merits of this technique of setting up a standard difference equation, as distinct from the more usual practice with finite elements of the repeated use of local stiffness matrices, are considered.

1. Introduction and Finite Element Method

Two methods for producing numerical approximations to the solutions of elliptic boundary value problems are those of finite elements and finite differences. However, these methods are closely related. In this paper an approach is adopted whereby the linear equation which results at a mesh point from the application of the finite element method is regarded as a difference equation. Thus emphasis is placed on the idea of using the finite element method with a regular grid to produce difference molecules which are used repeatedly over the mesh and which change only when affected by the boundary.

The discussion is restricted to two dimensional Poisson problems with Dirichlet boundary conditions. Let the function u(x,y) be the solution of the problem

$$\left.\begin{aligned} -\Delta[u(x,y)] &= g(x,y)\,, \qquad (x,y) \in \Omega\,, \\ u(x,y) &= 0\,, \qquad (x,y) \in \partial\Omega\,, \end{aligned}\right\} \quad (1)$$

where $\Omega \subset E^2$ is an open bounded domain with polygonal boundary $\partial\Omega$, Δ is the Laplacian operator and $g \in L_2(\Omega)$. Under these assumptions the solution u(x,y) of (1) minimizes the energy functional

$$I[v] = \iint_\Omega \left[\left(\frac{\partial v}{\partial x}\right)^2 + \left(\frac{\partial v}{\partial y}\right)^2 - 2gv\right] dxdy \qquad (2)$$

over the class of functions $\overset{o}{W}{}^1_2(\Omega)$, see Zlamal [11]. As usual $W^1_2(\Omega)$ is the Sobolev space of functions which together with their first generalized derivatives exist and are in $L_2(\Omega)$, and $\overset{o}{W}{}_2^1(\Omega)$ is the subspace of functions in $W_2^1(\Omega)$ which are identically zero on $\partial\Omega$.

The region Ω is divided into a number of non-overlapping triangular or rectangular elements, and it is assumed that on the partition there are m mesh nodes in Ω and n nodes on $\partial\Omega$.

An approximation $U(x,y)$ to $u(x,y)$ is constructed using the Ritz method by solving

$$\min_{\overset{o}{S}{}^h}\Big(I[V]\Big) , \tag{3}$$

where $\overset{o}{S}{}^h$ is an m-dimensional subspace of $\overset{o}{W}{}_2^1(\Omega)$, and the parameter h is a measure of the size of the elements. The finite dimensional space $\overset{o}{S}{}^h$ consists of functions which are piecewise polynomial over Ω, and satisfy the homogeneous boundary conditions on $\partial\Omega$.

In each element for Lagrangian methods the choice of the approximating function is motivated by an interpolating function which takes the values of u at k nodes in the element. Let the interpolant $\tilde{u}$ in each element have the form

$$\tilde{u}(x,y) = \sum_{i=1}^{k} u_i \phi_i(x,y) , \tag{4}$$

where the ϕ_i are the cardinal basis functions (shape functions) of the interpolation with respect to the values u_i of u at the k nodal points. Note that in (4) the numbering of the shape functions is local to the element. The approximating function $U^e(x,y)$ then has in each element the form

$$U^e(x,y) = \sum_{i=1}^{k} U_i^e \, \phi_i(x,y) \, , \qquad (5)$$

where now the U_i^e are the values of U at the same nodal points of the element as those of u in (4). For the whole of Ω the nodes have a global ordering $p = 1,2,..,m$, and the collection of all shape functions associated with the pth node defines a function $B_p(x,y)$. This method of construction results in the B_p being nonzero only in elements which contain the pth node. Thus the shape functions ϕ of (4) and (5), considered over the total number of elements in Ω, form the linearly independent set

$$\{B_p\} \, , \qquad p = 1,2,...,m,$$

members of which span the space $\overset{o}{S}{}^h$. A function $V \in \overset{o}{S}{}^h$ can therefore be written as

$$V(x,y) = \sum_{p=1}^{m} U_p \, B_p(x,y) \, . \qquad (6)$$

In order that $\overset{o}{S}{}^h$ may be a subspace of $\overset{o}{W}{}_2^1(\Omega)$, the interpolating polynomials and nodes in each element must be chosen so that $V \in \overset{o}{S}{}^h$ satisfies certain continuity properties across interelement boundaries. The condition that $\overset{o}{S}{}^h \subset W_2^1$ is the <u>conforming condition</u>, and for problems of type (1) it is that $\overset{o}{S}{}^h \subset C^o(\overline{\Omega})$, where $\overline{\Omega} \equiv \Omega \cup \partial\Omega$.

Since $\overset{o}{S}{}^h \subset \overset{o}{W}{}_2^1(\Omega)$, $V \in \overset{o}{S}{}^h$ is an admissible function (see [8])so that we may write

$$I[V] = \sum_e \iint_{\Omega_e} \left[\left(\frac{\partial V}{\partial x}\right)^2 + \left(\frac{\partial V}{\partial y}\right)^2 - 2gV \right] dxdy$$

$$\equiv \sum_e I[U^e] \ , \qquad (7)$$

where U^e is the local trial function in the eth element and Ω_e is the area of that element. From (5) and (7) it follows that for the eth element

$$\begin{aligned} I[U^e] &= I[\sum_{i=1}^{k} U_i^e \ \phi_i(x,y)] \ , \\ &= [U^e]^T_{1xk} \ K^e_{kxk} \ U^e_{kx1} - 2[U^e]^T_{1xk} \ z_{kx1}, \end{aligned} \qquad (8)$$

where, see Zlamal [11], K^e is the element stiffness matrix, $U^e \equiv vec(U_1^e, U_2^e, \ldots, U_k^e)$, and z is a column vector the components of which depend on g(x,y). The summing of $I[U^e]$ to form I[V] as in (7) produces a quadratic function of the variables $U_1, U_2, \ldots, U_m$, where these U's are simply the total number over all the elements of the U_i^e associated with the m nodes in Ω. The vector $U \equiv vec(U_1, U_2, \ldots, U_m)$ can be found by solving the linear system

$$\frac{\partial I[V]}{\partial U_p} = 0 \ , \qquad p = 1, 2, \ldots, m, \qquad (9)$$

which, after the boundary conditions have been taken into account, is written

$$KU = Z \ . \qquad (10)$$

The mxm matrix K is the global stiffness matrix. Substitution of U in (6) gives the approximation U(x,y) to the solution u(x,y) of (1).

2. Difference Stars Using Langrangian Interpolation with C^0 Approximating Functions

The above procedure may be termed a standard finite element approach for setting up the global stiffness equations (10), and requires that the local stiffness matrix K^e be calculated for each element. For a regular mesh, using co-ordinates local to each element, the K^e will all be the same. However, their repeated use will be necessary for the construction of (10).

An alternative method, which is useful for regular meshes, is suggested by thinking of the equations (10) as difference equations, so that the equation $\partial I[V]/\partial U_p = 0$ is the difference equation at the pth node. Nonzero contributions to the function $\partial I[V]/\partial U_p$ come only from the set of elements, $\{N_p\}$, which contain the pth node. Thus the summation in (7) need only be performed over these elements. The technique adopted here is for every node in Ω to form $I[U^e]$, and hence $\partial I[U^e]/\partial U_p$, for all elements of $\{N_p\}$ and then to form

$$\sum_{N_p} \frac{\partial I[U^e]}{\partial U_p} = 0 . \qquad (11)$$

Equation (11) is exactly the pth equation of (9). As a difference equation it is derived only once. However, the region Ω is covered with a regular mesh, and so equation (11) is used for all nodal points at which the element configuration is as in $\{N_p\}$. As before the boundary conditions have to be taken into account.

In Sections 2.1 - 2.3 various interpolating functions are used to produce difference molecules at nodes on regular triangular and square meshes. As the main interest is the form of the difference molecules at general interior mesh nodes, no account is taken of the boundary or boundary conditions.

2.1 Standard Triangular Elements

Consider a mesh made up entirely of isosceles right angled triangles as in Figure 1.

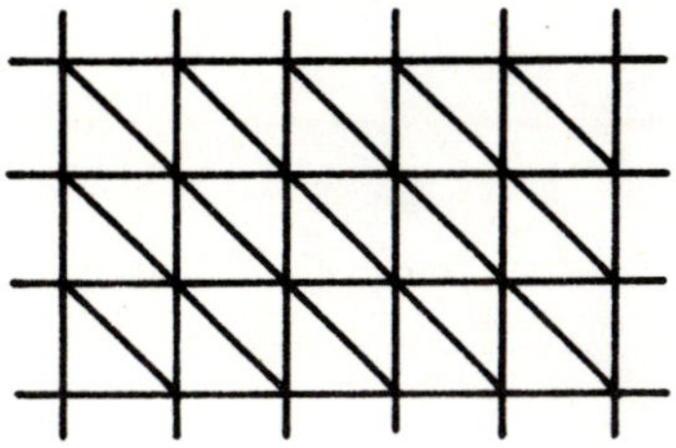

Figure 1

The complete M^{th} order polynomial

$$L_M(x) \equiv \sum_{i+j=0}^{M} \alpha_{ij}\, x^i\, y^j$$

can be used to interpolate a function at $k = \frac{1}{2}(M+1)(M+2)$ symmetrically placed nodes in a triangle. This k is the same as the upper limit of summation of the series in (5). Interpolation using different orders of polynomial is now illustrated.

Linear Interpolation; $M = 1$

Here $k = 3$ and in any triangle of the mesh the nodes are taken at the vertices. Linear interpolation to the values of U at these nodes produces over Ω a global approximating function which is continuous, so that the conforming condition is satisfied.

Use is now made of the standard triangle T, see Birkhoff and Mansfield [1]. In terms of local co-ordinates (X,Y) this has vertices
$1 \equiv (0,0)$, $2 \equiv (h,0)$ and $3 \equiv (0,h)$, as in Figure 2.

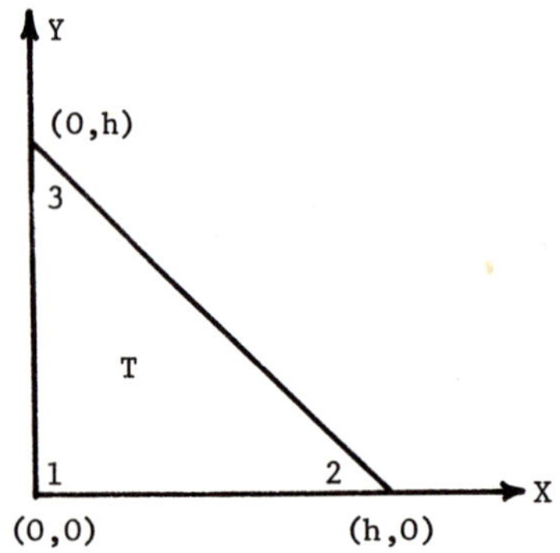

Figure 2

The function which is linear in X and Y and which interpolates to the values $U_1^e \equiv U^e(0,0)$, $U_2^e \equiv U^e(h,0)$, $U_3^e \equiv U^e(0,h)$ can be written in cardinal basis form as

$$U^e(X,Y) = U_1^e(1-X/h-Y/h) + U_2^e X/h + U_3^e Y/h \;. \tag{12}$$

Thus for the standard triangle, if $G(X,Y) \equiv g(x,y)$,

$$I[U^e] = \iint_T \Big[\frac{1}{h^2}\{(U_2^e-U_1^e)^2 + (U_3^e-U_1^e)^2\}$$

$$- 2G(X,Y)\{U_1^e(1-\frac{X}{h} - \frac{Y}{h}) + U_2^e \frac{X}{h} + U_3^e \frac{Y}{h}\}\Big]dXdY$$

$$= \tfrac{1}{2}\{(U_2^e-U_1^e)^2 + (U_3^e-U_1^e)^2\} - 2F^e(U_1^e,U_2^e,U_3^e) \ , \quad (13)$$

where F^e is the appropriate linear function of the variables U_1^e, U_2^e, U_3^e, so that

$$\frac{\partial I[U^e]}{\partial U_1^e} = 2U_1^e - U_2^e - U_3^e - 2\,\frac{\partial F^e}{\partial U_1^e} \ , \quad (14)$$

$$\frac{\partial I[U^e]}{\partial U_2^e} = U_2^e - U_1^e - 2\,\frac{\partial F^e}{\partial U_2^e} \quad (15)$$

and

$$\frac{\partial I[U^e]}{\partial U_3^e} = U_3^e - U_1^e - 2\,\frac{\partial F^e}{\partial U_3^e} \ . \quad (16)$$

Any interior point of the mesh is a node for six elements, the assemblage of these being as in Figure 3. In particular the pth node of the global ordering may be taken as the node 1 of the standard triangle T. Considering only the part of I[U]which is associated with the Laplacian $-\Delta U$, it follows from (14) that the contribution to $\frac{\partial I[U]}{\partial U_p}$ from the triangle T at the point $(x,y)\in\Omega$ is

$$2\,U(x,y) - U(x+h,y) - U(x,y+h) \ .$$

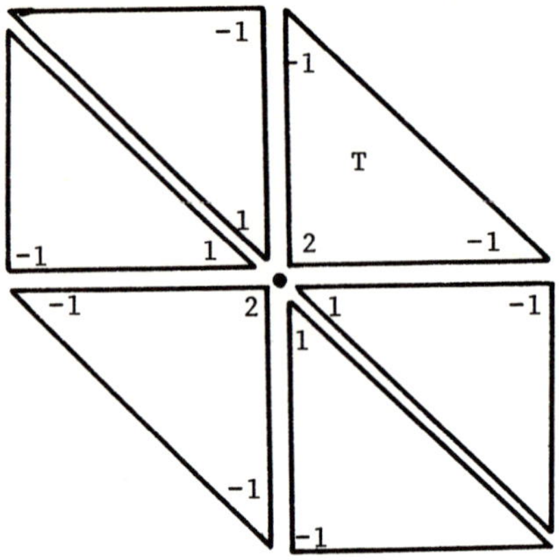

Figure 3

The contributions from the other five elements of N_p follow immediately from (14)-(16) using symmetry, and on summation produce at the point (x,y) the familiar five-point finite difference replacement

$$4\ U(x,y) - U(x+h,y) - U(x,y+h) - U(x-h,y) - U(x,y-h) \tag{17}$$

for the Laplacian, which has $O(h^2)$ local discretization error.

The fact that this five point formula can be obtained using linear interpolants is well known, and has been pointed out by Fix and Strang [6], Pian [7] and Whiteman [10].

Quadratic Interpolation; M = 2

Here k = 6 and in any triangle the nodes are taken as the vertices and the centre points of the sides. Interpolation with the complete quadratic in x and y to values at these nodes again produces a continuous global approximating function. For the standard triangle the quadratic interpolant to the function values U_i^e, i = 1, 2, ..., 6 at the six nodes $1 \equiv (0,0)$, $2 \equiv (h,0)$, $3 \equiv (0,h)$, $4 \equiv (\frac{h}{2},0)$, $5 \equiv (\frac{h}{2},\frac{h}{2})$, $6 \equiv (0,\frac{h}{2})$ can be written in cardinal basis form as

$$U^e(X,Y) = U_1^e(1-\frac{X}{h}-\frac{Y}{h})(1-\frac{2X}{h}-\frac{2Y}{h}) + U_2^e\frac{X}{h}(\frac{2X}{h}-1) + U_3^e\frac{Y}{h}(\frac{2Y}{h}-1)$$

$$+ U_4^e 4\frac{X}{h}(1-\frac{X}{h}-\frac{Y}{h}) + U_5^e 4\frac{X}{h}\frac{Y}{h} + U_6^e 4\frac{Y}{h}(1-\frac{X}{h}-\frac{Y}{h}) \ . \quad (18)$$

In a completely analogous manner to that used with linear interpolation, the interpolant (18) leads at a mesh point with co-ordinates (x,y), which is a vertex of a triangle, to a non-standard nine-point difference replacement for the Laplacian of the form

$$12U(x,y) - 4\{U(x+\frac{h}{2},y) + U(x,y+\frac{h}{2}) + U(x-\frac{h}{2},y) + U(x,y-\frac{h}{2})\}$$

$$+ U(x+h,y) + U(x,y+h) + U(x-h,y) + U(x,y-h) \ . \quad (19)$$

Formula (19) is clearly a combination of five-point replacements at (x,y) based on mesh lengths h and $\frac{h}{2}$.

However, at a mid-side node (e.g. nodes 4,5 or 6 of the standard triangle) contributions to $\partial I[U]/\partial U_P$

come only from two elements, and in this case the difference replacement is again the familiar five-point formula (17), except that now it is based on a mesh of length h/2.

It is thus clear that the use of this form of quadratic interpolation leads to a double system of difference equations the form of which differs between vertex and mid-side nodes.

Cubic and Higher Order Interpolation

In the previous two cases the difference replacements produced have been either of a familiar form or closely related to this. There is with the increase in order of interpolating polynomial an increase in the number of nodes in each triangle ($M = 3$, $k = 10$; $M = 4$ $k = 15$;...). There are also more classes of nodes and for each class the replacement is so complicated as to be worthless in its own right as a difference replacement.

As an illustration, we give in Figure 4 in tabular form the replacement at a mesh point which is an element vertex obtained using cubic interpolants to function values at the vertices, the points of trisection of the sides and the centre of the triangle of the mesh of isosceles right angled triangles.

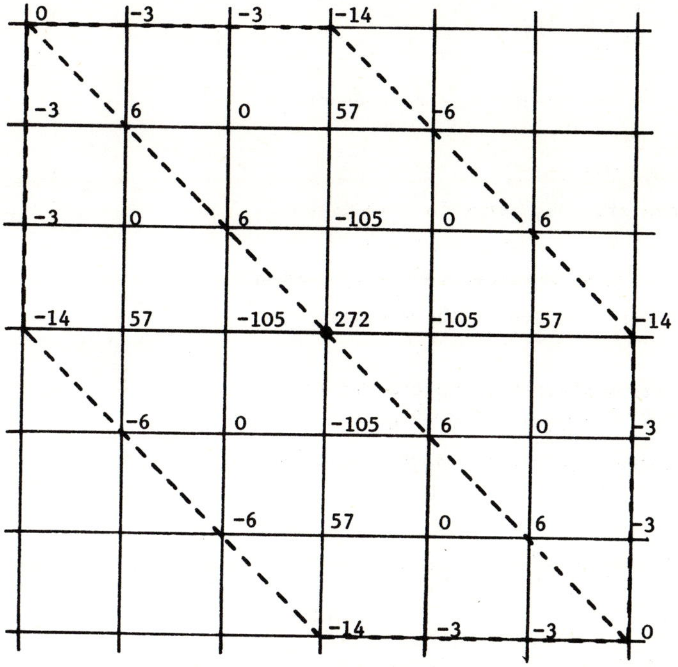
0
-3
-3
-14
-3
6
0
57
-6
-3
0
6
-105
0
6
-14
57
-105
272
-105
57
-14
-6
0
-105
6
0
-3
-6
57
0
6
-3
-14
-3
-3
0

Figure 4.

2.2 Standard Square Elements

Consider now a mesh made up entirely of squares of side h. The interpolation is performed with polynomials of the form

$$Q_M(x,y) = \sum_{i=0}^{M} \sum_{j=0}^{M} \alpha_{ij}\, x^i\, y^j \,,$$

where successively M = 1 (bilinear), M = 2 (biquadratic) etc.

Bilinear Interpolation; M = 1

In this case there are four terms in $Q_1(x,y)$ so that, using square elements, a continuous global approximating function can be obtained if interpolation to function values at the corners of the squares is performed.

The bilinear function which interpolates to the values $U_1^e \equiv U^e(0,0)$, $U_2^e \equiv U^e(h,0)$, $U_3^e \equiv U^e(h,h)$, $U_4^e \equiv U^e(0,h)$ at the corners of the standard square is, in cardinal basis form

$$U^e(X,Y) = U_1^e(1-\frac{X}{h})(1-\frac{Y}{h}) + U_2^e\frac{X}{h}(1-\frac{Y}{h}) + U_3^e\frac{X}{h}\frac{Y}{h} + U_4^e(1-\frac{X}{h})\frac{Y}{h} \,. \tag{20}$$

Use of (20) leads at a point (x,y) of the mesh to another non-standard nine-point finite difference replacement for the Laplacian of the form

$$8U(x,y) - U(x+h,y) - U(x,y+h) - U(x-h,y) - U(x,y-h)$$

$$- U(x+h,y+h) - U(x-h,y+h) - U(x-h,y-h) - U(x+h,y-h). \tag{21}$$

This replacement has $O(h^2)$ local discretization error, and is given by Birkhoff, Schultz and Varga in [2].

Biquadratic Interpolation; $M = 2$

For biquadratic interpolation nine nodes on the standard square are used, and these are taken at the points $1 \equiv (0,0)$, $2 \equiv (\frac{h}{2},0)$, $3 \equiv (h,0)$, $4 \equiv (0,\frac{h}{2})$, $5 \equiv (\frac{h}{2},\frac{h}{2})$, $6 \equiv (h,\frac{h}{2})$, $7 \equiv (0,h)$, $8 \equiv (\frac{h}{2},h)$, $9 \equiv (h,h)$.

The biquadratic interpolant to function values at these nodes is, in cardinal basis form,

$$\begin{aligned} U^e(X,Y) = {} & \{U_1^e\, p(X) + U_2^e\, q(X) + U_3^e\, r(X)\}\, p(Y) \\ & +\{U_4^e\, p(X) + U_5^e\, q(X) + U_6^e\, r(X)\}\, q(Y) \\ & +\{U_7^e\, p(X) + U_8^e\, q(X) + U_9^e\, r(X)\}\, r(Y)\,, \qquad (22) \end{aligned}$$

where $p(t) = (1-t)(1-2t)$,

$$q(t) = 4t(1-t)\ ,$$

$$r(t) = t(2t-1)\ .$$

Use of (22) leads at a node (x,y) which is a corner of a mesh square to the twenty-five-point replacement of Figure 5.

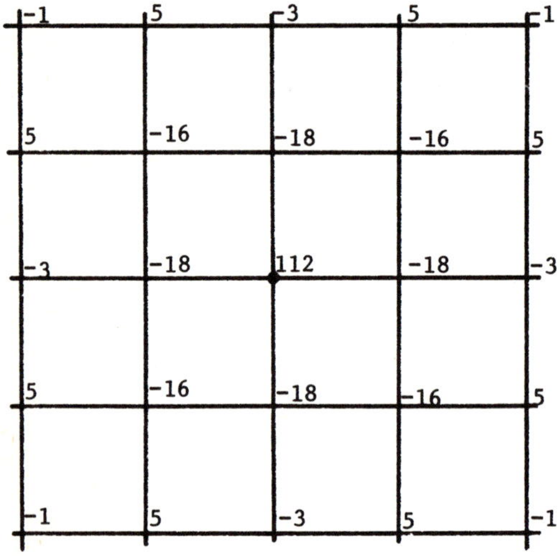

Figure 5

At nodes which are respectively centre points of the squares and mid-points of sides of squares the replacements of Figures 6 and 7 are obtained. The difference replacements of Figures 5, 6 and 7 all have $O(h^2)$ local discretization errors.

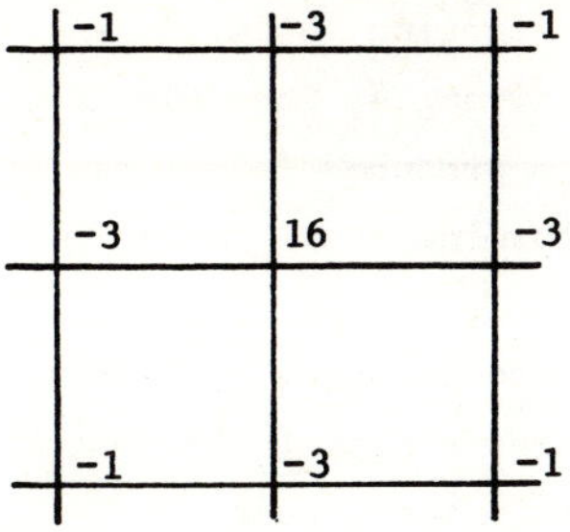

Figure 6 (Mid-point of square)

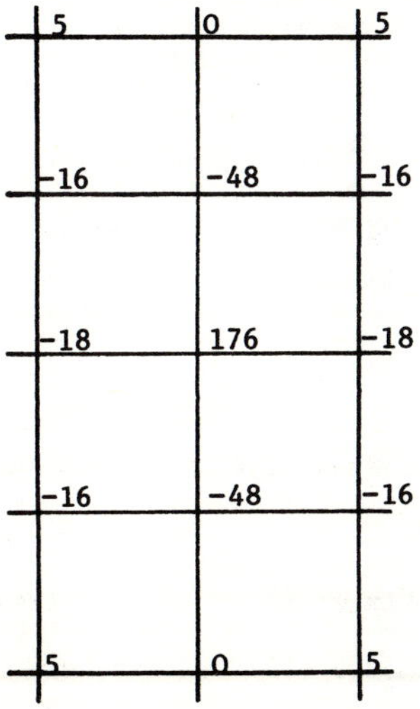

Figure 7 (Mid-point of side)

2.3 A Nonconforming Element

If in each element of a triangular mesh a linear trial function interpolates to function values at the mid-points of the sides of the triangle, then the global approximating function so produced is not in general continuous and the conforming condition is violated.

Suppose that for the standard triangle of Section 2.1 the nodes are now taken at the points $(\frac{h}{2},0)$, $(\frac{h}{2},\frac{h}{2})$ and $(0,\frac{h}{2})$. In cardinal basis form the linear interpolant to the function values at these points can be written as

$$U^e(X,Y)=U(\tfrac{h}{2},0)(1-2\tfrac{Y}{h})+U(\tfrac{h}{2},\tfrac{h}{2})(2\tfrac{X}{h}+2\tfrac{Y}{h}-1)+U(0,\tfrac{h}{2})(1-2\tfrac{X}{h}). \quad (23)$$

Use of (23) leads at a point of type $(\frac{h}{2},\frac{h}{2})$, that is the mid-point of the hypotenuse of a triangle, to the difference replacement for the Laplacian

$$4U(x,y)-U(x+\tfrac{h}{2},y)-U(x,y+\tfrac{h}{2})-U(x-\tfrac{h}{2},y)-U(x,y-\tfrac{h}{2}). \quad (24)$$

However, at the mid-point of a vertical side (x=constant) of a triangle, the replacement is

$$2U(x,y) - U(x+\tfrac{h}{2},y) - U(x-\tfrac{h}{2},y) \quad (25)$$

and at the mid-point of a horizontal side (y = constant) it is

$$2U(x,y) - U(x,y+\tfrac{h}{2}) - U(x,y-\tfrac{h}{2}). \quad (26)$$

Both of the difference replacements (25) and (26) are inconsistent.

3. Discussion and Application to Model Problem

It has been shown in Sections 2.1 - 2.3 that finite element techniques, based on Lagrangian interpolants with triangular and square elements, produce difference replacements for the Laplacian, and that the systems of equations so derived are exactly those of (9) and (10). Most of these replacements are not those with which the users of finite differences are familiar; see for example Collatz [4], pp.542-543. However, the methods of Sections 2.1 and 2.2 produce consistent replacements for which, with the usual techniques based on Taylor's series, it can be shown that the local discretization errors are $O(h^2)$. Some of these schemes are unconventional in that with a single trial function the finite element technique produces several difference replacements; the particular replacement which is appropriate to a mesh point being determined by the position of this (nodal) point in an element. The mesh points thus fall into classes with each of which is associated a particular type of replacement. This property suggests that it may be possible, by permuting the rows and columns, to rearrange the global stiffness matrix K so that it can be partitioned in a form which facilitates the solution of the linear system (10).

Many theoretical bounds have been derived for the error in the finite element approximations to the solutions of problems of the type (1); see for example Bramble and Zlamal [3] for triangular elements and

Birkhoff, Schultz and Varga [2] for rectangular elements. Provided that the conforming condition $(\overset{o}{S}^h \subset \overset{o}{W}{}_2^1(\Omega))$ is satisfied, and that the solution u of (1) has specific derivatives bounded throughout $\bar{\Omega}$, these bounds hold. The difference methods of Sections 2.1 and 2.2, being exactly "conforming finite element methods", are subject to these same error bounds and so, under the same conditions on u, convergence with decreasing mesh size of the "finite difference" solution to the true solution is assured.

The discussion in this paper has been limited to finite element methods based on Lagrangian interpolation. In higher order problems it is usual for trial functions to interpolate to values of <u>derivatives</u> at nodal points as well as to function values. These are finite element methods based on Hermite interpolation, such as are discussed in [2]. In biharmonic problems, for example, the integrand in the energy functional which corresponds to (2) contains second derivatives, and conforming global trial functions possess continuous first derivatives. The final system of global stiffness equations in this case involves derivative values. Clearly such linear equations involving function and derivative values as unknowns cannot be thought of as conventional difference equations. However, in the difference context such Hermitean methods (mehrstellenverfahren) have been considered by Collatz [5].

The difference approach based on finite element techniques does not allow for the full exploitation of the versatility of the standard finite element method; namely that the form of local trial function in each element may be varied over Ω so as to produce better numerical approximations. Further, the difference approach is only really useful when regular meshes are involved. However, as has been indicated, when the difference approach is viable, it produces equations which are identical with the global stiffness equations.

The criterion by which to judge the two methods is the respective computation times taken to produce the same numerical solutions. The approach adopted here is to use the standard finite element method to solve a model problem and to analyse the times taken for the various parts of the computation. This computation involves the repeated call of local stiffness matrices for the assembly of the global stiffness matrix; a process which will largely be absent in the difference approach. In the model problem $\bar{\Omega}$ is the square

$$\bar{\Omega} \equiv \{(x,y) : \quad 0 \leq x \leq 1 , \quad 0 \leq y \leq 1\}$$

with interior Ω and boundary $\partial\Omega$, and the function $u(x,y)$ satisfies

$$-\Delta[u(x,y)] = x-x^2+y-y^2 , \quad (x,y)\varepsilon\Omega ,$$

$$u(x,y) = 0 , \qquad (x,y)\varepsilon\ \partial\Omega .$$

This problem has exact solution $u(x,y) = \frac{1}{2}xy(1-x)(1-y)$.

The region Ω is partitioned into right triangular elements by subdivision first into equal squares, and then by further subdivision of each square into two triangles along the diagonal parallel to $x+y = 1$. Numerical approximations U to u are calculated using respectively piecewise linear, quadratic and cubic approximating functions on meshes of the above type. As accuracy is not the main aim here, the partitions for the three cases are chosen so that the total number of nodes is approximately constant. Results at two points in Ω are given in Table 1. Details of the partitions and the global stiffness matrices are given

Trial functions in Each Element	Total Number of Nodes	Values of U at $(\frac{1}{2},\frac{1}{2})$	Values of U at $(\frac{3}{4},\frac{1}{4})$
Linear	289	.031017	.017496
Quadratic	289	.031254	.017578
Cubic	256	.031243	.017581
Exact solution		.031250	.017578

Table 1

in Table 2, together with a break down of the computation times. It is seen that the generation of the local stiffness matrix, and of the global stiffness equations through its repeated call, in the three cases takes respectively 45, 30 and 35 seconds. When the difference approach is adopted, the generation of the

TABLE 2

PARTITIONS			
Trial Functions	Linear	Quadratic	Cubic
Length of short sides of each triangle	1/16	1/8	1/5
No. of nodes in $\overline{\Omega}$	289	289	256
No. of boundary nodes	64	64	60
No. of elements	512	128	50
GLOBAL STIFFNESS MATRICES			
Bandwidth	42	82	96
No. of non-zero elements (i) in half of g.s.m.	709	793	1197
(ii) with fill in using Gaussian elimination	3363	4653	6737
COMPUTATION TIMES IN SECS ON CDC 6500			
Generation of mesh, co-ordinates, data	30	25	20
Generation of standard element stiffness matrix	7	14	24
Generation of global stiffness matrix	38	16	11
Gaussian elimination	8	15	35
Back substitution	3	6	6
TOTAL TIMES	86	76	96

global stiffness equations in each case takes approximately 5 seconds. As can be seen from Table 2, this results in savings of the order of 45%, 35% and 30% in the respective computation times.

Clearly this model problem is ideally suited for the difference approach, so that this is not a totally fair comparison. However, it does illustrate the potential of this alternative way of viewing the global stiffness equations.

Acknowledgement

The author is most grateful to Dr. A. Bykat for the use of his finite element programme from which the given computation times are derived. The work of Dr. Bykat was supported in part by the Science Research Council under Grant B/RG/5549/4 made jointly to Brunel University and Imperial College of Science and Technology.

References

1. Birkhoff, G. and Mansfield Lois: Compatible triangular finite elements. J. Math. Anal. Appl. (to appear)
2. Birkhoff, G., Schultz, M.H. and Varga, R.S.: Piecewise Hermite interpolation in one and two variables with applications to partial differential equations. Numer. Math. 11, 232-256, 1968.
3. Bramble, J.H. and Zlamal, M.: Triangular elements in the finite element method. Math. Comp. 24, 809-820, 1970.
4. Collatz, L.: Numerical Treatment of Differential Equations. Springer Verlag, Berlin, 1960.
5. Collatz, L.: Methods for solution of partial differential equations. NATO Advanced Study Institute on Numerical Solution of Partial Differential Equations, Kjeller, Norway, August 1973.
6. Fix, G. and Strang, G.: Fourier analysis of the finite element method in Ritz-Galerkin theory. Studies in Applied Mathematics 48, 265-273, 1969.
7. Pian, T.H.H.: Variational formulation of numerical methods in solid continua. pp.421-449 of G.H.L. Gladwell (ed.), Proc. Symposium on Computer Aided Engineering, University of Waterloo, 1971.
8. Strang, G. and Fix, G.: An Analysis of the Finite Element Method. Prentice Hall, New Jersey, 1973.
9. Whiteman, J.R.(ed.): The Mathematics of Finite Elements and Applications. Academic Press, London, 1973.
10. Whiteman, J.R.: Numerical solution of steady-state diffusion problems containing singularities. In R. Gallagher, J.T. Oden, C. Taylor and O.C. Zienkiewicz (eds.), Finite Elements in Flow Problems. Wiley, London, (to appear).
11. Zlamal, M.: On some finite element procedures for solving second order boundary value problems. Numer. Math. 14, 42-48, 1969.

Dr. J.R. Whiteman, Department of Mathematics, Brunel University, Uxbridge, Middlesex, UB8 3PH, England.